工程图学

Engineering Graphics

主编 李梅兰

副主编 王 峰 刘海民 曾曙松 周玉薇

主审 梁开明

人民交通出版社

北京

高职交通高职与土建类专业系列教材
高等职业教育新形态一体化教材

内容提要

本书根据教育部制定的高等学校工程类——普通建筑工程、机械工程、路桥工程、给排水与暖通工程、市政工程、通信工程、测绘工程等相关专业培养目标和教学要求编写，是作者在长期教学实践的基础上，结合新时代教学改革的要求，以图示、图解与文字说明相结合方式编写而成的。全书分为入门篇、制图基础篇、工程图学篇三大部分，主要内容归纳为7个模块：制图基础、画法几何及投影图基础、形体表达、建筑工程图样、机械工程图样、给排水暖通工程图样、AutoCAD应用基础。

本书可作为高等院校本科或高职高专工程类专业（普通建筑工程、机械工程、路桥工程、给排水与暖通工程、市政工程、通信工程、测绘工程、土木工程检测技术以及相关其他专业）教材，亦可作为相关工程技术人员及其他建筑工程爱好者入门的参考用书。

图书在版编目（CIP）数据

工程图学 / 滋娜，杨寺蕊主编. — 北京：人民交通出版社股份有限公司，2024.9
ISBN 978-7-114-18856-5

Ⅰ.①工… Ⅱ.①滋…②杨… Ⅲ.①工程制图一高等职业教育一教材 Ⅳ.①TB23

中国国家版本馆 CIP 数据核字（2023）第 109884 号

Gongcheng Tuxue

书　名：	工程图学
著作者：	滋娜 杨寺蕊
责任编辑：	李娜
责任校对：	赵媛媛 方菱
责任印制：	刘高彤
出版发行：	人民交通出版社
地　址：	（100011）北京市朝阳区安定门外外馆斜街3号
网　址：	http://www.ccpcl.com.cn
销售电话：	（010）59757973
总 经 销：	人民交通出版社发行部
经　销：	各地新华书店
印　刷：	北京鑫正大文化传播有限公司
开　本：	787×1092 1/16
印　张：	23.25
字　数：	562千
版　次：	2024年9月 第1版
印　次：	2024年9月 第1次印刷
书　号：	ISBN 978-7-114-18856-5
定　价：	70.00元

（有印刷、装订质量问题的图书由本公司负责调换）

前言 | Preface

在信息技术和人工智能迅猛发展的今天，工程图学及其应用已经发生了新的变化。随着时代的不断进步，学习工程图学不仅能掌握绘制工程图的技能，还能通过为工程图学的发展做出贡献。传统手工绘图的繁琐和低效逐步被淘汰，取而代之的是工作和生产效率的极大提升。同时，随着计算机辅助设计（CAD）技术的飞速发展，越来越多的领域开始应用工程图学的理论与实践。本书以此为切入点，在继承传统的基础上，充分利用现代化的学习方式，来满足学习者。因此，我们编写了《工程图学》这本书。

在本书的编写过程中，我们历经了数年，在考虑了读者未来所需要知识的情况下，将各个工程图领域要掌握的知识和最新原理，通过大量的图案例和应用场景的描述，使得本书既可以被重加利用，又能在你学习工程图学的过程中起到帮助和推进的作用。这对我们来说也是极为重要的工作，希望你能够在一定的实际操作能力方面应用到。

本书的所有编写团队均由长期从事图教学、教学研究、科研工作、积累丰富经验的教师组成，所以读者就能知道这本书所表达的能力。

王晓、刘淼其、姜薯松担任主编，中国矿业大学现代化制造工程师、中学教师也参与其事。第五~七章，总编辑第八章，刘淼其第九、十章、姜薯松第十一章，李博颖第二章，四章及第十二~二十章，总编辑第十七、十八章，姜薯松第九章、刘淼，刘薯颖第十九及十章。

在本书的编写过程中，我们借鉴了相关专家和学者的学术精神。在此，我们表示衷心的感谢！我们在书中引用的相关图片和资料，大部分来自书籍期刊和互联网，也随附了工程图学的发展保持着一定的影响。

由于编者水平有限，书中难免存在不足之处，恳请读者批评指正，以便修订完善。

编者
2024年6月

目录 Contents

绪论 ·· 1

模块一　制图基础 ·· 3

 第一章　工程制图基本知识与技能 ·· 4
  第一节　工程制图基本知识 ·· 4
  第二节　基本几何作图 ·· 18
  复习思考题 ·· 24
 第二章　正投影基础 ·· 25
  第一节　投影法和视图的基本概念 ··· 25
  第二节　三视图 ·· 28
  第三节　点的投影 ··· 32
  第四节　直线的投影 ·· 37
  第五节　平面的投影 ·· 45
  第六节　换面法 ·· 53
  第七节　基本立体的投影 ·· 57
  第八节　柱体 ··· 65
  第九节　基本立体的尺寸注法 ·· 67
 第三章　组合体 ·· 70
  第一节　组合体的组合形式 ··· 70
  第二节　截交线 ·· 73
  第三节　相贯线 ·· 82
  第四节　组合体三视图的画法 ·· 86
  第五节　组合体的尺寸注法 ··· 89
  第六节　看组合体视图的方法 ·· 96
  课后习题 ·· 106
 第四章　轴测图 ··· 118
  第一节　轴测图的基本知识 ·· 118
  第二节　正等轴测图 ··· 119
  第三节　斜二等轴测图 ·· 127

第四节　轴测图的尺寸注法 …………………………………………………… 130
　　　课后习题 …………………………………………………………………………… 132

模块二　道路工程图识读 ………………………………………………………… 139
　　第五章　线路平面图识读 …………………………………………………………… 142
　　第六章　线路纵断面图识读 ………………………………………………………… 145
　　第七章　线路横断面图识读 ………………………………………………………… 149

模块三　桥梁、隧道工程图识读 ………………………………………………… 153
　　第八章　桥梁工程图识读 …………………………………………………………… 154
　　　第一节　桥梁基础知识 …………………………………………………………… 154
　　　第二节　钢筋混凝土结构物识读 ………………………………………………… 157
　　　第三节　桥梁工程图识读 ………………………………………………………… 161
　　第九章　隧道工程图识读 …………………………………………………………… 165
　　　第一节　隧道基础知识 …………………………………………………………… 165
　　　第二节　隧道工程图识读 ………………………………………………………… 166

模块四　建筑工程图识读 ………………………………………………………… 173
　　第十章　建筑构造基础 ……………………………………………………………… 174
　　　第一节　建筑的组成 ……………………………………………………………… 174
　　　第二节　建筑的分类与分级 ……………………………………………………… 177
　　第十一章　建筑施工图识读 ………………………………………………………… 184
　　　第一节　建筑施工图的基本规定 ………………………………………………… 184
　　　第二节　建筑总平面图 …………………………………………………………… 188
　　　第三节　建筑平面图 ……………………………………………………………… 189
　　　第四节　建筑立面图 ……………………………………………………………… 194
　　　第五节　建筑详图 ………………………………………………………………… 198
　　　第六节　建筑剖面图 ……………………………………………………………… 203
　　　复习思考题 ………………………………………………………………………… 205

模块五　机械工程图识读 ………………………………………………………… 207
　　第十二章　机械零件的表达方法 …………………………………………………… 208
　　　第一节　视图 ……………………………………………………………………… 208
　　　第二节　剖视图 …………………………………………………………………… 211
　　　第三节　断面图 …………………………………………………………………… 220
　　　第四节　简化画法和局部放大图画法 …………………………………………… 222
　　　第五节　表达方法举例分析 ……………………………………………………… 227
　　第十三章　零件图 …………………………………………………………………… 230

	第一节	零件图的作用与内容	230
	第二节	零件表达方案的选择	231
	第三节	零件的工艺结构	236
	第四节	零件图的尺寸标注	241
	第五节	表面结构	248
	第六节	极限与配合	251

第十四章 标准件及常用件 258
 第一节 螺纹 258
 第二节 螺纹紧固件 264
 第三节 键和销 271
 第四节 齿轮 273
 第五节 滚动轴承 277
 第六节 弹簧 278

第十五章 装配图 282
 第一节 装配图的作用和内容 282
 第二节 装配图的表达方法 282
 第三节 装配图的尺寸标注及技术要求 286
 第四节 装配图中的零、部件序号和明细栏 287
 第五节 装配结构合理性 288
 第六节 由零件图画装配图 290
 第七节 读装配图和拆画零件图 293
 第八节 用 AutoCAD 画装配图 299

第十六章 焊接图 301
 第一节 焊缝的种类和规定画法 301
 第二节 焊缝符号 302
 第三节 焊接方法的表示 304
 第四节 焊缝的标注方法 304
 第五节 常见焊缝的标注示例 305
 第六节 焊接图示例 306

模块六 城市轨道交通工程图识读 308

第十七章 轨道交通线路工程图 308
 第一节 城市轨道交通线路概述 308
 第二节 高程投影原理和平面高程投影 309
 第三节 线路平面图识图 314
 第四节 区间线路纵断面图 318
 复习思考题 320

第十八章 轨道交通车站结构图识读 321

第一节　轨道交通车站概述 ·· 321
第二节　轨道交通站场平面图 ·· 327
复习思考题 ·· 329

模块七　AutoCAD 实用教程 ·· 332

第十九章　绘制基本二维图形 ·· 332
第一节　圆端形桥墩图 ·· 332
第二节　钢筋混凝土梁梗的钢筋布置图 ································ 341
第三节　住宅剖面图及平面图 ·· 349

附录　AutoCAD 命令一览表 ·· 351

参考文献 ·· 362

绪　论

人们在生产实践中,需要对生产意图和设计思想表达确切。早期,对于简单事物用语言或文字便可叙述清楚。后来,随着生产力水平的提高,仅仅依靠语言和文字的描述,已无法满足技术需求。因此,设计者借助图样这种特殊语言,准确地将物体的形状、大小及其技术要求表达出来。生产者根据图样进行加工,产品就可以正确地制造出来了。图样不仅用来表达设计者的设计意图,而且也是用于指导实践、研究问题、交流经验的主要技术文件。

图样在工程上起着类似于文字语言表达的作用,在世界各国的使用基本相同,没有民族地域的限制,所以人们常把它称为"工程技术语言"。因此,绘制和阅读图样便成为一名工程技术人员必须具备的基本功。工程制图与识图就是一门研究如何绘制和阅读工程图样的课程。本课程包含工程制图所需的基础知识、基本理论及识图基本技能等。本课程的学习目的就是通过学习相关理论与方法,结合工程实际,掌握绘制和阅读工程图样的技能。它是一门既有系统理论又有较强实践性的专业基础课。

当研究空间物体在平面上如何用图形来表达时,因空间物体的形状、大小和相互位置等各不相同,不便以个别物体来逐一研究。因此,采用几何学中将空间物体综合概括成抽象的点、线、面等几何元素,并通过研究这些几何元素在平面上的图形表示以及作图情况来解决空间物体的几何问题,即画法几何。

通过画法几何理论,将工程结构在平面上用图形表达出来,进而形成工程视图(图0-1)。应用国家标准规定的表达方法绘制工程视图,使其明确、清晰表达物体的形状、大小和位置(图0-2);根据工程视图中所表达的物体形状的线条,读取工程视图,推测物体的空间形状,即工程制图与识图的主要工作。

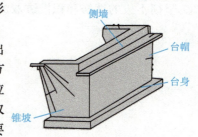

图0-1　重力式U形桥台

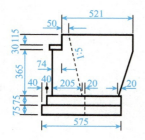 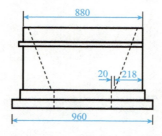 

图0-2　重力式U形桥台构造图(尺寸单位:mm)

本课程包括以下几部分内容。

(1)制图基础知识:包括工程制图的基础知识、基本规定和标准,学生在实际工作中应严格遵守国家及行业制图标准。

(2)画法几何部分:以投影理论为基础,学习用正投影法展示工程几何体,并用以解决几何问题。

(3)专业制图与识图部分:运用正投影原理、国家及行业相关制图标准,学习如何绘制和阅读工程图样。

本课程具有系统性。在学习过程中,必须将空间想象与图形的平面投影分析紧密结合,在学习中注重发挥空间想象能力和空间思维能力,二者相辅相成,缺一不可。空间想象能力是指在解题过程中,能对解题方法、作图步骤和作图结果等有比较清晰的空间想象;空间思维能力,即运用综合、分析、归纳等方法分析问题和解决问题的能力。通过工程制图基础知识和画法几何部分的学习,可掌握绘图和识图的基本理论和方法,逐步培养空间想象力和发展空间构思能力,训练逻辑分析和推理能力,为绘制和识读工程图样奠定良好基础。

本课程的特点是实践性强,要掌握它,必须通过大量的实践。因此,无论是画法几何还是专业制图与识图部分的内容,都要通过相当数量的练习才能掌握。在学习过程中,要多动脑、多动手,更要注重多观察和了解实际工程项目,并结合所学理论知识进行分析、理解,不断提高绘图和识图能力。

本课程是学生入学后所学的基础课之一,也是第一门体现工科特点的入门课程。它的重要性不仅在于学习制图、识图方面的基础知识,更重要的是培养空间想象力和构思能力。作图要清晰、准确,不应潦草,对待每条线、每个字都应一丝不苟,力求养成认真负责的工作态度和严谨细致的工作作风。要强化基本功训练,力求作图准确、迅速、美观,以期养成知难而进的意志、坚韧不拔的性格和积极进取的精神,为日后工作打下良好的基础。

模块一

制图基础

第一章　工程制图基本知识与技能

学习指南

本章主要介绍传统制图工具及使用方法,以及现行技术制图相关国家标准和《铁路工程制图标准》(TB/T 10058—2015)的有关规定和常用的几何作图。

通过本项目内容的学习,可强化学生对相关规定和标准的认知与使用,明确绘图的基本步骤和方法,使用正确的绘图工具和仪器,准确抄绘含有字体、线型和尺寸标注的平面图形。

第一节　工程制图基本知识

为了正确绘制和识读工程图样,必须熟悉和掌握有关标准和规定,现行技术制图相关国家标准和《铁路工程制图标准》(TB/T 10058—2015)是工程制图的重要标准,是绘制和识读工程图样的依据。

图样是现代工业生产中最基本的文件,绘制图样有两种方法,即手工绘图和计算机绘图。计算机绘图的方法将在第十章介绍,本节介绍手工绘图的相关知识和内容。

一　常见绘图工具及其使用

常用的绘图工具有图板、丁字尺、三角板、铅笔、比例尺、圆规、分规、曲线板、墨线笔、绘图墨水笔等。

1. 图板

图1-1　图板

图板是画图时的垫板,用来铺放和固定图纸,通常用胶合板制成,如图1-1所示。图板板面应质地松软、光滑平整、无裂缝,图板两端应平整,左侧为导边,必须平直。图板的大小有0号、1号、2号等不同规格,可根据所画图幅的大小而选定,如0号图板适合画A0图纸。

图板不能受潮或暴晒,以防板面翘曲或开裂变形。为保持板面平滑,固定图纸宜用透明胶纸,不宜使用图钉。不画图时,应将图板竖立保管,并注意保护工作边。

2. 丁字尺

丁字尺由互相垂直的尺头和尺身构成,是用来绘制水平线的,通常由有机玻璃制成,如图1-2所示。

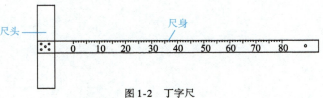

图1-2　丁字尺

使用前应先检查尺头和尺身连接是否牢固,再检查尺身的工作边和尺头内侧是否平直光滑。尺身上边沿为工作边,常带有刻度,要求平直光滑,切勿用小刀贴靠工作边裁纸。

画线时应用左手握住尺头,使它始终紧贴图板左侧导边,上下移动,直至工作边对准要画线的位置,再从左向右画出水平线。画一组水平线时,要由上至下逐条画出。画线时要始终保证尺头紧贴图板左侧导边,并防止在画线时尺身翘起摆动,如图1-3所示。

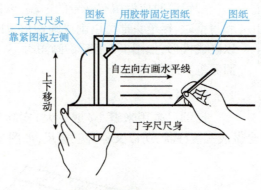

图1-3 图板丁字尺的用法

切勿用丁字尺头贴靠图板的右边或下边和上边画水平线或铅垂线,也不得用丁字尺下边沿画线。选择丁字尺要与图板相适应,一般两者等长为好。使用完毕后应将其悬挂,防止尺身变形。

3.三角板

三角板通常与丁字尺配合使用,主要用于绘制竖直线、相互垂直的直线、相互平行的斜线和特殊角度的斜线。三角板一般由有机玻璃制成。每副三角板有两块,即45°和30°各一块,如图1-4所示。三角板应板平、边直、角度准确。

画垂直线时应先将丁字尺推至要画的线的下方,将三角板放在线的右边,并使它的一个直角边靠贴在丁字尺的工作边上,然后移动三角板,直至另一直角边靠贴要画的竖直线位置。再用左手轻轻按住丁字尺和三角板,右手持铅笔,自下而上画出竖直线,如图1-5所示。三角板和丁字尺配合还可绘出与水平线成15°及其整倍数(30°45°、60°、75°)的斜直线,如图1-6所示。

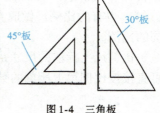

图1-4 三角板

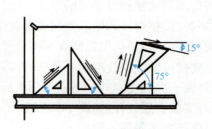

图1-5 三角板会竖直线　　图1-6 三角板绘斜直线

4. 铅笔

绘图使用的铅笔,笔芯的硬度不同,用字母 H 和 B 表示。H 表示硬而淡,B 表示软而浓,HB 表示软硬适中。H 前面的数字越大笔芯就越硬,B 前面的数字越大笔芯就越软。画底稿时常用 H～2H 铅笔,描粗时常用 HB～2B 铅笔。

削铅笔时应保留有标号的一端,以便识别。画底稿线、细线和写字时,铅笔头部可以削成圆锥形,加深粗实线时铅笔头部可以削成楔形,如图 1-7 所示。画图时,从侧面看笔身要铅直,从正面看笔身倾斜约 60°。

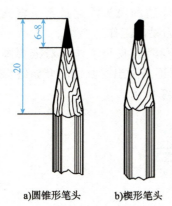

a) 圆锥形笔头　　b) 楔形笔头

图 1-7　铅笔(尺寸单位:mm)

5. 比例尺

比例尺是用来缩小(或放大)实际尺寸的,尺面上有不同的比例刻度。常用的比例尺会做成三棱柱状,所以又称为三棱尺,如图 1-8 所示。

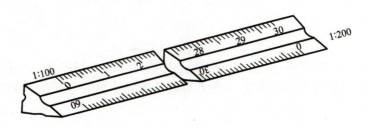

图 1-8　比例尺

比例尺的三个棱面上有六种不同的比例刻度,其比例有百分比例尺和千分比例尺两种。百分比例尺表示 1:100、1:200、1:300、1:400、1:500 和 1:600 六种比例,千分比例尺表示 1:1000、1:1250、1:1500、1:2000、1:2500 和 1:5000 六种比例。比例尺上刻度所注单位为 m(米)。也有的比例尺做成直尺形状,叫作比例直尺,它只有一行刻度和三行数字,表示三种不同的比例。

比例尺上标注的尺寸是指物体实际的大小,它与图形的比例无关,绘图时不必通过计算,可直接按比例尺上所刻的数值,截取或读出该段线段长度。

6. 圆规

圆规主要用来画圆或圆弧。成套的圆规有三种插脚(钢针插脚、铅笔插脚和墨水笔插脚)及一支延伸杆,不同的插脚有不同的用途。

使用圆规时,调整钢针和铅芯使两脚并拢时针尖略长于铅芯。圆规使用的铅芯宜磨成楔形,并使斜面向外。画圆时,先把圆规两脚分开,使铅芯与针尖的距离等于所画圆或圆弧的半径,再用左手食指帮助针尖扎准圆心,顺时针转动圆规。转动时圆规可向前进方向稍微倾斜,整个圆或圆弧应一次画完,如图 1-9a)所示。画较大的圆弧时,应使圆规两脚与纸面垂直。画更大的圆弧时要接上延长杆,如图 1-9b)所示。圆规上的铅芯型号应比画同类直线所用的铅芯软一号,以保证图线深浅一致。

a)小圆或小圆弧的画法

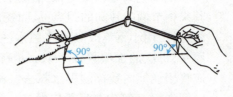
b)大圆或大圆弧画法

图1-9 圆规的使用

7. 分规

分规是用来等分线段以及量取尺寸的仪器。可以用分规在比例尺上量取画图尺寸,可以在直线上截取任一等长线段,也可以等分已知线段或圆弧。分规与圆规相似,但两脚都是钢针,使用方法如图1-10所示。

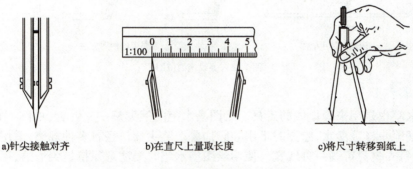

a)针尖接触对齐　　　b)在直尺上量取长度　　　c)将尺寸转移到纸上

图1-10 分规的使用

8. 曲线板

曲线板是用来绘制非圆曲线的工具,其形式多样,曲率大小各有不同。曲线板一般采用木料、胶木或塑料制成。曲线板应平滑,板内外边沿应光滑,曲率变化自然,如图1-11所示。

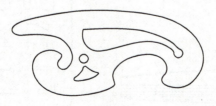

图1-11 曲线板

在使用曲线板之前,必须先定出曲线上的若干控制点。用铅笔徒手顺着各点轻轻地勾画出曲线,所画曲线的曲率变化应顺畅、圆滑。然后凑取板上与所拟绘曲线某一段相符的曲线,分几次画成。每次至少应有三点与曲线板曲率相吻合,并应留出一小段,作为下次连接其相邻部分之用,以保持线段的顺滑。

9. 墨线笔

墨线笔又称鸭嘴笔,是描绘上墨的工具。墨线笔笔尖上有螺母,可用其来调节两叶片间的距离,从而控制墨线的宽度。加墨时,应在图纸范围外进行,用小钢笔或吸管将墨水注入两叶片之间。叶片外侧不允许沾上墨水,每次的加墨量以 4~6mm 高度为宜,如图 1-12 所示。上墨描图后,应将墨线笔内残存的墨水拭去。画线时螺母应向外,笔杆向画线前进方向倾斜 30°,笔尖与尺子应保持一定的距离,两叶片要同时接触直面,侧面看墨线笔与纸面垂直,如图 1-13 所示。上墨描图的次序一般是:先曲线后直线,先上方后下方,先左侧后右侧,先实线后虚线,先细线后粗线,先图形后图框。

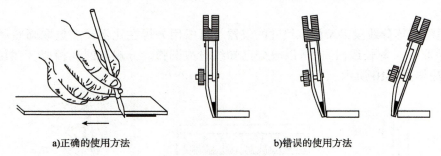

图 1-12 墨线笔

a)正确的使用方法　　　　　　b)错误的使用方法

图 1-13 墨线笔的使用

10. 绘图墨水笔

绘图墨水笔也是用来画墨线的工具。绘图墨水笔的笔尖是一支针管,如图 1-14 所示。它可以像普通钢笔一样吸墨水,绘图时不用频频加墨。笔尖的口径有多种规格,适用于绘制不同粗细的线型,每支笔只可画一种线宽。使用绘图墨水笔时要注意保持笔尖清洁,用后要洗净才能存放盒内。

除了上述工具外,绘图时还要准备削铅笔的小刀、磨铅芯的砂纸、橡皮以及固定图纸的胶带纸。另外,为了保护有用的图线还可以使用擦图片,如图 1-15 所示。

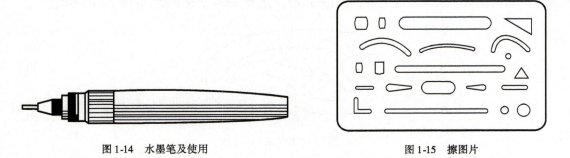

图 1-14 水墨笔及使用　　　　　　图 1-15 擦图片

二 绘图基本要求

为了提高制图质量和识图效率,便于技术交流,工程图标准应基本统一,即对图幅大小、图线、尺寸标注、比例、字体等都必须有统一的规定。本节主要介绍《铁路工程制图标准》(TB/T 10058—2015)的有关规定。

1. 图幅

为合理使用图纸和便于装订管理,图幅大小均应按国家标准规定执行,见表1-1,表中尺寸代号含义见图1-16,选用图幅时,应以一种规格为主,尽量避免大小幅面掺杂使用。

工程图纸幅画、图框尺寸(单位:mm)　　　　　　　　　　　　表1-1

尺寸代号	幅面代号						
	A0	A1	A2	A3	A4	A5	A6
$b \times L$	841×1189	594×841	420×594	297×420	210×297	420×(按需要)	297×(按需要)
a	25	25	25	25	25	15	15
c	10	10	10	5	5	10	5

注:图幅宽度 b 不应增减,长度 L 不足时应按 $L/8$ 的倍数延长。

绘图时应优先采用表1-1中规定的尺寸,必要时可延长边长,加长量应符合《铁路工程制图标准》(TB/T 10058—2015)的规定。单张图、成册图宜采用横式图纸幅面,成卷图宜采用立式图纸幅面,如图1-16所示。每张图样均需有粗实线的图框和标题栏需要装订的图样,左边应留装订边。

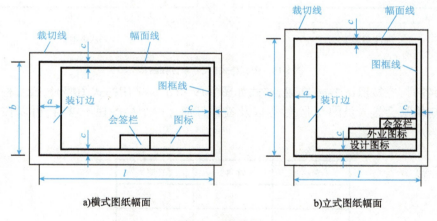

图1-16　图纸幅面

图框内应绘图纸标题栏,《铁路工程制图标准》(TB/T 10058—2015)规定工程图纸的图标应按图1-17进行格式分区。其格式有6种,如图1-18所示。

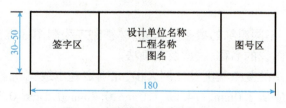

图1-17　图标分区(尺寸单位:mm)

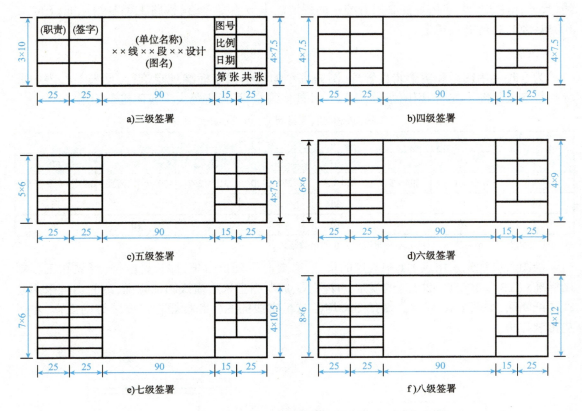

图1-18 图标格式(尺寸单位:mm)

需要会签时,应按照图1-16布置,格式如图1-19所示。采用横式图幅时,会签栏应与图标等高,栏内应填写会签人员的专业、姓名以及签署日期。一个会签栏不够时,可以在左侧并列增加一个。

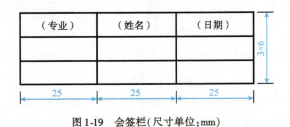

图1-19 会签栏(尺寸单位:mm)

2. 图线

工程图由不同线型、不同粗细的线条所构成。《铁路工程制图标准》(TB/T 10058—2015)规定了工程图样中各种图线的名称、线型及其画法。

图线的宽度应根据图的复杂程度及比例大小,先确定基本线宽 b,再按表1-2选用适当的线宽组。图线的宽度 b 应从2.0mm、1.4mm、1.0mm、0.7mm、0.5mm、0.35mm中选取。常用的线型及线宽应符合表1-3的规定。

线宽组（单位：mm） 表1-2

线宽比	线宽组					
b	2.0	1.4	1.0	0.7	0.5	0.35
$0.5b$	1.0	0.7	0.5	0.35	0.25	0.18
$0.35b$	0.7	0.5	0.35	0.25	0.18	0.13

常用线型及线宽 表1-3

名称		线型	线宽比
实线	加粗		$1.4b$
	粗		b
	中		$0.5b$
	细		$0.35b$
虚线	加粗		$1.4b$
	粗		b
	中		$0.5b$
	细		$0.35b$
点画线	粗		b
	中		$0.5b$
	细		$0.35b$
双点画线	粗		b
	中		$0.5b$
	细		$0.35b$
折断线			$0.35b$
波浪线			$0.35b$

图框线、标题栏的宽度随图纸幅面的大小而不同，如表1-4所示。

图框线、图标线和表格线的宽度（单位：mm） 表1-4

幅面代号	图框线	图标、表外框	图标线、表格线、会签栏线
A0、A1	1.4	0.7	0.35
A2、A3、A4	1.0	0.7	0.35

图线的绘制应符合下列规定：

（1）当虚线与虚线或虚线与实线相交时，相交处不应留空隙，如图1-20a）所示。

（2）当实线的延长线为虚线时，相交处应留空隙，如图1-20b）所示。

（3）当点画线与点画线或其他图线相交时，交点应设在线段处，相交处不应留空隙，如图1-20c）所示。

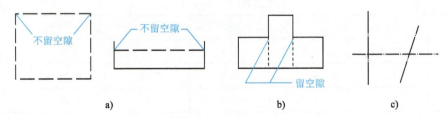

图 1-20 图线相交规则

3. 字体

工程图中的文字、数字或符号也是必不可少的组成部分,数字表明物体的尺寸,文字说明施工的技术要求。如果字迹潦草,各成一套,导致辨认困难或被误认,容易造成工程事故,带来损失。因此,工程图样上的文字内容必须采用规定的字体和大小书写,做到笔画清晰,字体端正,排列整齐,标点符号清楚正确。

(1) 汉字

汉字应采用中华人民共和国国务院正式公布推行的《简化字总表》中规定的简化字,从左到右,横向书写。除签名外,均应采用制图字体即长仿宋体,易于书写,规范美观。字体的大小用字号表示,字号又以字的高度确定长仿宋体的字高和字宽之比为 3∶2,在不影响识读的情况下,减少了标注用字所占的面积。汉字高度不得小于 3.5mm;字的字高应按 2.5mm、3.5mm、5mm、7mm、10mm、14mm、20mm 选取,见表 1-5。当采用更大的字体时,其字高应按 $\sqrt{2}$ 的比例递增。汉字书写示例如图 1-21 所示。

长仿宋体的宽高关系(单位:mm)　　　　表 1-5

字高(字号)	20	14	10	7	5	3.5	2.5
字宽	14	10	7	5	3.5	2.5	1.75

字体工整　笔画清楚　间距均匀　排列整齐
a) 10 号汉字

横平竖直　注意起落　结构均匀　填满方格
b) 7 号汉字

铁路制图标准
c) 5 号汉字

图 1-21 汉字书写示例

图册封面、大标题等的字体宜采用仿宋体。标准设计图纸应采用仿宋字体书写,封面不得采用空心字体。封面、扉页、图标的字体高度应符合《技术制图　字体》(GB/T 14691—1993)的有关规定;设计说明及每张图纸说明的字高不应小于 5mm;图中加注汉字的字高不应小于 4mm。

书写上仿宋字体的要领是:横平竖直,注意起落,结构均匀,填满方格。要写好长仿宋体,初学者应先按字的大小打好格子,然后书写。

(2) 数字与字母

图中的阿拉伯数字、外文字母、汉语拼音字母的字体可采用直体或斜体,同一图册中应统一。直体字笔画的横与竖成 90°；斜体字字头向右倾斜，与水平线成 75°，如图 1-22 所示。斜体字的高度与宽度应与相应的直体字相等。具体书写规则可查阅《技术制图 字体》(GB/T 14691—1993)。拉丁字母、阿拉伯数字或罗马数字的字高，不得小于 2.5mm。

ABCDEFGHIJKLMNOP
abcdefghijklmnop
1234567890

图 1-22 字母和数字示例

数字和字母分 A 型(窄字体)和 B 型(一般字体)。窄字体的笔画宽度为字高的 1/14。一般字体的笔画宽度为字高的 1/10。

(3) 其他

文字说明不宜用符号代替名称，当图纸中有需要说明的事项时，宜在每张图的右下角加以叙述，该部分文字应采用"注"字表明，字样"注"应写在叙述事项的左上角，每条注的结尾应标以句号"。"。

表示数量时应采用阿拉伯数字书写。计量单位应符合国家标准《量和单位》(GB 3100~3102—1993)的规定。封面日期宜用汉字书写；其他日期应采用阿拉伯数字。

4. 比例

比例是图样中图形与其实物相应要素的线性尺寸之比。原值比例是比值为 1 的比例，即 1∶1。放大比例是比值大于 1 的比例，如 2∶1 等。缩小比例是比值小于 1 的比例，如 1∶2 等。

比例应根据图面大小及图样复杂程度确定，图面布置应合理、清楚、匀称、美观。需要按比例绘制图样时，应在表 1-6 规定的系列中选取适当的比例。

绘图所用比例   表 1-6

常用比例	1∶1	1∶2	1∶5	1∶10	1∶20	1∶50
	1∶100	1∶200	1∶500	1∶1000		
	1∶2000	1∶5000	1∶10000	1∶20000		
	1∶50000	1∶100000	1∶200000			
可用比例	1∶3	1∶15	1∶25	1∶30	1∶40	1∶60
	1∶150	1∶250	1∶300	1∶600		
	1∶1500	1∶2500	1∶3000	1∶4000		
	1∶6000	1∶15000	1∶30000			

绘制同一结构物的各个视图尺寸应尽量采用相同的比例，并在标题栏中比例项内填写。一般情况下，一个图样应选用一种比例，根据专业需要，同一图样也可以选用两种比例。当某个视图需要采用不同比例时，必须另行标注。

比例应采用阿拉伯数字表示。一张图纸只有一个图样时，比例应标注在图标中；一张图纸有两个及以上的图样时，比例应标注在图名的右侧或下方。当竖直方向与水平方向的比例不同时，竖直方向比例可用 V 表示，水平方向比例可用 H 表示；比例的字高可为图名字高的 1 或 0.7 倍。

当采用一定比例画图时，视图上标注的尺寸数字是结构物的实际大小数值，而与所采用的比例无关。

5. 尺寸标注

工程图上除画出构造物的形状外,还必须准确清晰和完整地标注出构造物的实际尺寸,这样才能作为施工的依据。

(1) 尺寸四要素

标注的尺寸由尺寸界线、尺寸线、尺寸起止符号、尺寸数字四部分组成,如图1-23所示。

尺寸标注

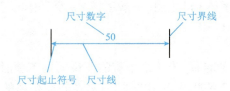

图1-23 尺寸标注的组成要素

(2) 尺寸标注的一般规定

①尺寸界线、尺寸线应用细实线绘制,尺寸起止符号可采用单箭头表示,尺寸数字宜标注在尺寸线上方中部。当标注位置不足时,尺寸数字可采用反向箭头标注,中部相邻的尺寸数字可错开标注,也可引出标注。

②尺寸线宜与标注的图线平行,其长度不宜超出尺寸界线。图线不得穿过尺寸数字,不能避免时应将尺寸数字处的图线断开。

③互相平行的尺寸线,应从被标注的图样轮廓线由近向远整齐排列,分尺寸线离轮廓线近,总尺寸线离轮廓线较远,相邻平行尺寸线间距宜为5～10mm。

④尺寸宜标注在图样轮廓线以外,不宜与图线、文字及符号相交。

⑤图样的垂直或水平轮廓线可作尺寸界线,中心线也可作尺寸界线,如图1-24所示。

⑥尺寸数字及文字书写方向应符合图1-25所示的要求。

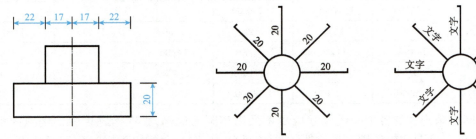

图1-24 图线、中心线作尺寸界线标注　　图1-25 尺寸数字和文字的标注

⑦图样上的尺寸单位可按需要选用毫米(mm)、厘米(cm)、米(m)。

⑧尺寸的简化标注,应符合下列规定:连续排列的等长尺寸,可用"个数×等长尺寸＝总长"的形式,如图1-26a)所示,也可采用"间距数×间距尺寸"的形式表示,如图1-26b)所示。两个相似图形可仅绘一个,未示出图形的尺寸数字可用括号表示。数个相似图形的尺寸数值各不相同时,可用字母表示,如图1-26b)所示,其尺寸数值应在图中适当位置列表示出。

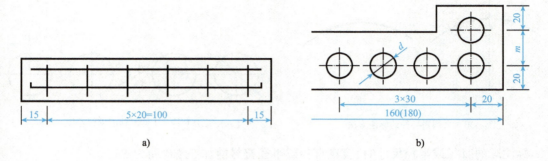

图 1-26 等长尺寸简化标注的方法

构件内有若干构件要素尺寸相同时,可仅标注其中一个要素的尺寸;两个构件如仅个别尺寸数字不同,可在同一图样中将其中一个构件的不同尺寸数字标注在括号内,该构件的名称也应注写在相应的括号内,如图 1-27 所示。

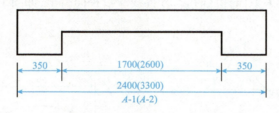

图 1-27 相似构件尺寸标注方法

(3) 半径、直径、球的尺寸标注

半径的尺寸标注线,一端应从圆心开始,另一端应画箭头指至圆弧,半径数字前应加注符号 "R",如图 1-28 所示。较小圆弧半径在没有足够的位置画箭头或注写数字时,可按图 1-29 所示标注;当圆弧的半径过大或在图纸范围内无法标出其圆心位置时,可按图 1-30a) 所示标注,不需要标出其圆心位置时,可按图 1-30b) 所示标注。

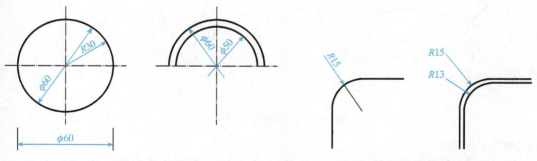

图 1-28 半径、直径的标注方法　　图 1-29 小圆弧半径的标注方法

标注圆的直径尺寸时,在尺寸数字前面加注符号 "ϕ",在圆内标注的直径尺寸线应通过圆心,两端画箭头指至圆弧,如图 1-28 所示。较小圆的直径尺寸可标注在圆外,如图 1-31 所示。

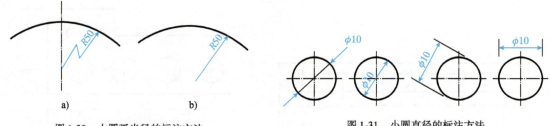

图1-30 大圆弧半径的标注方法　　　　图1-31 小圆直径的标注方法

标注球的直径或半径尺寸时,应在直径或半径符号前加 S,如"Sφ""SR"。

(4)角度、弦长、弧长的标注

角度的尺寸线应以圆弧表示,角的两边作为尺寸界线。角度数值宜写在尺寸线中间的正上方。当角度太小时,可引出标注,可将尺寸线标注在角的两条边的外侧,如图1-32所示。标注圆弧的弦长时,尺寸线应以平行于该弦的直线表示,如图1-33所示。圆弧尺寸标注如图1-34a)所示,当弧长分为数段标注时,尺寸界线应沿径向引出,如图1-34b)所示。

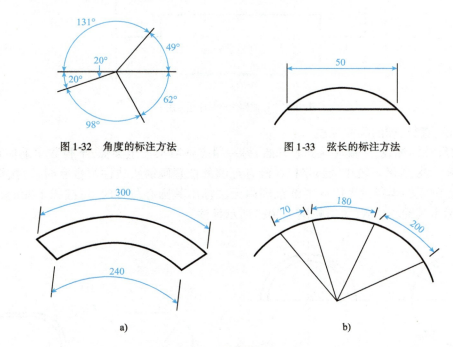

图1-32 角度的标注方法　　　　图1-33 弦长的标注方法

图1-34 弧长的标注方法

(5)线路曲线标注

正线上的转点应标注于线路中线的上侧;切线上的转点应标注于曲线外侧;曲线控制桩 ZH、HY、YH、HZ 应注于曲线内侧,字头应朝向图纸左端。中线上的转点和曲线控制桩宜标注加桩里程,可不注里程标。局部比较线或改线地段,可标注全里程。

正线、站线上的交点,应在曲线外侧注明交点编号,正线采用转点编号加注股道数值表示,站线采用 V 表示交点编号。曲线要素 α、R、l、T、L 应注于曲线内侧。当站线较多时,应列表标注,曲线要素表格式如图 1-35 所示。不需标注曲线要素时,宜将曲线半径标注在曲线内侧。

线路	曲线交点编号	曲线要素					坐标值	
		α	R	I	T	L	X	Y

图 1-35　曲线要素表格式(尺寸单位:mm)

(6)坐标标注

为了表示地区的方位和路线的走向,图上需要画成坐标格网。坐标格网应以细实线绘制,应画成网格通线或十字线,坐标代号应采用"X""Y"或用"N""E"表示;坐标值应标注在网格通线上且标注到米(m),数值前应标注坐标"N""E"的代号,字头朝数值增大方向;坐标网格大小宜为 100mm×100mm,其实际间距可视采用的比例大小确定,如图 1-36 所示。

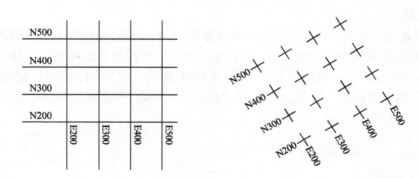

图 1-36　坐标网格

平面图上应采用一种坐标系统,如在同一图中有两种坐标系统,应注明换算关系;铁路线路、桥涵、隧道、车站、场、段及其附属设施、建筑物、构筑物、道路、管线等均应标注定位尺寸;当需要标注的坐标点不多时,可直接标注在图上;当需要标注的坐标点较多时,宜在图纸上列坐标点的代号,坐标数值可在适当位置列出;坐标数值应以米(m)为单位。

(7)坡度标注

给排水管、沟、槽及道路、场地、路基面等坡度宜用坡度符号表示,坡度符号应由细实线、单边箭头以及在其上标注的千分数或百分数组成,坡度符号的箭头应指向下坡方向;路基挖沟、堤坝、场地边坡等宜用比值的形式表示,如图 1-37 所示。

站场平面图中线路、道路高程可用坡度标形式标注,坡度标符号应用细实线绘制。坡度数值与坡段长度间的横线为坡度所指方向,水平时为平坡,向下倾斜为下坡,向上倾斜为上坡;铁路线路、纵向排水沟槽、人工改沟等的坡度宜以千分率表示;道路、路基面排水、圬工表面排水、场地地面等的坡度宜以百分率表示,如图 1-38 所示。

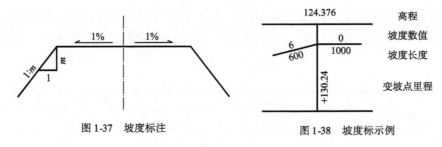

图 1-37 坡度标注　　　　图 1-38 坡度标示例

（8）里程标注

桩号标注在垂直于线路的短线上，里程由左向右或由右向左增加时，字头均朝向图纸左端，公里标应注写各设计阶段代号，设计阶段代号应采用新线预可行性研究 AK、初测 CK、定测 DK、既有铁路 K 等，其余桩号的公里数可省略，里程应以米（m）为单位，如图 1-39 所示。

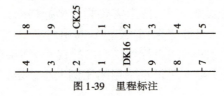

图 1-39 里程标注

（9）高程标注

高程符号应采用细实线绘制的等腰三角形表示，高 2～3mm，底角为 45°，高程符号的尖端应指在被标注点，尖端可向下或向上，如图 1-40a)所示。当图形复杂时也可采用引出线形式标注，如图 1-40b)所示。当图样的同一位置需要表示几个不同高程时，高程数字可按图 1-40c)所示的方法标注。轨顶、地下水位及段（所）、房屋总平面布置图的高程符号，宜采用涂黑的表示。

a)高程符号　　　　b)引出线形式标准　　　c)一个高程符号标注数个高程数字

图 1-40 高程标注

高程应采用绝对高程，以米（m）为单位，如个别情况需标注相对高程时，应注明相对高程与绝对高程的换算关系。

几何作图

第二节　基本几何作图

为了准确地绘制出图样，必须掌握几何作图的方法。下面介绍几种常用的作图方法。

一　作直线的平行线、垂直线

1. 过已知点作已知直线的平行线

已知点 M 和直线 AB，如图 1-41a)所示，过 M 点求作直线 AB 的平行线。

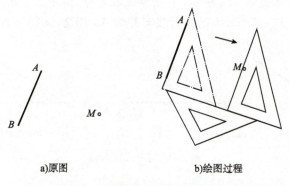

图 1-41　过已知点作已知直线的平行线

绘图过程：

①将第一块三角板的一条直角边和 AB 线重合，将第二块三角板的斜边与第一块三角板的另一直角边靠紧。

②沿着第二块三角板，推动第一块三角板，使之平贴点 M，在此画一条直线即为所求直线。

2. 过已知点作已知直线的垂直线

已知点 M 和直线 AB，如图 1-42a)所示，过点 M 求作直线 AB 的垂直线。

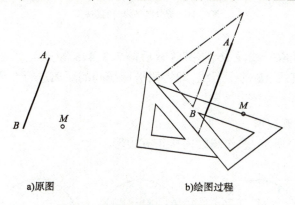

图 1-42　过已知点作已知直线的垂直线

绘图过程：

①将第一块三角板的斜边和 AB 重合，将第二块三角板的斜边与第一块三角板的另一直角边靠紧。

②将第一块三角板逆时针旋转 90°，其直角边贴紧第二块三角板的斜边，沿着第二块三角板，推动第一块三角板，使之斜边平贴点 M，沿斜边画一条直线即为所求。

二 等分

1. 分已知线段为任意等分

已知直线 AB，如图 1-43a)所示，将其 5 等分作图。

绘图过程：

①过 A 点引任意一条直线 AC，在 AC 上任意截取等分，得 1、2、3、4、5 点。
②连接 B5，过 1、2、3、4 点作 B5 的平行线与并与 AB 相交，即将 AB5 等分。

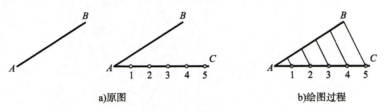

a)原图　　　　b)绘图过程

图 1-43　等分已知线段

2. 分两平行线间的距离为任意等分

已知平行线段 AB 和 CD，如图 1-44a)所示，求将其垂直距离 5 等分。

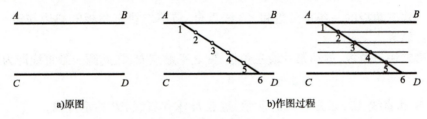

a)原图　　　　b)作图过程

图 1-44　等分两平行线间的距离

绘图过程：
①在两平行线间任取一线段 16，将其等分后得 2、3、4、5 等分点。
②过各等分点作直线 AB 的平行线，即将两平行线间的距离进行 5 等分。

3. 作圆的内接正多边形

（1）作圆的内接正五边形

已知圆如图 1-45a)所示，求作圆的内接正五边形。

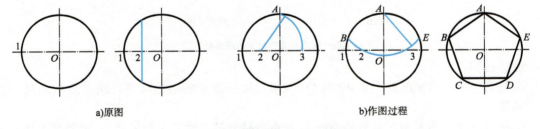

a)原图　　　　　　　　　　b)作图过程

图 1-45　圆的内接正五边形作图

绘图过程：
①等分半径 O1，得等分点 2。
②以点 2 为圆心，A2 为半径作弧，交 O1 的反向延长线于点 3。
③以 A3 为半径，从 A 点起在圆弧上依次截取点 B、C、D、E，连接各点即可。

（2）作圆的内接任意正多边形

以绘制圆的内接正七边形为例，如图 1-46 所示。

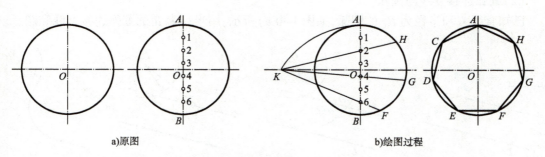

图 1-46 圆的内接任意正多边形作图

绘图过程：
①将直径 AB 进行 7 等分，得等分点 1、2、3、4、5、6。
②以 B 为圆心，BA 为半径作弧，交直径延长线于 K 点，连接 K2、K4、K6 并分别将其延长到圆上，得 H、G、F。
③作点 H、G、F 的对称点 C、D、E，顺次连接 A、C、D、E、F、G、H 即可。

4. 圆弧连接

在绘制工程图样时，经常会遇到圆弧与直线、圆弧与圆弧之间的连接问题。这里所说的连接指的是平滑连接，即相切。用来连接其他圆弧或直线的圆弧，称为连接圆弧；连接圆弧的圆心称为连接中心；切点称为连接点。解决圆弧连接问题的关键在于连接中心和连接点的确定，即确定连接圆弧的圆心以及切点的位置。圆弧连接包括圆弧与直线连接（相切）、圆弧与圆弧连接（分外切和内切）。

（1）圆弧连接两直线

圆弧与直线连接（相切），连接圆弧圆心的轨迹是与直线距离为 R 的平行线，由圆心 O 向直线作垂线，垂足 K 即为切点。

已知直线 1、2，如图 1-47a）所示，用半径为 R 的圆弧连接两条直线。

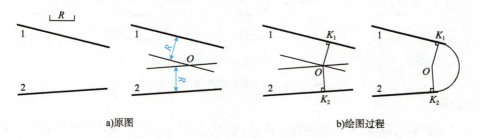

图 1-47 圆弧连接两直线作图

绘图过程：
①用图 1-47a）所示圆弧连接两直线。
②分别作与直线 1、2 相距为 R 的平行线，其交点为 O，即为连接圆弧的圆心。
③自 O 分别向直线 1、2 作垂线，得垂足 K_1、K_2，即为切点。
④以 O 为圆心，R 为半径，自 K_1 点到 K_2 点画圆弧，即为所求。

(2)圆弧连接直线与圆弧

已知直线 L 和半径为 R_1 的圆弧,如图 1-48a)所示,用半径为 R 的圆弧连接直线和圆弧。

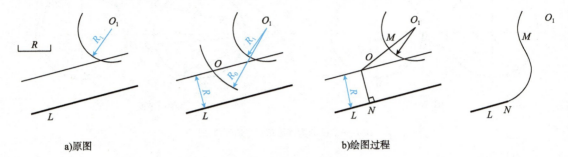

图 1-48　圆弧连接直线与圆弧作图

绘图过程:

①作与直线 L 相距为 R 的平行线,以 O_1 为圆心,以 R_1+R 为半径作弧,与直线 L 的平行线相交于 O 点,即为连接圆弧的圆心。

②连接圆心 O_1 和 O,与已知圆弧相交于 M 点;过 O 作直线 L 的垂线与直线 L 相交于 N 点,M 点和 N 点即为连接圆弧与已知圆弧和直线的切点。

③以 O 为圆心,以 R 为半径自 M 点到 N 点画圆弧,即为所求。

(3)圆弧连接圆弧和圆弧

①外切连接

已知半径为 R_1 和 R_2 的圆弧,如图 1-49a)所示,连接两圆弧的半径为 R,求作圆弧与两已知圆弧外切连接。

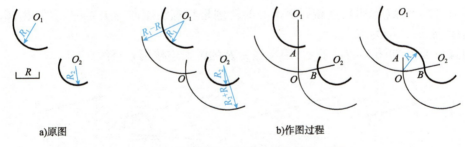

图 1-49　圆弧连接圆弧和圆弧(外切连接)作图

绘图过程:

a. 以 O_1 为圆心,以 R_1+R 为半径作圆弧;以 O_2 为圆心,以 R_2+R 为半径作圆弧;两圆弧相交于 O 点,即为连接圆弧的圆心。

b. 连接圆心 O_1 和 O,与已知圆弧相交于 A 点,接圆心 O_2 和 O,与已知圆弧相交于 B 点,A 点和 B 点即为连接圆弧与两已知圆弧的切点。

c. 以 O 为圆心,以 R 为半径自 A 点到 B 点画圆弧,即为所求。

②内切连接

已知半径为 R_1 和 R_2 的圆弧,如图 1-50a)所示,连接两圆弧的半径为 R,求作圆弧与两已知圆弧内切连接。

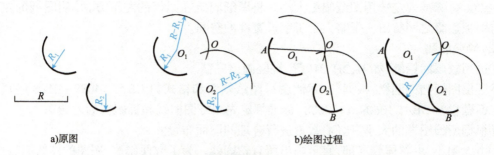

图 1-50　圆弧连接圆弧和圆弧（内切连接）作图

绘图过程：

a. 以 O_1 为圆心，以 $R-R_1$ 为半径作圆弧；以 O_2 为圆心，以 $R-R_2$ 为半径作圆弧；两圆弧相交于 O 点，即为连接圆弧的圆心。

b. 过圆心 O、O_1 作直线，与已知圆弧相交于 A 点；过圆心 O、O_2 作直线，与已知圆弧相交于 B 点；A 点和 B 点即为连接圆弧与两已知圆弧切点。

c. 以 O 为圆心，以 R 为半径自 A 点到 B 点画圆弧，即为所求。

③混合连接

已知半径为 R_1 和 R_2 的圆弧，如图 1-51a）所示，连接两圆弧的半径为 R，求作圆弧与两已知圆弧混合连接。

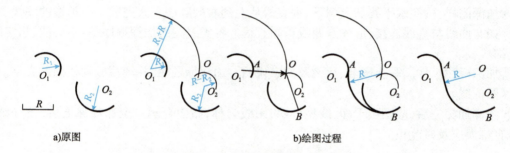

图 1-51　圆弧连接圆弧和圆弧（混合连接）作图

绘图过程：

a. 以 O_1 为圆心，以 $R+R_1$ 为半径作圆弧；以 O_2 为圆心，以 $R-R_2$ 为半径作圆弧；两圆弧相交于 O 点，即为连接圆弧的圆心。

b. 连接圆心 O_1、O，与已知圆弧相交于 A 点，过圆心 O、O_2 作直线，与已知圆弧相交于 B 点，A 点和 B 点即为连接圆弧与两已知圆弧的切点。

c. 以 O 为圆心，以 R 为半径自 A 点到 B 点画圆弧，整理图形，删去多余线条，即为所求。

5. 绘图的步骤和方法

（1）准备工作

①准备好所用的绘图工具和仪器。使用之前应对绘图工具逐件进行检查校正并将工具擦拭干净。

②图板上方可略抬高一些,使其倾斜一个角度,按《技术制图 图纸幅面和格式》(GB/T 14689—2008)标准规定选用图纸幅面大小。将图纸固定在图板的左下方,并使图纸的左边和下边与图板边缘之间留出一个略大于丁字尺宽度的空间。

(2)绘制底稿

①选用较硬的铅笔,如 H、2H、3H 等,轻轻画出底稿。

②画出图框和标题栏,根据《技术制图 图纸幅面和格式》(GB/T 14689—2008)和《技术制图 标题栏》(GB/T 10609.1—2008)标准规定先画好图框线和标题栏的外轮廓。

③根据所给图样的大小、比例、数量进行合理的图面布置。

④由大到小,由整体到局部,直至画出所有轮廓线。为了方便修改,底图的图线应轻而淡,能定出图形的形状和大小即可。如发现错误,不要立即擦掉。可用铅笔轻轻做上记号,待全图完成之后,再一次擦净,以保证图面整洁。画底稿时,图形尺寸应用分规从比例尺上量取长度。相同长度尺寸应一次量取,以保证尺寸的准确,提高画图速度。

⑤画尺寸界限、尺寸线及其他符号。

⑥仔细检查底图,擦去多余的底稿图线。

(3)加深或描图

①在检查底稿确定无误之后,即可加深或描图。选用较软的铅笔如 B、2B 等进行加深和描图,文字说明选用 H 或 HB 铅笔。

②加深之前,应先确定标准实线的宽度,再根据线型标准确定其他线型。同类图线应粗细一致。应使图线粗细均匀,色调一致,加深粗实线一次不够时,重复再画,不可来回描粗。

③加深图样,按照水平线从上到下、垂直线从左到右的顺序一次完成。同类型的图线一次加深。如有曲线与直线连接,应先画曲线再画直线。各类线型的加深顺序是:中心线、粗实线、虚线、细实线。

④加深标注尺寸。写上图名、比例及文字说明。加深标题栏,并填写标题栏内的文字。最后加深图框线。

⑤图样加深完后,应图面干净,线型分明,图线匀称,布图合理。全部加深之后,再仔细检查,若有错误应及时改正。

复习思考题

1. 手工绘图的基本要求有哪些?
2. 手工绘图的基本步骤分为哪几步?
3. 圆弧连接的基本方法是什么?

模块一 / 第二章 正投影基础

第二章 正投影基础

学习指南

1. 建立投影法的概念,掌握正投影法的基本原理和投影特性。
2. 掌握三视图的形成及"三等"规律,能熟练运用正投影法绘制简单物体的三视图。
3. 掌握点、直线、平面在三投影面体系中的投影特性,在直线、平面上取点以及在平面上取直线的作图方法。
4. 掌握几何体的投影特性,在几何体表面上取点的作图方法。

本章首先介绍投影法的基本知识,再讨论组成物体表面的几何元素——点、直线和平面等的投影特性和作图方法,以便更好地培养学生空间形体的想象与思维能力,正确而迅速地表达物体,打下扎实的理论基础。

第一节 投影法和视图的基本概念

在日常生活中,常见到物体被阳光或灯光照射后,会在地面或墙壁上留下一个灰黑的影子,如图2-1a)所示。这个影子只能反映物体的轮廓,却无法表达物体的形状和大小。人们将这种现象进行科学地抽象,总结出了影子与物体之间的几何关系,进而形成了投影法。使在图纸上表达物体形状和大小的要求得以实现。

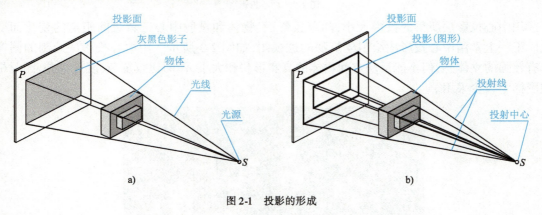

图2-1 投影的形成

一 投影法概念

投影法中,得到投影的面称为投影面。所有投射线的起源点,称为投射中心。发自投射中心且通过被表示物体上各点的直线,称为投射线。如图2-1b)所示,平面H为投影面,S为投

投影法的基本概念

射中心。将物体放在投影面 P 和投射中心 S 之间,自 S 分别引投射线并延长,使之与投影面 P 相交,即得到物体的投影。

投射线通过物体,向选定的面投射,并在该面上得到图形的方法称为投影法。根据投影法所得到的图形,称为投影(投影图)。

由此可以看出,要获得投影,必须具备投射线、物体、投影面这三个基本条件。

二 投影法分类

根据投射线的关系(汇交或平行),投影法分为中心投影法和平行投影法两类。

1. 中心投影法

如图 2-2 所示,自 S 分别向 A、B、C、D 引直线并延长,使它与平面 P 分别交于 a、b、c、d。S 为投射中心,SAa、SBb、SCc、SDd 为投射线,平面 P 为投影面,则四边形 abcd 就是空间四边形 ABCD 在平面 P 上的投影(空间的几何元素用大写字母表示,其投影用同名小写字母表示)。这种投射线汇交一点的投影法,称为中心投影法。

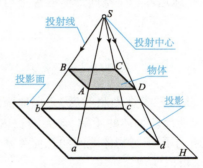

图 2-2 中心投影法

用中心投影法所得的投影大小,随着投影面、物体和投射中心三者之间距离的变化而变化。工程上常用中心投影法绘制建筑物的透视图,如图 2-3 所示。用中心投影法绘制的图样具有较强的立体感,但不能反映空间物体的真实形状和大小,作图比较复杂,度量性差,因此机械图样中较少采用。

图 2-3 建筑物的透视图

2. 平行投影法

假设将投射中心 S 移至无穷远处，这时的投射线可看作相互平行。这种投射线相互平行的投影法，称为平行投影法，如图 2-4 所示。

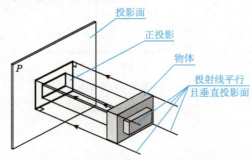

图 2-4　投射线垂直投影面的平行投影法

平行投影法中，按投射线是否垂直于投影面，又分为斜投影法和正投影法。

（1）正投影法。即投射线与投影面相垂直的平行投影法，如图 2-5a）所示。根据正投影法所得到的图形，称为正投影（正投影图）。

（2）斜投影法。即投射线与投影面相倾斜的平行投影法，如图 2-5b）所示。根据斜投影法所得到的图形，称为斜投影（斜投影图）。

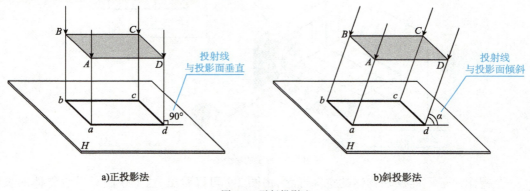

a）正投影法　　　　　　　　　　　b）斜投影法

图 2-5　平行投影法

由于正投影法所得到的正投影能真实地反映物体的形状和大小，度量性好，作图简便，因此它是绘制机械图样主要采用的投影法。若没有特别指明，后面所提到的"投影"均是正投影。

三　正投影的基本特性

（1）真实性。当直线段或平面平行于投影面时，其投影反映直线段实长或平面的实形，如图 2-6a）所示。

（2）积聚性。当直线段或平面垂直于投影面时，直线段的投影积聚成点，平面的投影积聚成直线段，如图 2-6b）所示。

（3）类似性。当直线段或平面倾斜于投影面时，直线段的投影长度变短，平面的投影为原形的类似形，如图 2-6c）所示。

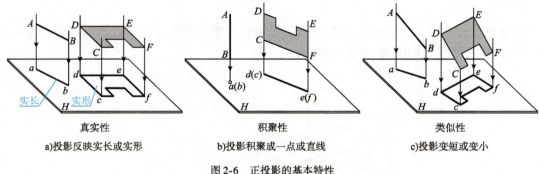

a) 投影反映实长或实形　　b) 投影积聚成一点或直线　　c) 投影变短或变小

真实性　　　　　　　　积聚性　　　　　　　　类似性

图 2-6　正投影的基本特性

第二节　三　视　图

用正投影法绘制物体的图形时，把人的视线假想成相互平行且垂直投影面的一组投射线。根据有关标准和规定，用正投影法所绘制出的物体的图形称为视图，如图 2-7 所示。

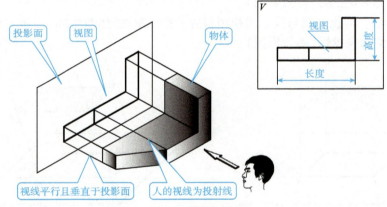

图 2-7　视图的概念

一个视图一般不能反映物体的空间形状，由图 2-7 可以看出，这个视图只反映物体的长度和高度，而没有反映物体的宽度。如图 2-8 所示，三个不同的物体，在同一投影面上的投影却相同。因此，要反映物体的完整形状，常需要从几个不同方向进行投射，获得多面正投影，以表示物体各个方向的形状，综合起来反映物体的完整形状。

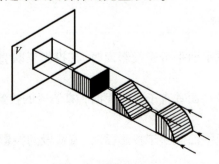

图 2-8　一个视图不能确定物体的形状

一 三投影面体系的建立

在多面正投影中,相互垂直的三个投影面构成三投影面体系,分别称为正立投影面(简称正面或 V 面)、水平投影面(简称水平面或 H 面)和侧立投影面(简称侧面或 W 面),如图 2-9 所示。

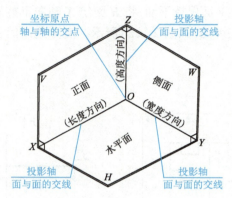

图 2-9　三投影面体系

三投影面体系中,相互垂直的投影面之间的交线,称为投影轴,它们分别是:
OX 轴(简称 X 轴),是 V 面与 H 面的交线,代表左右即长度方向。
OY 轴(简称 Y 轴),是 H 面与 W 面的交线,代表前后即宽度方向。
OZ 轴(简称 Z 轴),是 V 面与 W 面的交线,代表上下即高度方向。
三条投影轴相互垂直,其交点称为原点,用 O 表示。

二 三视图的形成

将物体置于三投影面体系内,然后从物体的三个方向进行观察,就可以在三个投影面上得到三个视图,如图 2-10 所示。规定的三个视图名称分别为:

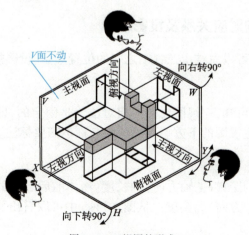

物体的三视图

图 2-10　三视图的形成

(1) 主视图——由前向后投射所得的视图；
(2) 左视图——由左向右投射所得的视图；
(3) 俯视图——由上向下投射所得的视图。

这三个视图统称为三视图。

为把三个视图画在同一张图纸上，必须将相互垂直的三个投影面展开在同一平面上。展开方法如图 2-10 所示，规定：V 面保持不动，将 H 面绕 X 轴向下旋转 90°，将 W 面绕 Z 轴向右旋转 90°，就得到展开后的三视图，如图 2-11a) 所示。实际绘图时，应去掉投影面边框和投影轴，如图 2-11b) 所示。

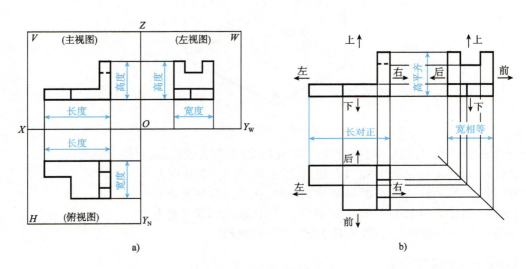

图 2-11 展开后的三视图

提示：绘制视图时，可见的棱线和轮廓线用粗实线绘制，不可见的棱线和轮廓线用细虚线绘制。

三 三视图之间的对应关系及投影规律

由三视图的形成过程可以总结出三视图之间的位置关系、投影规律及方位关系。

1. 位置关系

由三视图的展开过程可知，三视图之间的相对位置是固定的，即主视图定位后，左视图在主视图的右方，俯视图在主视图的下方。各视图的名称不需要标注。

2. 投影规律

规定：物体左右之间的距离（X 轴方向）为长度；物体前后之间的距离（Y 轴方向）为宽度；物体上下之间的距离（Z 轴方向）为高度。从图 2-11a) 中可以看出，每一个视图只能反映物体的两个方向的尺度，即：

(1) 主视图——反映物体的长度（X 轴方向尺寸）和高度（Z 轴方向尺寸）；
(2) 左视图——反映物体的高度（Z 轴方向尺寸）和宽度（Y 轴方向尺寸）；
(3) 俯视图——反映物体的长度（X 轴方向尺寸）和宽度（Y 轴方向尺寸）。

由此可得出三视图之间的投影规律，即：主、俯视图长度相等且对正；主、左视图高度相等且平齐；俯、左视图宽度相等。

三视图之间"长对正，高平齐，宽相等"的"三等"规律，不仅反映在物体的整体上，也反映在物体的任意一个局部结构上，如图 2-11b) 所示。这一规律是画图和识图的依据，必须深刻理解和熟练运用。

3. 方位关系

物体有左右、前后、上下六个方位，搞清楚三视图的六个方位关系，对画图、识图十分重要。从图 2-11b) 中可以看出，每一个视图只能反映物体两个方向的位置关系，即：主视图反映物体的左、右和上、下位置关系（前、后重叠）；左视图反映物体的上、下和前、后位置关系（左、右重叠）；俯视图反映物体的左、右和前、后位置关系（上、下重叠）。

提示：画图与识图时，要特别注意左视图和俯视图的前、后对应关系。在三个投影面的展开过程中，由于水平面向下旋转，俯视图的下方表示物体的前面，俯视图的上方表示物体的后面；当侧面向右旋转后，左视图的右方表示物体的前面，左视图的左方表示物体的后面。即左、俯视图远离主视图的一边，表示物体的前面；靠近主视图的一边，表示物体的后面。物体的左、俯视图不仅宽相等，还应保持前、后位置的对应关系。

四 三视图的画图步骤

根据物体（或轴测图）画三视图时，应先选定主视图的投射方向，然后将物体摆正（使物体的主要表面平行于投影面）。

【例 2-1】 根据支座的轴测图 [图 2-12a)] 画出其三视图。

分析：

图 2-12a) 所示支座的下方为一长方形底板，底板后部有一块半圆形立板，立板中间有一圆孔，立板两侧有两块三角形肋板。根据支座的形状特性，使支座的后壁与正面平行，底面与水平面平行，由前向后为主视图的投射方向。

作图：

①先画出对称中心线、基准线，确定三视图的位置，如图 2-12b) 所示。
②该物体由三部分组成，应分部分画出。先画出长方形底板，如图 2-12c) 所示。
③画出后侧立板及立板上的圆孔，如图 2-12d) 所示。
④然后画出后立板两侧的三角形肋板，最后加粗描深，如图 2-12e)、f) 所示。

提示：画三视图时，物体的每一组成部分，最好是三个视图配合着画。不要先把一个视图画完后，再画另一个视图。这样，不但可以提高绘图速度，还能避免漏线、多线。画物体某一部分的三视图时，应先画反映形状特征的视图，再按投影关系画出其他视图。

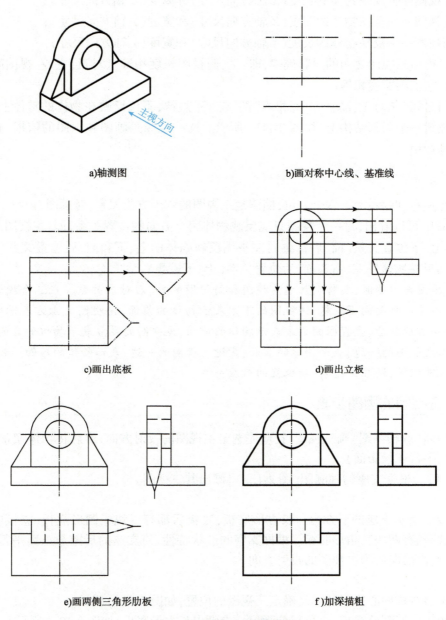

图 2-12 画支座三视图的步骤

第三节 点的投影

点、直线、平面是构成物体形状最基本的几何元素。如图 2-13 所示的三棱锥,就是由四个平面、六条棱线、四个顶点构成的。画出三棱锥的三视图,实际上就是画出构成三棱锥表面的这些点、直线和平面的投影。为了迅速、正确地画出物体的三视图,必须首先掌握这些几何元素的投影规律和作图方法。

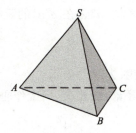

图 2-13 三棱锥

点的三面投影的形成

点的投影其他知识

提示：为了叙述方便，以下将正投影简称为投影。

一、点的投影规律

如图 2-14a)所示，将空间点 A 置于三个相互垂直的投影面体系中，分别作垂直于 V 面、H 面、W 面的投射线，得到点 A 的正面投影 a'、水平投影 a 和侧面投影 a''。

提示：空间点用大写拉丁字母表示，如 A、B、C…；点的水平投影用相应的小写字母表示，如 a、b、c…；点的正面投影用相应的小写字母加一撇表示，如 a'、b'、c'…；点的侧面投影用相应的小写字母加两撇表示，如 a''、b''、c''…。

将投影面按箭头所指的方向摊平在一个平面上[图 2-14b)]，去掉投影面边框，便得到点 A 的三面投影，如图 2-14c)所示。图中 a_X、a_Y、a_Z 分别为点的投影连线与投影轴 X、Y、Z 的交点。点的三面投影具有以下两条投影规律。

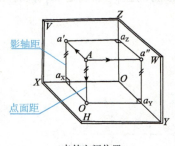
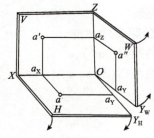

a)点的空间位置　　b)投影面的展开　　c)点的三面投影

图 2-14 点的投影规律

(1) 点的两面投影连线，必定垂直于相应的投影轴，即：
$aa' \perp X$ 轴，$a'a'' \perp Z$ 轴，$aa_Y \perp Y_H$ 轴，$a''a_Z \perp Y_W$ 轴。

(2) 点的投影到投影轴的距离，等于空间点到相应的投影面的距离，即：

$$a'a_X = a''a_Y = A \text{ 点到 } H \text{ 面的距离 } Aa$$
$$aa_X = a''a_Z = A \text{ 点到 } V \text{ 面的距离 } Aa'$$
$$aa_Y = a''a_Z = A \text{ 点到 } W \text{ 面的距离 } Aa''$$

投影轴距 = 点面距

根据点的投影规律，在点的三面投影中，只要知道其中任意两个面的投影，即可求出第三面投影。

【例 2-2】 已知点 A 的两面投影[图 2-15a)]，求作点 A 的第三面投影。

分析：

根据点的投影规律可知，$a'a'' \perp Z$ 轴，a'' 必在 $a'a_Z$ 的延长线上；由 $a''a_Z = aa_X$，可确定 a'' 的位置。

作图：

①过 a' 作 $a'a_Z \perp Z$ 轴并延长，如图 2-15b) 所示。

②过 a 作 $aa_Y \perp Y_H$ 轴并与 45°（等宽）线相交，向上作垂线得到 a''，如图 2-15c) 所示。

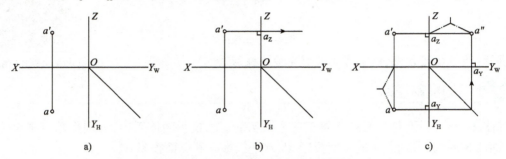

图 2-15 已知点的两面投影求作第三面投影

二 点的投影与直角坐标的关系

三投影面体系可以看成是空间直角坐标系，即把投影面作为坐标面，投影轴作为坐标轴，三条轴的交点 O 为坐标原点。

如图 2-16a) 所示，点 A 在空间的位置可由点 A 到三个投影面的距离来确定，即点的三面投影与点的三个坐标有以下对应关系：

点 A 的 x 坐标 = 点 A 到 W 面的距离 (Aa'')；

点 A 的 y 坐标 = 点 A 到 V 面的距离 (Aa')；

点 A 的 z 坐标 = 点 A 到 H 面的距离 (Aa)。

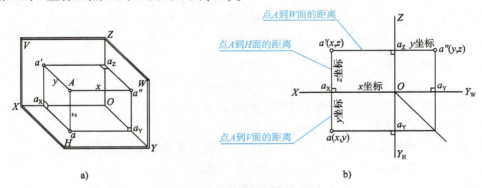

图 2-16 点的投影与坐标的关系

由此可见，空间点的位置可由该点的坐标 (x,y,z) 确定。如图 2-16b) 所示，点 A 三面投影的坐标分别为 $a(x,y)$、$a'(x,z)$、$a''(y,z)$。任一投影都包含两个坐标，所以一个点的两面投影就包含了点的三个坐标，即确定了点的空间位置。

【例 2-3】 已知点 $A(15,10,12)$，求作它的三面投影。

分析：
已知空间点的三个坐标，便可作出该点的两面投影，进而求出第三面投影。

作图：
①画出投影轴，在 X 轴上由点 O 向左量取 x 坐标15mm，得 a_X，如图2-17a)所示。
②过 a_X 作 X 轴垂线，自 a_X 向下量取 y 坐标10mm 得 a、向上量取 z 坐标12mm 得 a'，如图2-17b)所示。
③根据点的投影规律，由 a、a' 求出 a''，如图2-17c)所示。

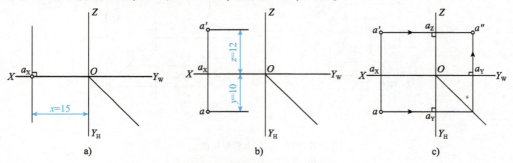

图2-17 根据点的坐标求作投影

三 两点的相对位置

两点的相对位置指两点在空间的上下、前后、左右位置关系。
两点在空间的相对位置，可以由两点的坐标来确定：
两点的左、右相对位置由 x 坐标确定，x 坐标值大者在左；
两点的前、后相对位置由 y 坐标确定，y 坐标值大者在前；
两点的上、下相对位置由 z 坐标确定，z 坐标值大者在上。
由此可知，若已知两点的三面投影，判断它们的相对位置时，可根据正面投影或水平面投影判断左、右关系；根据水平面投影或侧面投影判断前、后关系；根据正面投影或侧面投影判断上、下关系。
如图2-18所示，由于 $x_A > x_B$，故点 A 在点 B 的左方；由于 $y_A < y_B$，故点 A 在点 B 的后方；由于 $z_A < z_B$，故点 A 在点 B 的下方，即点 A 在点 B 的左、后、下方。

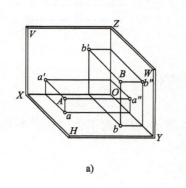
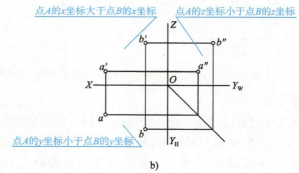

图2-18 两点的相对位置

在图 2-19 所示 E、F 两点的投影中，$x_E = x_F$，$z_E = z_F$，说明 E、F 两点的 x、z 坐标相同，即 E、F 两点处于对正面的同一条投射线上，其正面投影 e' 和 f' 重合，称为正面的重影点。虽然 e'、f' 重合，但水平投影和侧面投影不重合，且 e 在前、f 在后，即 $y_E > y_F$。所以对正面来说，E 可见，F 不可见。对不可见的点，需加圆括号表示，F 点的正面投影表示为 (f')。

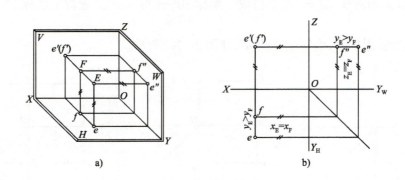

图 2-19 重影点和可见性

重影点的可见性，需根据这两点不重影的投影的坐标大小来判别，即：
当两点在 V 面的投影重合时，需判别其 H 面或 W 面投影，其 y 坐标大者在前（可见）；
当两点在 H 面的投影重合时，需判别其 V 面或 W 面投影，其 z 坐标大者在上（可见）；
若两点在 W 面的投影重合时，需判别其 H 面或 V 面投影，其 x 坐标大者在左（可见）。

【例 2-4】 在点 A 的三面投影[图 2-20a]中，作出点 $(16,8,0)$ 的三面投影，并判断两点在空间的相对位置。

分析：
点 B 的 $z=0$，说明点 B 在 H 面上，点 B 的正面投影 b' 一定在 X 轴上，侧面投影 b'' 一定在 Y_W 轴上。

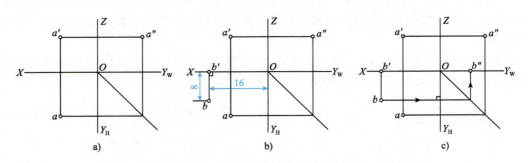

图 2-20 求点的三面投影并判别两点的相对位置

作图：
①在 X 轴上向左量取 x 坐标 16mm，得 b'，如图 2-20b) 所示；由 b' 向下作垂线并量取 y 坐标 8mm，得 b。根据 b、b' 求得 b''，如图 2-20c) 所示。
提示： b'' 一定在 W 面的 Y_W 轴上，而不在 H 面的 Y_H 轴上。
②判别 A、B 两点在空间的相对位置。

因为 $x_B > x_A$，故点 A 在点 B 的右方；因为 $y_A > y_B$，故点 A 在点 B 的前方；因为 $z_A > z_B$，故点 A 在点 B 的上方。即点 A 在点 B 的右、前、上方。反之，点 B 在点 A 的左、后、下方。

第四节　直线的投影

一　直线的三面投影

一般情况下，直线的投影仍是直线。特殊情况下，直线的投影积聚成一点。如图 2-21a)所示，直线 AB 在 H 面上的投影为 ab。直线 CD 垂直于 H 面，它在 H 面上的投影积聚成一点 $c(d)$。

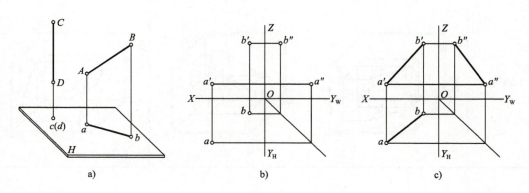

图 2-21　直线的投影

求作直线的三面投影时，可分别作出直线两端点的三面投影，如图 2-21b)所示，然后将同一投影面上的投影（简称同面投影）连接起来，即得到直线的三面投影，如图 2-21c)所示。

二　各种位置直线的投影特性

在三投影面体系中，按与投影面的相对位置关系，直线可分为以下三种：

（1）投影面平行线（特殊位置直线）：与一个基本投影面平行，与另外两个基本投影面成倾斜位置的直线。

（2）投影面垂直线（特殊位置直线）：垂直于一个基本投影面的直线。

（3）一般位置直线：与三个基本投影面均成倾斜位置的直线。

1. 投影面平行线

投影面平行线共有三种（表 2-1）：

水平线——平行于 H 面，与 V 面、W 面倾斜的直线；
正平线——平行于 V 面，与 H 面、W 面倾斜的直线；
侧平线——平行于 W 面，与 V 面、H 面倾斜的直线。

各种位置直线的投影性质

投影面平行线的投影特性 表 2-1

名称	水平线（∥H面）	正平线（∥V面）	侧平线（∥W面）
实例			
轴测图			
投影			
投影特性	①水平投影 $ab=AB$（实长）； ②正面投影 $a'b'\parallel X$ 轴，侧面投影 $a''b''\parallel Y_W$ 轴，且均不反映实长； ③ab 与 X 和 Y_H 轴的夹角 β、γ 等于 AB 对 V、W 面的倾角	①正面投影 $c'd''=CD$（实长）； ②水平投影 $cd\parallel X$ 轴，侧面投影 $c''d''\parallel Z$ 轴，且均不反映实长； ③$c'd'$ 与 X 和 Z 轴的夹角 α、γ 等于 CD 对 H、W 面的倾角	①侧面投影 $e''f''=EF$（实长）； ②水平投影 $ef\parallel Y_H$ 轴，正面投影 $e'f'\parallel Z$ 轴，且均不反映实长； ③$e''f''$ 与 Y_W 和 Z 轴的夹角 α、β 等于 EF 对 H、V 面的倾角
	①直线在所平行的投影面上的投影，均反映实长； ②其他两面投影平行于相应的投影轴； ③反映实长的投影与投形轴所夹的角度，等于空间直线对相应投影面的倾角		

注：在三投影面体系中，直线与 H、V、W 面的倾角分别用 α、β、γ 表示。

2. 投影面垂直线

投影面垂直线也有三种（表2-2）：

铅垂线——垂直于 H 面的直线；

正垂线——垂直于 V 面的直线；

侧垂线——垂直于 W 面的直线。

投影面垂直线的投影特性　　　　　　　　　　　表2-2

名称	铅垂线（⊥H面）	正垂线（⊥V面）	侧垂线（⊥W面）
实例	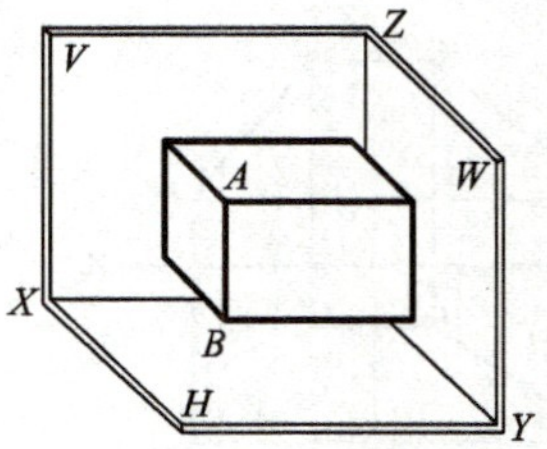	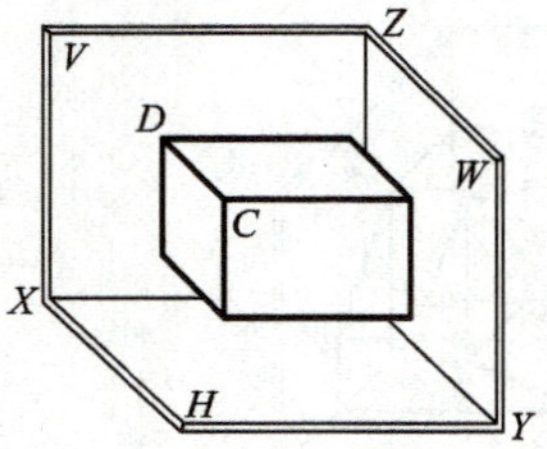	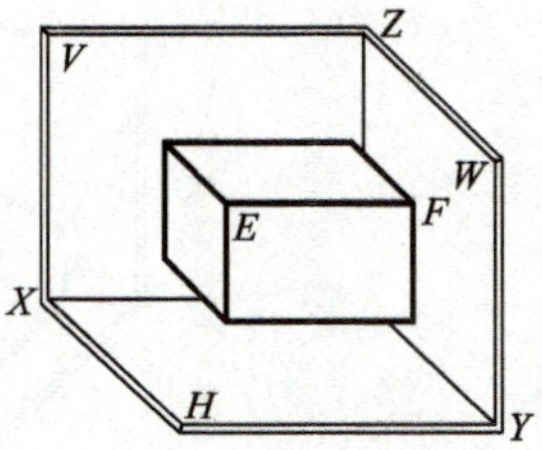
轴测图	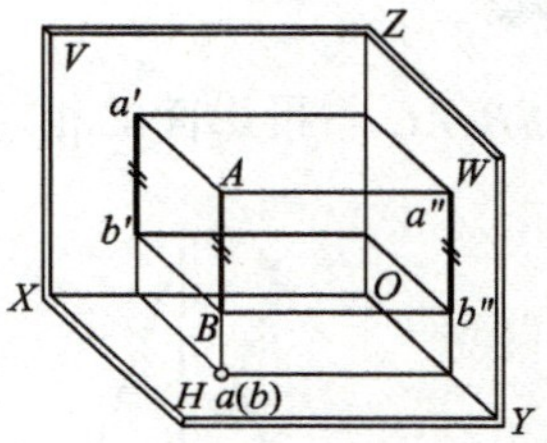	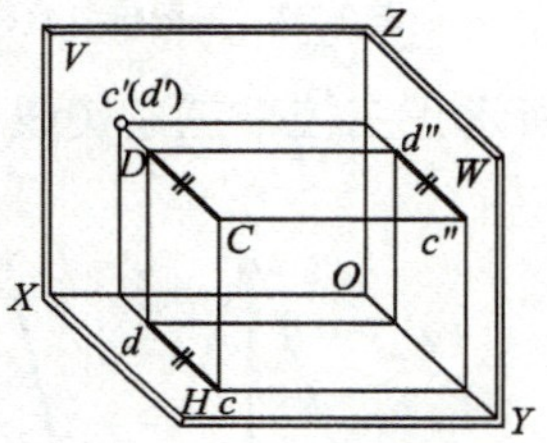	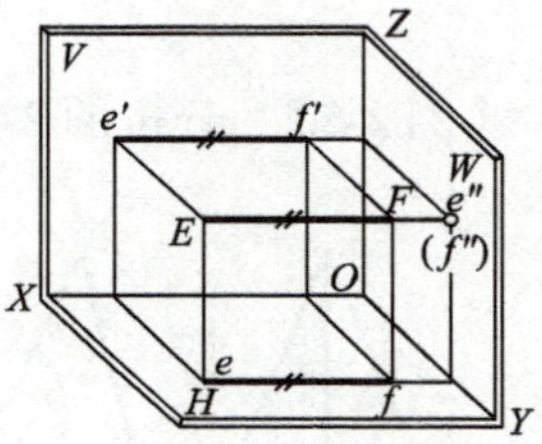
投影	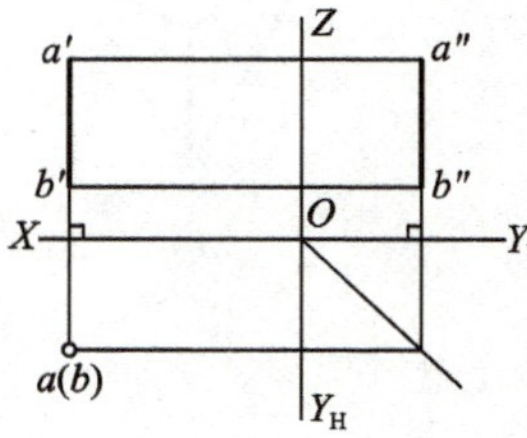	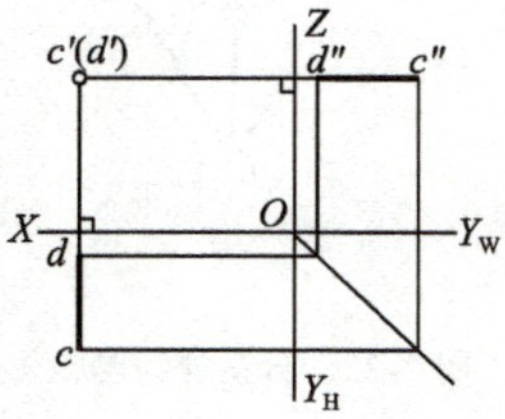	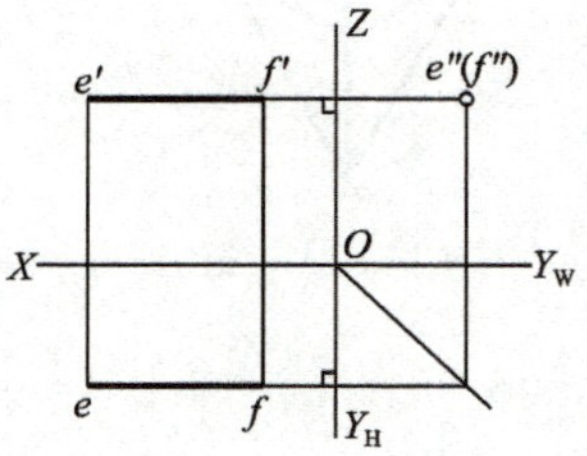
投影特性	①水平投影积聚成一点 $a(b)$； ② $a'b' = a''b'' = AB$（实长），且 $a'b'⊥X$ 轴，$a''b''⊥Y_W$ 轴	①正面投影积聚成一点 $c'(d')$； ② $cd = c''d'' = CD$（实长），且 $cd⊥X$ 轴，$c''d''⊥Z$ 轴	①侧面投影积聚成一点 $e''(f'')$； ② $ef = e'f' = EF$（实长），且 $ef⊥Y_H$ 轴，$e'f'⊥Z$ 轴
	①直线在所垂直的投影面上的投影，积聚成一点； ②其他两面投影反映该直线的实长，且分别垂直于相应的投影轴		

3. 一般位置直线

与三个基本投影面均成倾斜位置的直线,称为一般位置直线。如图 2-22 中的直线 AB,在空间与三个基本投影面都倾斜,和三个基本投影面的夹角 α、β、γ 都不等于零,所以直线的三个投影都小于实长。此时,它们与各投影轴的夹角,也不反映直线 AB 与基本投影面的真实倾角。由此可知一般位置直线的投影特性为:

(1)直线的三个投影都倾斜于投影轴,且都小于直线的实长。

(2)直线的各投影与投影轴的夹角,均不反映空间直线与各基本投影面的倾角。

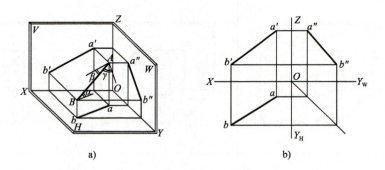

图 2-22 一般位置直线的投影

【例 2-5】 分析图 2-23 所示正三棱锥三条棱线 SA、SB、AC 与投影面的相对位置。

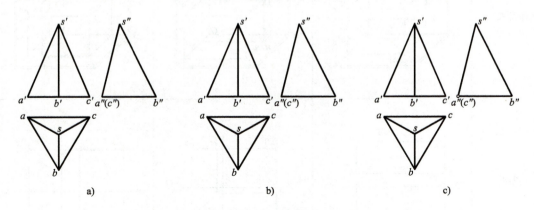

图 2-23 分析棱线与投影面的相对位置

分析:

①棱线 SA。SA 的三个投影 sa、s'a'、s"a"与投影轴都倾斜,可确定为一般位置直线,其三个投影均小于实长,如图 2-23a)所示。

②棱线 SB。sb 平行于 Y_H 轴,s'b'平行于 Z 轴,可确定 SB 为侧平线,其侧面投影 s"b"等于实长,如图 2-23b)所示。

③棱线 AC。侧面投影 a"(c")重影,可确定 AC 为侧垂线,其正面投影 a'c'和水平投影 ac 等于实长,如图 2-23c)所示。

三 属于直线的点

直线上点的投影有下列从属关系：

如果一个点在直线上，则此点的各个投影必在该直线的同面投影上。反之，如果点的各个投影都在直线的同面投影上，则该点一定在该直线上。

如图 2-24 所示，点 K 在直线 AB 上，则 k 在 ab 上，k' 在 $a'b'$ 上，k'' 在 $a''b''$ 上。

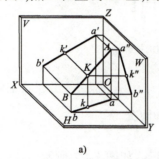 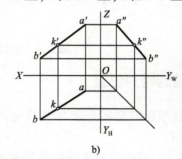

直线上的点

图 2-24 直线上点的投影

直线 AB 上点 K 的投影 k、k'、k''，分别落在 ab、$a'b'$、$a''b''$ 上，且符合点的投影规律。同时 $AK:KB = ak:kb = a'k':k'b' = a''k'':k''b''$。这就是定比性，点分割直线之比在投影图上保持不变。即空间点分割空间直线两段之比等于空间点的投影分这个直线的同面投影的两段之比。

提示：若点的一个投影不在直线的同面投影上，则可判定该点不在该直线上。

【例 2-6】 已知点 M 在直线 AB 上，求作它们的第三面投影 [图 2-25a)]。

分析：

由于点 M 在直线 AB 上，所以点 M 的另两面投影必在 AB 的同面投影上。

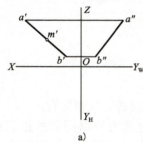 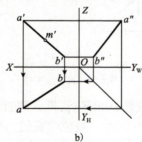 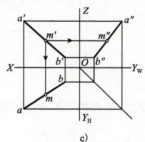

图 2-25 求直线上点的投影

作图：

① 首先求出直线 AB 的水平投影 ab，如图 2-25b) 所示。

② 过 m' 作 X 轴、Z 轴垂线，分别与 ab、$a''b''$ 相交，求得 m 和 m''，如图 2-25c) 所示。

【例 2-7】 已知点 K 在线段 AB 上，求点 K 的正面投影 [图 2-26a)]。

分析：

可先求出直线 AB 的侧面投影后，再求点 K 的正面投影。但运用定比关系来解更为简便。图 2-26b) 中，自 b' 画一任意辅助射线 a_0b'，取 $a_0k_0 = ak$，$k_0b' = kb$，连接 $a'a_0$，作 $k_0k' // a'a_0$ 交 $a'b'$ 于 k'，即为所求。

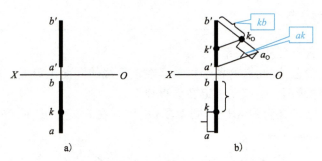

图 2-26 求直线上点的投影

四 两直线的相对位置

空间两直线的相对位置有平行、相交和交叉三种情况。

(1) 两直线平行

空间两直线互行,其各组同面投影必然互相平行。如图 2-27 所示,$AB /\!/ CD$,则 $ab /\!/ cd$,$a'b' /\!/ c'd'$,$a''b'' /\!/ c''d''$。

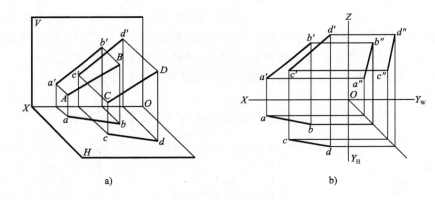

图 2-27 两直线平行

反之,如果两直线的各组同面投影互相平行,则此两直线在空间必定互相平行。

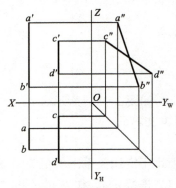

图 2-28 两直线不平行

对一般位置直线,只要两直线有两组同面投影互相平行,即可确定两直线在空间一定互相平行。但对投影面平行线,通常需视两直线在该投影面上的投影是否平行才能确定,如图 2-28 所示,$a''b''$ 与 $c''d''$ 不平行,故 AB 与 CD 不平行。

【例 2-8】 判断两线段 DE、FG 是否平行(图 2-29)。

解:情况一 DE、FG 为特殊位置直线,可作第三面投影判别,如图 2-29a) 所示,DE、FG 平行。

情况二 DE、FG 为特殊位置直线,DE、FG 两投影方向变化,不共面,不平行。也可通过第三面投影判别,如

图2-29b)所示,结果相同。

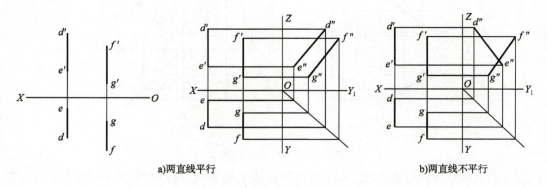

a)两直线平行　　　　　　　　　b)两直线不平行

图 2-29　判断两直线是否平行

(2) 两直线相交

空间两直线相交,其各组同面投影一定相交,且交点的投影符合点的投影规律。如图2-30所示,AB 与 CD 相交于点 K,其三面投影 ab 和 cd 相交于 k,a'b' 和 c'd' 相交于 k',a"b" 和 c"d" 相交于 k",且 k、k' 连线垂直 X 轴,k'、k" 连线垂直 Z 轴。

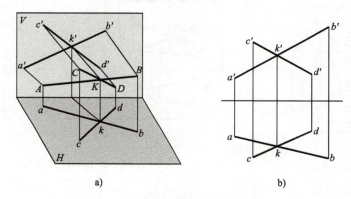

图 2-30　两直线相交

反之,如果两直线的各组同面投影都相交,其交点的投影符合点的投影规律,则两直线在空间一定相交。

【例 2-9】　判断两线段 AB、CD 是否相交 [图 2-31a)]。

分析:

由图2-31b)可知该点不是两直线共有点,而是两重影点,在左视图上不重影,故 AB、CD 不相交。

(3) 两直线交叉

两直线既不平行又不相交,则两直线交叉(异面两直线)。

交叉两直线的同面投影可能有一组或两组互相平行,但第三组不可能互相平行,如图2-28所示。交叉两直线的同面投影,有可能相交,但交点不符合点的投影规律,如图2-32、图 2-33 所示。

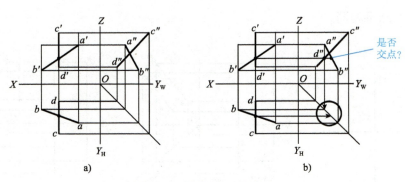

图 2-31 判断两直线是否相交

交叉两直线的投影可能相交,其交点是两直线上处于同一投射线上两个重影点的投影。图 2-33 中,ab 与 cd 的交点 1(2),实际上是 AB 上的点 Ⅰ 与 CD 上的点 Ⅱ 这一对重影点在 H 面上的重合投影。由于 $z_Ⅰ > z_Ⅱ$,故从上往下投射,点 Ⅰ 可见,点 Ⅱ 为不可见。同理 $a'b'$ 与 $c'd'$ 的交点 4′(3′),是 AB 上的点 Ⅲ 和 CD 上点 Ⅳ 在 V 面上的重合投影,由于 $y_Ⅲ < y_Ⅳ$,故从前往后投射,点 Ⅳ 可见,点 Ⅲ 为不可见。

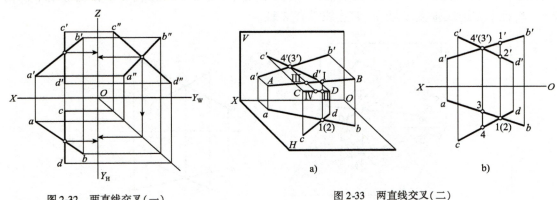

图 2-32 两直线交叉(一)   图 2-33 两直线交叉(二)

(4)两直线垂直相交

两直线垂直相交,若其中有一条直线平行于某一投影面,则两直线在该投影面上的投影仍互相垂直,此投影特性称为直角投影定理。

如图 2-34 所示,$AB \perp BC$,$AB /\!/ H$ 面,BC 倾斜于 H 面。因 $AB \perp BC$,$AB \perp Bb$,故 $AB \perp$ 平面 $BbcC$;又因 $AB /\!/ H$ 面,则 $AB /\!/ ab$,故 $ab \perp$ 平面 $BbcC$,所以 $ab \perp bc$。

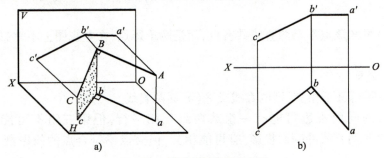

图 2-34 垂直相交两直线的投影

反之,若相交两直线在某一投影面上的投影互相垂直,且其中有一条直线平行于该投影面时,则此两直线在空间也一定互相垂直。

两直线交叉垂直,若其中有一条直线平行于某一投影面,其投影也具有上述特性。

【例 2-10】 如图 2-35a)所示,已知菱形 ABCD 的一条对角线 AC 为正平线,菱形的一边 AB 位于直线 AM 上,求该菱形的投影。

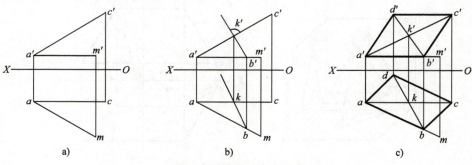

图 2-35 作菱形 ABCD 的投影

分析:
菱形的对角线互相垂直平分,其对边互相平行。

作图:
①在对角线 AC 上取中点 K,即 $a'k' = k'c'$,$ak = kc$。
②AC 是正平线,故另一对角线的正面投影必定垂直 AC 正面投影 $a'c'$。因此过 k' 作 $k'b' \perp a'c'$,且与 $a'm'$ 交于 b',由 $k'b'$ 求出 kb。
③在 KB 延长线上取 $k'd' = k'b'$,$kd = kb$,连接各点即为所求。

第五节 平面的投影

一 平面的表示法

(1)用几何元素表示平面。从几何学可知,由不在同一直线上的三点、一直线和直线外的一点、两平行直线、两相交直线或任意平面形(即平面的有限部分)均可以确定一个平面。在投影上,可以用它们中任何一种几何元素的投影来表示平面(图 2-36)。

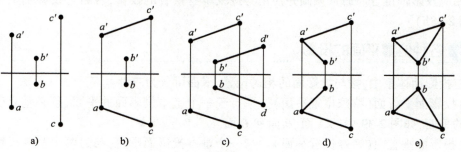

图 2-36 平面的表示法

平面的投影一般仍为平面，特殊时为直线段。作图时，先画出平面各顶点（或曲线轮廓线上的主要点）的投影，然后将各点同面投影依次连线，即得平面投影。如图 2-37 所示，先作出三棱锥侧面 △SAB 的三个顶点的三面投影，然后连接各顶点的同面投影，即得 △SAB 的三面投影。

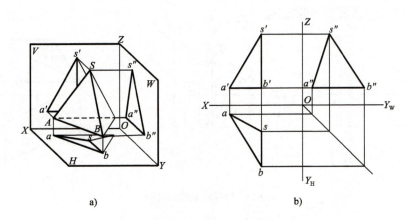

图 2-37 三棱锥侧面的投影

（2）用迹线表示平面。平面和投影面的交线称为平面的迹线。如图 2-38 所示，P_H、P_V、P_W 分别表示平面 P 与 H、V、W 面的交线。P_X、P_Y、P_Z 分别表示平面 P 与 OX、OY、OZ 的交点。

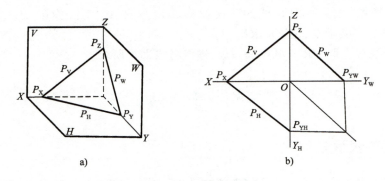

图 2-38 平面的迹线

平面迹线是平面与投影面的共有线，所以，迹线在该投影面上的投影与它本身重合，另两投影与相应投影轴重合。通常只画并注出与迹线本身重合的投影，省略与投影轴重合的迹线投影[图 2-38b）]。

二、各种位置平面的投影

在三投影面体系中，按与投影面的相对位置，平面可分为三种：

（1）投影面平行面（特殊位置平面）。平行于一个基本投影面的平面，且必垂直于另两个投影面的平面，如图 2-39 中的 A 面、B 面和 C 面。

（2）投影面垂直面（特殊位置平面）。与一个基本投影面垂直，与另两个基本投影面成倾斜位置的平面，如图 2-39 中的 D 面、E 面和 F 面。

（3）一般位置平面。与三个基本投影面均成倾斜位置的平面，如图2-39中的G面。

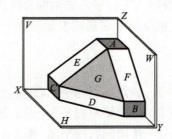

图2-39　各种位置平面的投影

1. 投影面平行面

投影面平行面有以下三种：
水平面——平行于H面的平面（图2-39中的A面）。
正平面——平行于V面的平面（图2-39中的B面）。
侧平面——平行于W面的平面（图2-39中的C面）。
各种平行面的投影特性，见表2-3。

投影面平行面的投影特征　　　　　　　　　表2-3

名称	水平面（∥H面）	正平面（∥V面）	侧平面（∥W面）
轴测图			
投影			
投影特征	①水平投影反映实形；②正面投影积聚成直线，且平行于X轴；③侧面投影积聚成直线，且平行于Y_W轴	①正面投影反映实形；②水平投影积聚成直线，且平行于X轴；③侧面投影积聚成直线，且平行于Z轴	①侧面投影反映实形；②正面投影积聚成直线，且平行于Z轴；③水平投影积聚成直线，且平行于Y_H轴
	①平面在所平行的投影面上的投影反映实形；②其他两面投影积聚成直线，且平行于相应的投影轴		

对于投影面平行面,画图时,一般先画反映实形的投影(线框)。读图时,如果平面形的投影中,只有一个投影为线框,其余投影为平行于投影轴的直线段,则此平面为投影面平行面,平行于线框所在的那个投影面,该线框反映平面形的实形。

2. 投影面垂直面

投影面垂直面有以下三种:

铅垂面——垂直于 H 面,与 V 面、W 面倾斜的平面(图 2-39 中的 D 面)。

正垂面——垂直于 V 面,与 H 面、W 面倾斜的平面(图 2-39 中的 E 面)。

侧垂面——垂直于 W 面,与 V 面、H 面倾斜的平面(图 2-39 中的 F 面)。

各种垂直面的投影特性,列于表 2-4 中。

投影面垂直面的投影特性 表 2-4

名称	铅垂面($\perp H$ 面)	正垂面($\perp V$ 面)	侧垂面($\perp W$ 面)
轴测图			
投影			
投影特征	①水平投影积聚成直线,该直线与 X 轴、Y_H 轴的夹角 β、γ,等于平面对 V、W 面的倾角; ②正面投影和侧面投影为原形的类似形	①正面投影积聚成直线,该直线与 X 轴、Z 轴的夹角 α、γ,等于平面对 H、W 面的倾角; ②水平面投影和侧面投影为原形的类似形	①侧面投影积聚成直线,该直线与 Y_W 轴、Z 轴的夹角 α、β,等于平面对 H、V 面的倾角; ②正面投影和水平面投影为原形的类似形
	①平面在所垂直的投影面上的投影,积聚成与投影轴倾斜的直线,该直线与投影轴的夹角等于平面对相应投影面的倾角; ②其他两面投影均为原形的类似形		

对于投影面垂直面,画图时,一般先画积聚性投影(斜线)。读图时,如果平面形有一个投影积聚成一条倾斜投影轴的斜线,则此平面为投影面垂直面,垂直于斜线所在的那个投影面。

3. 一般位置平面

由于一般位置平面与三个基本投影面都倾斜,其三面投影均不反映实形,都是小于原平面的类似形。

如图 2-40a)所示,图中的 G 面对三个投影面都倾斜,其水平投影、正面投影和侧面投影都没有积聚性,均为小于实形的三角形,如图 2-40b)所示。

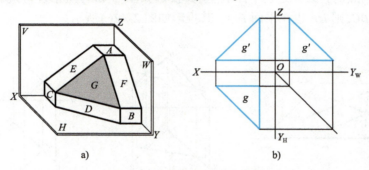

图 2-40 一般位置平面的投影特性

【例 2-11】 分析图 2-41 中正三棱锥的三个面(底面 ABC、后面 SAC、左前面 SAB)与投影面的相对位置。

分析:

(1)底面 ABC。如图 2-41a)所示,其 V 面和 W 面的投影积聚成水平线,分别平行于 X 轴和 Y 轴,可确定底面 ABC 是水平面,水平投影反映实形。

(2)后面 SAC。如图 2-41b)所示,从 W 面投影中的重影点 a″(c″)可知,AC 边是侧垂线。根据几何定理,平面内的任一直线垂直于另一平面,则两平面相互垂直。由此可判断后面 SAC 是侧垂面,侧面投影积聚成一直线。

(3)左前面 SAB。如图 2-41c)所示,棱面 SAB 的三个投影 sab、s′a′b′、s″a″b″ 都没有积聚性,均为类似形(三角形),由此可判断左前面 SAB 是一般位置平面。

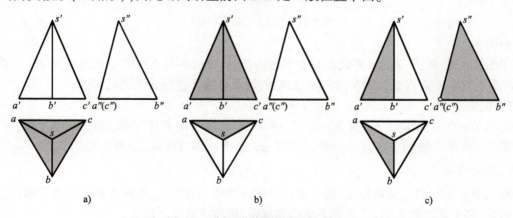

图 2-41 分析平面与投影面的相对位置

三 平面内直线和点的投影

1. 平面内的直线

直线从属于平面的几何条件是：一直线经过平面内的任意两点；或一直线经过平面内的一点，且平行于平面内的另一已知直线。

如图 2-42a) 所示，平面 P 是由相交两直线 AB 和 BC 所确定。在 AB 和 BC 上各取一点 D 和 E，则过 D、E 两点的直线一定在平面 P 上，其投影如图 2-42b) 所示。再过 AB 上的点 D 作直线 DF 平行于 BC，则 DF 也在平面 P 上，其投影如图 2-42c) 所示。

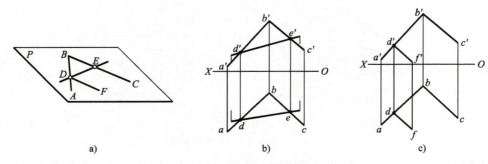

图 2-42 在平面上取直线

【例 2-12】 已知 △ABC 所在平面内的直线 EF 的正面投影 e'f'，求水平投影 ef [图 2-43a)]。

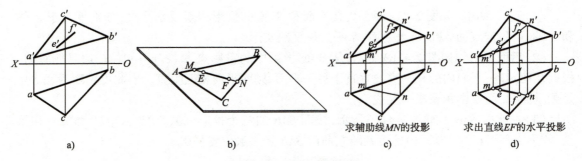

图 2-43 求平面内直线的投影

分析：

如图 2-43b) 所示，直线 EF 在 △ABC 平面内，延长 EF，可与 △ABC 的边线交于 M、N，则直线 EF 是 △ABC 平面内直线 MN 的一部分，它的投影必属于直线 MN 的同面投影。

作图：

①延长 e'f'，交 a'b' 于 m'、交 b'c' 于 n'，由 m'、n' 求得 m、n 并作连线，如图 2-43c) 所示。

②过 e'f' 作 X 轴的垂线，在 mn 线上求得 ef，连接 ef 即为所求，如图 2-43d) 所示。

2. 平面内的点

点从属于平面的几何条件是：若一点在平面内的任一直线上，则此点必定在该平面内。因此，在平面内取点时，应先在平面内取直线，再在该直线上取点。

根据点在平面内的几何条件可以解决两类作图问题：
(1) 在投影图中作给定平面内的点。
(2) 判别给定的点是否从属于已知平面。

【例 2-13】 已知 △ABC 所在平面内点 E 的正面投影 e′ 和点 F 的水平投影 f，求作它们的另一面投影 [图 2-44a)]。

分析：
因为点 E、F 在 △ABC 所在平面上，故过点 E、F 在 △ABC 平面上各作一条辅助直线，则点 E、F 的两个投影必定在相应的辅助直线的同面投影上。

作图：
① 过 e′ 任作一条辅助直线 a′1′，求出水平投影 a1，如图 2-44b) 所示。
② 过 e′ 作 X 轴的垂线与 a1 相交，交点 e 即为所求，如图 2-44c) 所示。
③ 连接 fa 作为辅助直线，fa 与 bc 相交于 2，如图 2-44d) 所示。
④ 过 2 作 X 轴的垂线与 b′c′ 相交，求出正面投影 2′，如图 2-44e) 所示。
⑤ 过 f 作 X 轴的垂线，与 a′2′ 的延长线相交，交点 f′ 即为所求，如图 2-44f) 所示。

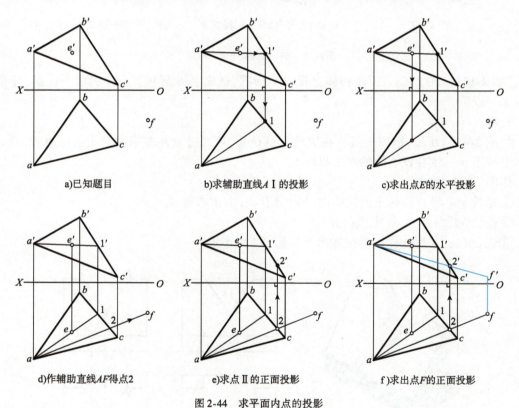

a) 已知题目　　b) 求辅助直线 AⅠ 的投影　　c) 求出点 E 的水平投影

d) 作辅助直线 AF 得点 2　　e) 求点 Ⅱ 的正面投影　　f) 求出点 F 的正面投影

图 2-44　求平面内点的投影

【例 2-14】 在 △ABC 平面上取一点 K，距离 V 面 14mm，距离 H 面 16mm [图 2-45a)]。

分析：
按题目要求，点 K 是已知平面上距离 V 面 14mm 的点，它一定位于该面上的一条距离 V 面

51

为 14mm 的正平线上。同时,点 K 距离 H 面 16mm,它也一定位于该面上的一条距离 H 面为 16mm 的水平线上。因此,点 K 必然是该面上的上述两投影面平行线的交点。

作图:

① 先在平面上作距离 V 面为 14mm 的正平线（12→1'2'）;再在该面上作距离 H 面为 16mm 的水平线（34→3'4'）,如图 2-45b)所示。

② 正平线与水平线同面投影的交点 k 和 k',即为所求点 K 的投影,如图 2-45c)所示。

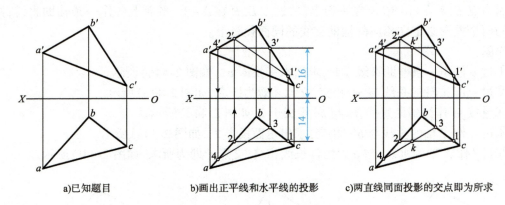

a) 已知题目　　b) 画出正平线和水平线的投影　　c) 两直线同面投影的交点即为所求

图 2-45　在一般位置平面内取点

【例 2-15】 图 2-46a)所示物体上开一 V 形槽,试确定斜面 P 上点 A 的水平投影,补全物体的水平投影。

分析:

如图 2-46a)所示,欲确定点 A 在 P 面上的位置,可通过点 A 在平面 P 上引一直线,则点 A 的水平投影 a 一定在该直线的水平投影上。

作图[图 2-46c)]:

① 延长 b'a' 与 P 面的正面投影的一边交于 d',由 d' 求得 d。

② 连接 bd,由 a' 在 bd 上求得 a。

③ 连 ab、ac,并过 a 作正垂线的水平投影,完成全图。

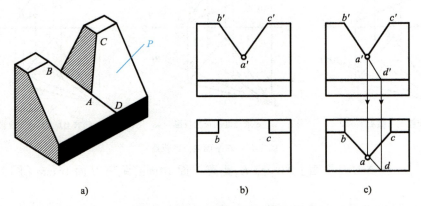

图 2-46　补全 V 形槽的水平投影

第六节 换面法

一 换面法概述

当直线、平面等几何元素对投影面处于一般位置时,不能直接在投影上解决实长、实形、距离和夹角等度量问题。如果保持空间几何元素的位置不变,设立一新的投影面代替旧的某一投影面,使空间几何元素相对于新投影面处于有利于解题的位置,然后在新投影面上作出其投影,达到解题目的,这种方法叫作变换投影面法,简称换面法。如图2-47所示,新投影面V_1平行于$\triangle ABC$,同时与H面垂直,构成新投影面体系V_1/H,$\triangle ABC$在V_1面上的投影$\triangle a_1'b_1'c_1'$反映实形。

(1)设立新投影面应符合的条件
①新投影面对空间几何元素应处于有利于解题的位置。
②新投影面必须垂直于一个原有的投影面。
(2)点的投影变换规律

如图2-48a)所示,用新投影面V_1来取代V面,且使$V_1 \perp H$,建立新投影面体系V_1/H,V_1面与H面的交线O_1X_1称为新投影轴。在新投影面体系中,点A在V_1面上的投影为a_1',在H面上的投影a位置不变。由于点A到H面的距离不变,所以$a_1'a_{x1}=a'a_x=Aa$。将V_1面绕O_1X_1旋转到与H重合,得到新的两面投影,根据点的投影规律可知,$aa_1' \perp O_1X_1$,如图2-48b)所示。

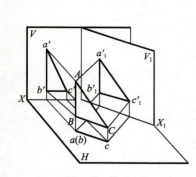

图2-47 换面法

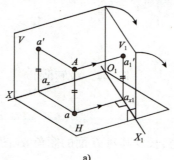

图2-48 点的一次变换(变换V面)

图2-49为变换H面的情况。由点A的两面投影a和a'求a_1的作图过程,如图2-49b)所示。图中$a_1a' \perp O_1X_1$,$a_1a_{x1}=aa_x$。

综上所述,可得点的投影变换规律如下:
①点的新投影和不变投影的连线必垂直于新投影轴。
②点的新投影到新投影轴的距离等于被变换的投影到原投影轴的距离。

为解决实际问题,有时需要进行两次或两次以上的投影变换。如图2-50所示,顺次变换两次投影面求点的新投影的方法,其原理和作图方法与变换一次投影面时相同。但必须注意:要交替变换投影面,不能同时变换两个投影面,也不能两次变换同一投影面,否则不按点的投影规律求出新投影。

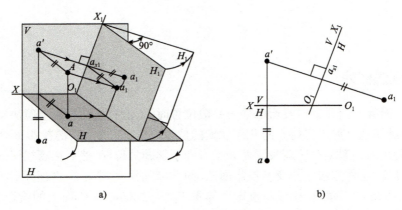

图 2-49　点的一次变换(换 H 面)

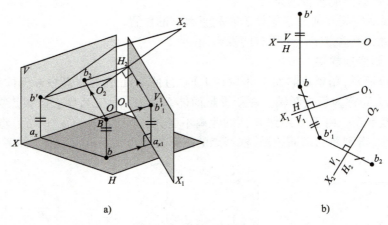

图 2-50　点的两次变换

二　换面法解题举例

【例 2-16】　求线段 AB 的实长及其对 H 面的倾角 α(图 2-51)。

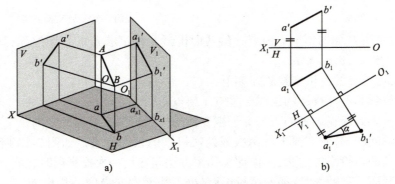

图 2-51　求线段的实长及其对投影面倾角

分析：

如图 2-51 所示，已知一般位置线段 AB 的两面投影 ab、$a'b'$，欲求线段 AB 的实长及其对 H 面的倾角 α。设立新投影面体系 V_1/H，使线段 AB 成为新投影面 V_1 的平行线（$AB \parallel V_1$），$a'_1 b'_1$ 即为实长，与 $O_1 X_1$ 的夹角即为倾角 α。

作图 [图 2-51b)]：

① 作 $O_1 X_1 \parallel ab$（新投影轴应平行于直线的不变投影，距离不限）。

② 按点的投影变换规律，求出 a'_1、b'_1。

③ 连 $a'_1 b'_1$ 即为 AB 的实长，$a'_1 b'_1$ 与 $O_1 X_1$ 的夹角即为线段 AB 与 H 面的倾角 α。

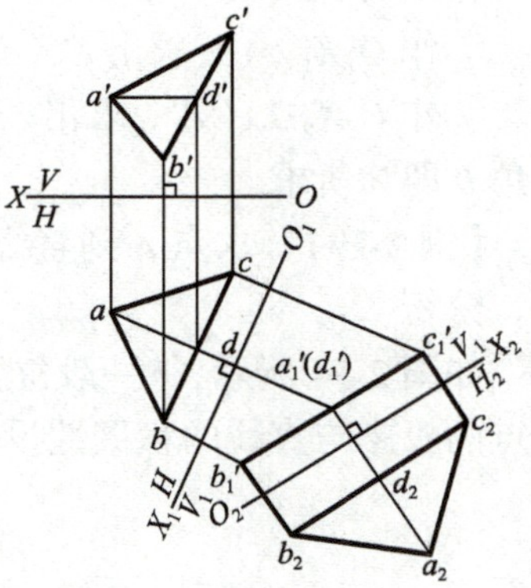

图 2-52 求平面的实形

【例 2-17】 求平面 $\triangle ABC$ 的实形（图 2-52）。

分析：

如图 2-52 所示，一般位置平面 $\triangle ABC$，与原有的两个投影面不平行也不垂直，要变换成新投影面平行面，需要经过两次变换，先将一般位置平面变为新投影面垂直面，再将投影面垂直面变为投影面平行面。要将一般位置平面变为新投影面垂直面，需先在 $\triangle ABC$ 上作一投影面平行线，并使新投影面垂直于该平行线。

作图：

① 在 $\triangle ABC$ 上作一水平线 AD（$a'd'$、ad）。

② $O_1 X_1 \perp ad$（新投影轴应垂直于平行线反映实长的投影），并求出 $\triangle ABC$ 在 V_1 面上的积聚性投影 $b'_1 a'_1 (d'_1) c'_1$。它与 $O_1 X_1$ 的夹角反映 $\triangle ABC$ 对 H 面的倾角。

③ 作 $O_2 X_2 \parallel b'_1 a'_1 (d'_1) c'_1$，求出 $\triangle ABC$ 在 H_2 面的投影 $a_2 b_2 c_2$，它反映 $\triangle ABC$ 的实形。

【例 2-18】 求两平面 $ABCD$ 和 $CDEF$ 的夹角 θ（图 2-53）。

分析：

如图 2-53a) 所示，当两相交平面 $ABCD$ 和 $CDEF$ 垂直于平面 P 时，交线 CD 必垂直于平面 P，两平面在 P 面上的投影积聚成两条直线，它们之间的夹角 θ 即为所求。这需经过两次变换，将交线 CD 变换为新投影面垂直线即可。

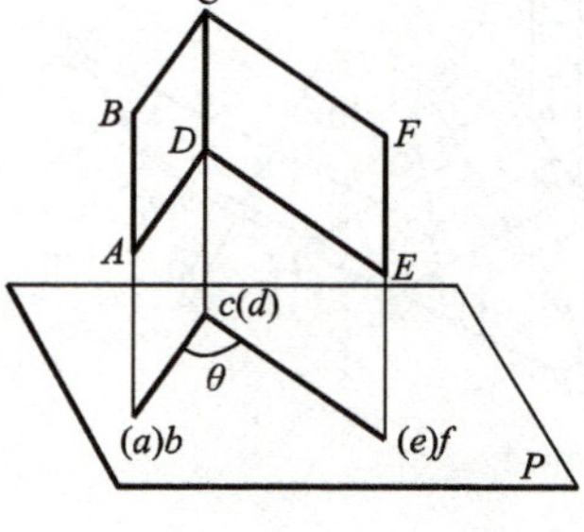

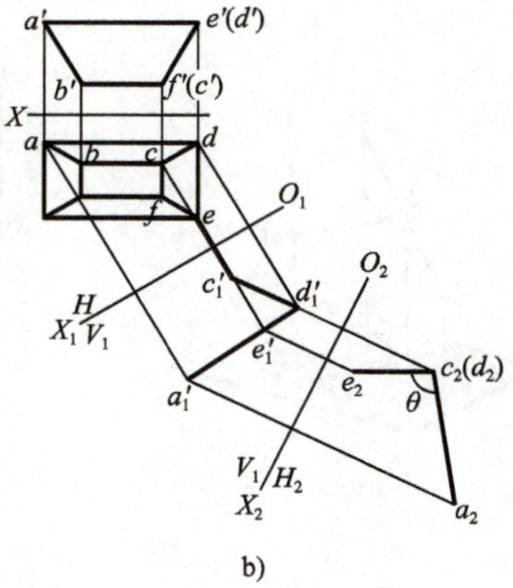

图 2-53 求两平面夹角

作图[图2-53b)]：

① 作 $O_1X_1 /\!/ cd$，求出 $c'_1 、 d'_1 、 a'_1 、 e'_1$（$c'_1d'_1$ 为 CD 的 V_1 面投影）。

② 作 $O_2X_2 \perp c'_1d'_1$，求出 $c_2 、 d_2 、 a_2 、 e_2$ [$c_2(d_2)$ 为 CD 的 H_2 面投影]，两直线 $a_2c_2 、 e_2c_2$ 之间的夹角 θ 即为所求。

【例 2-19】 求点 A 到直线 BC 的距离[图2-54a)]。

分析：

如图 2-54 所示，将一般位置直线 BC，经过两次变换，变换为新投影面（H_2 面）的垂直线，再将点的投影与直线的积聚性投影相连，即为点到直线距离的实长。

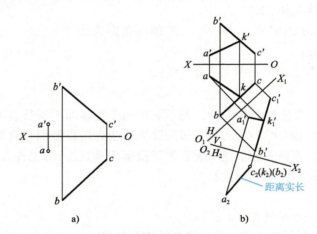

图 2-54 求点到直线的距离

作图[图2-54b)]：

① 作 $O_1X_1 /\!/ bc$，按点的投影变换规律，求出 a'_1 及 $b'_1 、 c'_1$。

② 作 $O_2X_2 \perp b'_1c'_1$，求出 a_2 及 $b_2 、 c_2$。

③ K 为垂足，k_2 与 $b_2 、 c_2$ 重影，a_2k_2 就是点 A 到 BC 距离的实长。BC 为 H_2 面的垂直线，AK 为 H_2 面的平行线，因此，$a'_1k'_1 /\!/ O_2X_2$，求出 AK 各投影，即为所求。

【例 2-20】 求两交叉直线 AB 与 CD 间的距离（图 2-55）。

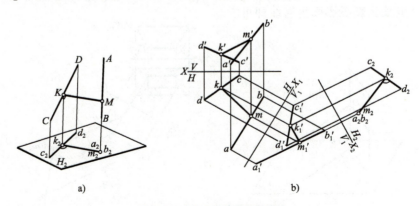

图 2-55 求交叉两直线间的距离

分析：

两交叉直线间的距离就是它们之间公垂线的长度。如图 2-55a)所示，若将交叉两直线之一（如 AB）变换为新投影面垂直线，则公垂线 KM 必平行于新投影面，在该投影面上的投影能反映实长，且与另一直线在新投影面上的投影相垂直。

作图[图 2-55b)]：

①将 AB 经过两次变换成为垂直线，其在 H_2 面上的投影重影为 a_2b_2。CD 也随之变换，在 H_2 面上的投影为 c_2d_2。

②从 a_2b_2 作 $m_2k_2 \perp c_2d_2$，m_2k_2 即为公垂线 MK 在 H_2 面上的投影，反映 AB 与 CD 间的距离实长。

第七节　基本立体的投影

立体有形状简单的立体和形状复杂的立体。许多机件可以看成是由若干形状简单的基本立体组合而成，如图 2-56 所示。本节研究几种常见基本立体的投影、表面上取点和尺寸注法，为学习复杂立体打下基础。

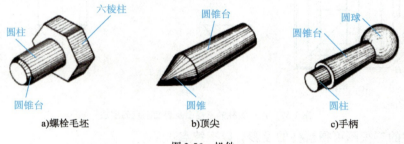

图 2-56　机件

立体是由若干面所围成的，是在空间中占有一定体积的封闭的几何体。根据立体表面的几何性质，基本立体分为平面立体和曲面立体两大类。表面均为平面的立体，称为平面立体，常见的有棱柱和棱锥两种；表面由曲面或曲面与平面组成的立体，称为曲面立体，如圆柱体、圆锥体、圆球体都是典型的曲面立体。

 平面立体

平面立体是指这个立体由若干多边形围成。多边形的边是平面立体的棱线（轮廓线），也是平面立体相邻两个多边形表面的交线。棱线的交点称为顶点。因此绘制平面立体的视图，就是绘制其各多边形平面的投影，亦即绘制这些多边形的顶点和边的投影。

1. 棱柱

棱柱可以看成由一平面多边形沿某一与其垂直的直线移动（又称拉伸）而成。棱柱顶面和底面是两个形状相同且互相平行的多边形平面，起着确定棱柱形状特征的主要作用，故称为特征面；其他表面为矩形，垂直于特征面，如图 2-56a)所示。

平面立体——棱柱

(1) 棱柱的三视图

图 2-57a)中表示一个正三棱柱的投影,正三棱柱的上、下底面为水平面,其水平投影为等边三角边形,反映实形,它们的正面和侧面投影均积聚为一直线段。三个矩形侧面中,后面为正平面,其余左右两个侧面为铅垂面。三条侧棱为铅垂线。三个侧面和三条侧棱的水平投影分别积聚在等边三角形的三条边和三个顶点上。后面的正面投影反映实形,侧面投影积聚为直线段。其余左右两个侧面的正面投影和侧面投影均为矩形的类似形。各侧棱的正面和侧面投影分别与矩形的边重合。

画三视图时,先画顶面和底面的投影。在水平投影中,它们均反映实形(等边三角形)且重影;其正面和侧面投影都有积聚性,分别为平行于 X 轴和 Y 轴的直线。三条侧棱的水平投影都有积聚性,为等边三角形的三个顶点,它们的正面和侧面投影,均平行于 Z 轴且反映了棱柱的高。画出这些面和棱线的投影,即得到三棱柱的三视图,如图 2-57b)所示。

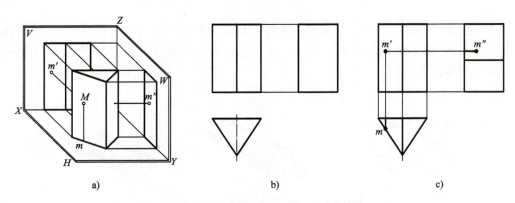

图 2-57 正三棱柱的三视图及表面上点的求法

由三棱柱的三视图可得棱柱的投影有以下特点:

①在平行于棱柱底面的投影面上,棱柱的投影是一平面多边形,它反映底面真形,即特征投影。我们称之为特征视图。

②在垂直于棱柱底面的投影面上,棱柱的投影是一系列矩形。即一个或多个、可见与不可见矩形的组合。

所以画棱柱三视图时,宜先画特征视图(多边形),后画另外两个视图(矩形)。当物体在某方向对称时,首先要用对称线(点画线)表示出对称平面的积聚性投影。如前文中的六棱柱,应先画俯视图,再画主、左视图,且画图时,要先画对称线。

(2) 棱柱表面上的点

求棱柱表面上点的投影,应依据在平面上取点的方法作图。但需判别点的投影的可见性:若点所在表面的投影可见,则点的同面投影也可见;反之为不可见。对不可见的点的投影,需加圆括号表示。

如图 2-57c)所示,已知三棱柱上一点 M 的正面投影 m'。求 m 和 m'' 的方法是:按 m' 的位置和可见性,可判定点 M 在三棱柱的左侧面上。因点 M 所在平面为铅垂面,因此,其水平投影 m 必落在该平面有积聚性的水平投影上。于是,根据 m' 和 m 即可求出侧面投影 m''。由于点 M 在三棱柱的左侧面上,该棱面的侧面投影可见,故 m'' 可见(不加圆括号)。

2. 棱锥

棱锥的底面为多边形，各侧面均为过锥顶的三角形，如图 2-58a) 所示。

（1）棱锥的三视图

图 2-58a) 表示一个正三棱锥的投影。它由底面和三个棱面所组成。底面为水平面，其水平投影反映实形，正面和侧面投影积聚成一直线；棱面 △SAC 为侧垂面，侧面投影积聚成一直线，水平投影和正面投影都是类似形；棱面 △SAB 和 △SBC 为一般位置平面，其三面投影均为类似形；棱线 SB 为侧平线，棱线 SA、SC 为一般位置直线，棱线 AC 为侧垂线，棱线 AB、BC 为水平线。

平面立体——棱锥

画正三棱锥的三视图时，应先画出底面 △ABC 的各面投影，如图 2-58b) 所示；再画出锥顶 S 的各面投影，连接各顶点的同面投影，即为正三棱锥的三视图，如图 2-58 所示。

提示：正三棱锥的侧面投影不是等腰三角形，如图 3-58c) 所示。

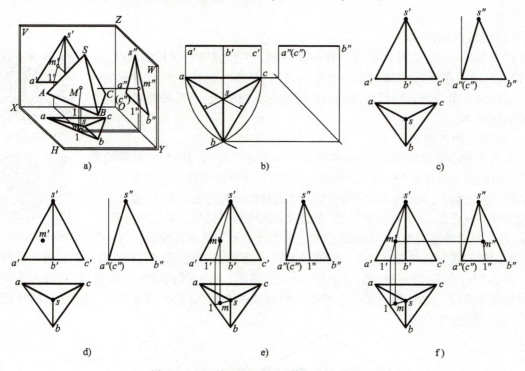

图 2-58 正三棱锥的三视图及其表面上点的求法

（2）棱锥表面上的点

正三棱锥的表面有特殊位置平面，也有一般位置平面。特殊位置平面上的点的投影，可利用该平面投影的积聚性直接作图；一般位置平面上点的投影，可通过在平面上作辅助线的方法求得。

如图 2-58d) 所示，已知棱面 △SAB 上点 M 的正面投影 m'，求点 M 的其他两面投影。棱面 △SAB 是一般位置平面，先过锥顶 S 及点 M 作一辅助线，求出辅助线的其他两面投影 s1 和 s″1″，如图 2-58e) 所示；然后根据点在直线上的投影特性，由 m' 求出其水平投影 m 和侧面投影 m″，如图 2-58f) 所示。

二 曲面立体

由一母线(直线或曲线)绕轴线回转而成的曲面称为回转面,由回转面或回转面与平面所围成的立体称为回转体。常见的回转体有圆柱、圆锥、圆球和圆环等。由于回转体的侧面是光滑曲面,所以绘制回转体视图时,仅需画出曲面对相应投影面可见与不可见部分的分界线(转向线)的投影即可。

回转体

回转体——圆柱

回转体——圆球

回转体——圆锥

1. 圆柱

(1) 圆柱面的形成

如图 2-59a) 所示,圆柱面可看作一条直线 AB 围绕与它平行的轴线 OO 回转而成。OO 称为回转轴,直线 AB 称为母线,母线转至任一位置时称为素线。这种由一条母线绕轴回转而形成的表面称为回转面;由回转面构成的立体称为回转体。

圆柱面的形成

(2) 圆柱的三视图

由图 2-59b) 可以看出,圆柱的主视图为一个矩形线框,其中左、右两轮廓线是两组由投射线组成(和圆柱面相切)的平面与 V 面的交线。这两条交线也正是圆柱面上最左、最右素线的投影,它们把圆柱面分为前后两部分,圆柱面投影的前半部分可见,后半部分不可见,而这两条素线是可见与不可见的分界线。最左、最右素线的侧面投影和轴线的侧面投影重合(不需画出其投影),水平投影在横向中心线与圆周的交点处。矩形线框的上、下两边分别为圆柱顶面、底面的积聚性投影。

圆柱的投影分析

图 2-59c) 为圆柱的三视图。俯视图为一圆线框。由于圆柱轴线是铅垂线,圆柱表面所有素线都是铅垂线,因此,圆柱面的水平投影积聚成一个圆。同时,圆柱顶面、底面的投影(反映实形)也与该圆相重合。

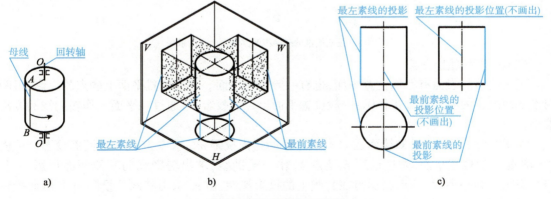

图 2-59 圆柱的形成及三视图

还应注意,回转体的轴线投影应用点画线清晰地表示出来。

画圆柱的三视图时,一般先画轴线和圆的中心线的投影,接着画投影具有积聚性的圆,再根据投影规律和圆柱的高度完成其他两个投影为矩形的视图。

(3) 圆柱表面上的点

如图 2-60a)所示,已知圆柱面上点 M 的正面投影 m' 和点 N 的侧面投影 n'',求它们的另两面投影。根据给定的 m' 的位置,可判定点 M 在前半圆柱面的左半部分;因圆柱面的水平投影有积聚性,故 m 必在前半圆周的左侧,m'' 可根据 m' 和 m 直接求得,如图 2-60b)所示;n'' 在圆柱面的最后素线上,其正面投影 n' 在轴线上(不可见),水平投影 n 在圆的最上方,如图 2-60c)所示。

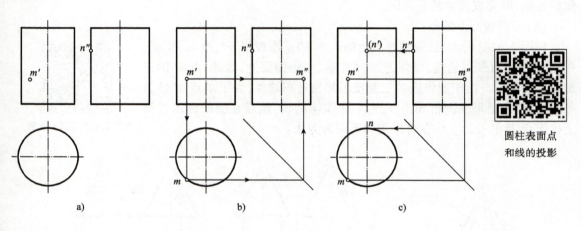

图 2-60　圆柱表面上点的求法

圆柱表面点和线的投影

2. 圆锥

圆锥体的表面是圆锥面和底平面。

(1) 圆锥面的形成

圆锥面可看作由一条直母线 SE 围绕与它相交的轴线回转而成,如图 2-61a)所示。

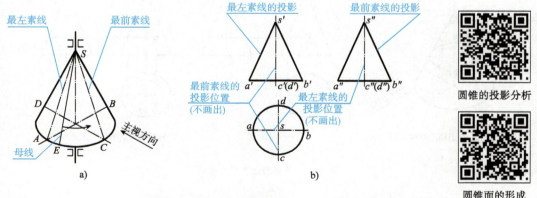

图 2-61　圆锥的形成及三视图

圆锥的投影分析

圆锥面的形成

(2) 圆锥的三视图

图 2-61b) 为圆锥的三视图。俯视图的圆形,反映圆锥底面的实形,同时也表示圆锥面的水平投影;主、左视图的等腰角形线框,其底边为圆锥底面的积聚性投影。主视图中三角形的左、右两边,分别表示圆锥面最左、最右素线 SA、SB(反映实长)的投影,它们是圆锥面正面投影可见与不可见部分的分界线;左视图中三角形的两边,分别表示圆锥面最前、最后素线 SC、SD 的投影(反映实长),它们是圆锥面侧面投影可见与不可见部分的分界线;上述四条线的其他两面投影不画出。

画圆锥的三视图时,应先画出轴线和圆的中心线的投影,然后画圆锥底面的投影(先画圆的实行投影,后画圆的另两积聚性投影),再画出圆锥顶点的投影,最后分别画出特殊位置素线的投影,即完成圆锥的三视图。

(3) 圆锥表面上的点

如图 2-62a) 所示,已知圆锥面上的点 M 的正面投影 m',求 m 和 m''。根据 M 的位置和可见性,可判定点 M 在前、左圆锥面上,因此,点 M 的三面投影均可见。由于圆锥面的三面投影都没有积聚性,为了求点 M 的另外两个投影,必须在圆锥面上先过点 M 作辅助线,然后在辅助线的投影上确定点 M 的投影。作图可采用如下两种方法:

圆锥表面点和线的投影

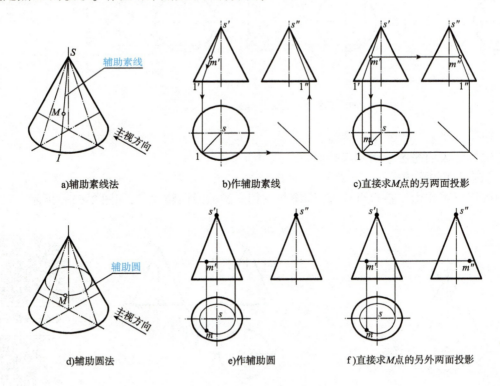

图 2-62 圆锥表面上点的求法

① 第一种方法——辅助素线法

a. 过锥顶 S 和点 M 作一辅助素线 SI,即连接 $s'm'$ 并延长,与底面的正面投影相交于 $1'$,求

得 $s1$ 和 $s''1''$,如图 2-62b)所示。

b. 根据点在直线上的投影规律,再由 m' 直接作出 m 和 m'',如图 2-62c)所示。

②第二种方法——辅助圆法

a. 如图 2-62d)所示,过点 M 在圆锥面上作垂直于圆锥轴线的水平辅助圆。该圆的正面投影积聚成一直线,即过 m' 所作的 $2'3'$。它的水平投影为一直径等于 $2'3'$ 的圆,圆心为 s,如图 2-62e)所示。

b. 过 m' 作 X 轴的垂线,与辅助圆的交点即为 m,再根据 m' 和 m 求出 m'',如图 2-62f)所示。

3. 圆球

(1)圆球面的形成

如图 2-63a)所示,圆球面可看作一圆(母线)围绕它的直径回转而成。

球面的形成

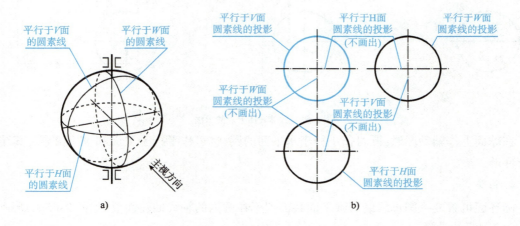

图 2-63 圆球的形成及三视图

(2)圆球的三视图

图 2-63b)为圆球的三视图。它们都是与圆球直径相等的圆,均表示圆球面的投影。球的各个投影虽然都是圆形,但各个圆的意义不同。

①正面投影。它是平行于 V 面的圆素线的投影(前、后半球的分界线,圆球面在正面投影中可见与不可见的分界线)。

②水平投影。它是平行于 H 面的圆素线的投影(上、下半球的分界线,圆球面在水平投影中可见与不可见的分界线)。

球面的投影分析

③侧面投影。它是平行于 W 面的圆素线的投影(左、右半球的分界线,圆球面在侧面投影中可见与不可见的分界线)。

这三条圆素线的其他两面投影,都与圆的相应对称中心线重合,不需画出。

(3)圆球表面上的点

如图 2-64a)所示,已知圆球面上点 M 的水平投影 m 和点 N 的正面投

球表面点和线的投影

影 n',求它们的另两面投影。根据点的位置和可见性,可判定:

①点 N 在前、后两半球的分界线上,n 和 n'' 可直接求出。因为点 N 在右半球,其侧面投影 n'' 不可见,需加圆括号,如图 2-64b)所示。

②点 M 在前、左、上半球(点 M 的三面投影均为可见),需采用辅助圆法求 m' 和 m''。过点 m 在球面上作一平行于正面的辅助圆(也可作平行于水平面或侧面的圆)。因点在辅助圆上,故点的投影必在辅助圆的同面投影上。作图时,先在水平投影中过 m 作 X 轴的平行线 ef(ef 为辅助圆在水平投影面上的积聚性投影),其正面投影为直径等于 ef 的圆,由 m 作 X 轴的垂线,与辅助圆正面投影的交点即为 m',再由 m' 求得 m'',如图 2-64c)所示。

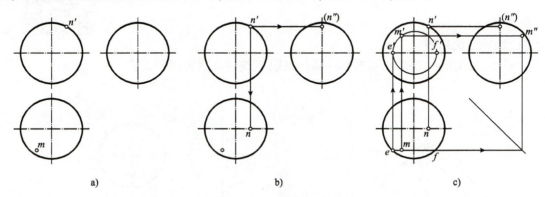

图 2-64 圆球表面上点的求法

在球面上作辅助圆时,既可作平行于水平面的圆,也可作平行于 V 面和 W 面的圆,其结果是一样的。

4. 圆环

圆环面可看成一圆母线绕与圆平面共面但不在圆内的轴线回转而成,如图 2-65a)所示。

(1)圆环的投影

图 2-65b)中,俯视图中的两个同心圆,分别是圆环上最大和最小的两个纬圆的水平投影,也是上半个圆环面与下半个圆环面的可见与不可见的分界线投影;点画线圆是母线圆心轨迹的投影。主视图中的两个小圆,是平行于 V 面的最左、最右两素线圆的投影(位于内环面的半圆不可见,画虚线),也是前半个圆环面与后半个圆环面的分界线投影;主视图中上、下两条水平直线是外环面与内环面分界处对 V 面转向线的投影。左视图的情况与主视图类似,读者可自行分析。

画圆环的三视图时,可先画出各视图中的轴线和中心线,再画中心圆并确定素线圆的中心,然后绘出圆环各投影。

圆环表面点和线的投影

(2)圆环表面上取点

图 2-65b)中,已知圆环表面上点 M 的正面投影 m'(可见),求其他两面投影。在圆环表面上取点,需在圆环面上过该点作一垂直于轴线的辅助圆来完成。如图 2-65b)所示,过点 M 在环面上作与水平面平行的辅助圆,然后根据点 M 在圆上,即可按线上点的原理求出 m、m''。根据 m' 的位置和可见性,可判定点 M 在外环面的左、前、上方,所以 m、m'' 均可见。

圆环面的形成

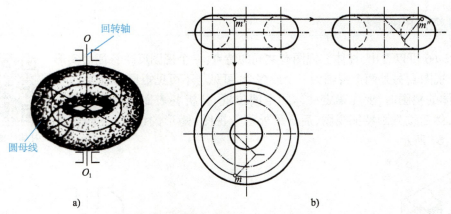

图 2-65　圆环的形成、投影及表面上取点

第八节　柱　体

　　棱柱、圆柱以及由棱柱、圆柱等的单向叠加、挖切而成的等厚立体，广义上统称为柱体。它是组成机件的最常见基本立体。

　　柱体可以认为由任一有界平面（称为动平面）沿某一与其垂直的直线平移（又称拉伸）一定距离而成，所以柱体又称为拉伸体。图 2-66 是四种常见的柱体，从图中可以看出，每个柱体都有两个起着确定其形状特征主要作用的平行且相等的平面（称之为特征面），其他表面均垂直于特征面。

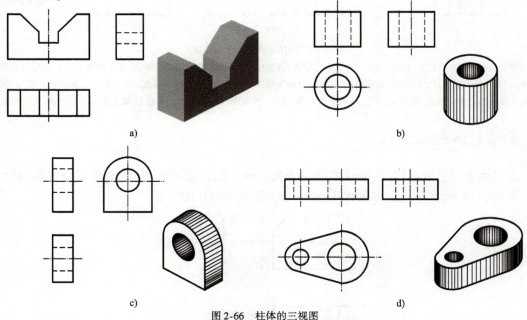

图 2-66　柱体的三视图

注：a）图动平面为正平面沿 Y 方向拉伸；b）图动平面为水平面沿 Z 方向拉伸；c）图动平面为侧平面沿 X 方向拉伸；d）图动平面为水平面沿 Z 方向拉伸。

一 柱体的投影

从图 2-66 可以看出,柱体三视图有共同的特点:一个视图反映特征面实形(称为特征视图),另外两个视图为一个或多个、可见与不可见矩形的组合。

画柱体的视图时,要先确定柱体的空间位置,分析各表面的形状、位置、投影特性,然后按先画特征视图,后画另外两个视图(矩形的组合)的步骤进行,如图 2-67 所示。

柱体的视图画法

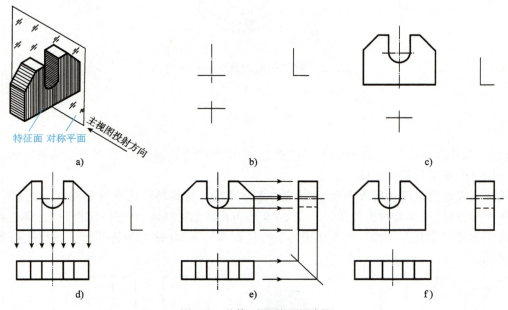

图 2-67 柱体三视图的画图步骤

注:a)图明确物体的空间位置、投射方向,进行投影分析;b)图画作图基准线,常采用对称平面、大的端面、底面、轴线为作图基准;c)图画特征视图,尺寸从实物或轴测图中获得;d)图画第二个视图(矩形线框),厚度尺寸从实物或轴测图中获得,其余尺寸按投影关系获得;e)图按"长对正、高平齐、宽相等"画第三个视图(矩形线框);f)图检查,擦去多余图线,加深,完成全图。

二 柱体表面上取点

在柱体表面上取点,与在棱柱或圆柱表面上取点的方法一样,利用表面投影的积聚性求得。如图 2-68 所示为由点 M 的水平投影,求另两投影的作图方法。

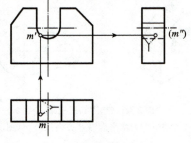

图 2-68 柱体表面上去点

三 柱体视图的识读

根据柱体的形体特征和视图特点,可以采用视图归位平移(拉伸)的思维方法来读图,即设想 V 面(主视图)不动,把 H 面(俯视图)和 W 面(左视图)旋转归位到三投影面体系未被展开前的位置,然后找出特征视图,沿着其投射方向的反方向,设想均匀地平移(拉伸)柱体厚度,依据特征面运动的轨迹,想象出柱体的立体形状。如图 2-69a)所示,把 H、W 面旋转归位到展开前位置,找出特征视图——俯视图,将它沿着投射方向的反方向向上平移(拉伸)柱体的厚度(高度),依据特征面运动的轨迹,就可想象出如图 2-69b)所示的柱体形状。

柱体的视图读图

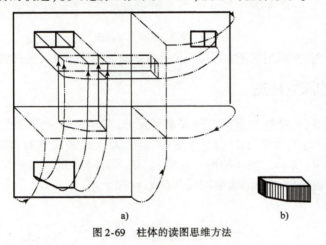

图 2-69　柱体的读图思维方法

第九节　基本立体的尺寸注法

一 平面立体的尺寸注法

平面立体一般应标注长、宽、高三个方向的尺寸。棱柱、棱锥及棱台,除了标注顶面和底面形状大小的尺寸外,还要标注高度尺寸。为了便于识图,确定顶面和底面形状大小的尺寸,宜标注在反映其实形的视图上,如图 2-70 所示。

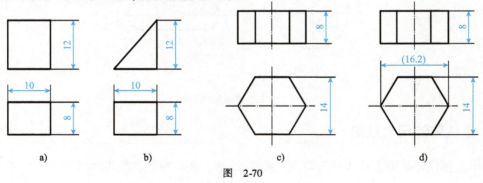

图　2-70

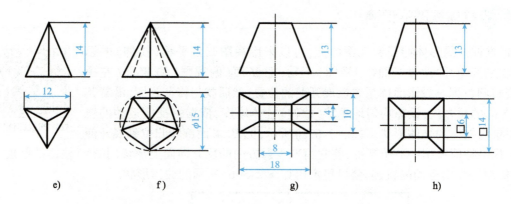

图 2-70 平面立体的尺寸注法

标注正方形尺寸时,常采用在正方形边长尺寸数字前加注符号"□"的形式注出[图 3-70h)]。

二 回转体的尺寸注法

圆柱、圆锥和圆锥台,应标注底圆直径和高度尺寸,直径尺寸一般标注在非圆视图上,并在尺寸数字前加注符号"ϕ",如图 2-71a)、b)、c)所示。标注球的尺寸时,需在直径数字前加注符号"$S\phi$",如图 2-71d)所示。圆环的尺寸注法,如图 2-71e)所示。当把尺寸集中标注在一个非圆视图上时,这个视图即可表示清楚回转体的形状和大小。

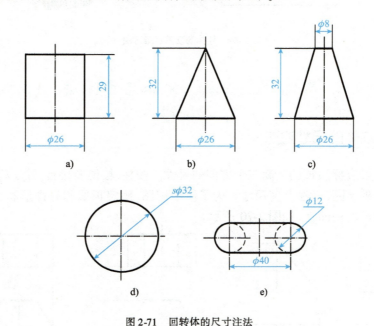

图 2-71 回转体的尺寸注法

三 柱体的尺寸注法

柱体应标注特征面形状大小和厚度(宽度)尺寸。决定特征面形状大小的尺寸,宜标注在反映其实形的特征视图上,另两矩形视图上只标注一个厚度(宽度)尺寸,如图 2-72 所示。

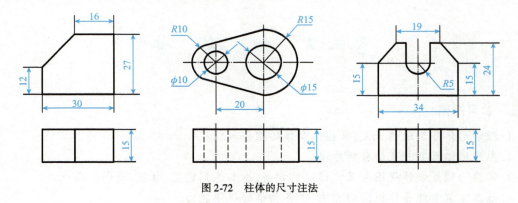

图 2-72　柱体的尺寸注法

第三章 组 合 体

学习指南

1. 理解形体分析法的含义,掌握组合体的组合形式。
2. 熟悉形体切割相贯的分析方法。
3. 掌握绘制组合体视图和尺寸标注的方法,基本达到完整、准确、清晰的要求。
4. 基本掌握看组合体视图的方法,具备初步的识图能力。

第一节 组合体的组合形式

任何复杂的物体,仔细分析起来,都可看成是由若干个基本几何体组合而成的。因此,画组合体的三视图时,就可采用"先分后和"的方法。即在想象中把组合体分解成若干个基本几何体,然后按其相对位置逐个画出各基本几何体的投影,综合起来,即得到整个组合体的视图。这样,就可以把一个复杂的问题分解成几个简单的问题加以解决。这种为了便于画图和识图,通过分析将物体分解成若干个基本几何体,并弄清它们之间相对位置和组合形式的方法,叫作形体分析法。

组合体的组合形式

一 组合体的构成

组合体按其构成的方式可分为叠加和切割两种,叠加型组合体是由若干基本形体叠加形成的,切割型组合体是由基本形体经过切割后窗口后形成的。多数组合体则是既有叠加,又有切割的综合性。

如图 3-1 所示支座,可看作成一个长方形底板、一块梯形立板、一块儿半圆形立板(穿孔,切取一个圆柱体)叠加起来组成的综合形体。

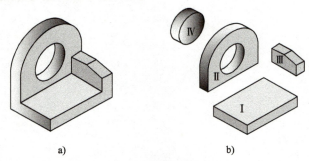

图 3-1 支座地形体分析

二 组合体相邻表面之间的连接关系及画法

（1）叠加：由几个简单形体叠加而形成的组合体称为叠加型组合体。两形体表面平齐时，构成一个完整的平面，即共面，画图时不可用线隔开。两形体表面不平齐时，两表面投影的分界处应用粗实线隔开。

（2）相切：相切的两个形体表面光滑连接，相切处无分界线，视图上不应该画线。

（3）相交：两形体表面相交时，相交处有分界线，视图上应画出表面交线的投影，包括截交线和相贯线。

（4）切割：画切割体的关键在于求切割面与物体表面的截交线，以及切割面之间的交线。

下面讨论相邻两形体间的连接形式，以利于分析接合处两形体分界线的投影。

组合体相邻表面关系

组合体的画法

1. 共面

如图 3-2a）所示，当两形体的邻接表面共面时，在共面处没有交线［图 3-2b）］。图 3-2c）是多画线的错误图例。

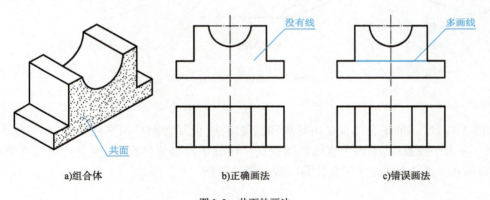

a）组合体　　　　　b）正确画法　　　　　c）错误画法

图 3-2　共面的画法

如图 3-3a）所示，当两形体的邻接表面不共面时，在两形体的连接处应画出交线［图 3-3b）］。图 3-3b）是漏画线的错误图例。

2. 相切

如图 3-4a）所示的组合体由耳板和圆筒组成。耳板前后两平面与左右一小一大两圆柱面光滑连接，即相切。在水平投影中，表现为直线和圆相切。在其正面和侧面投影中，相切处不画线，耳板上表面的投影只画至切点处，如图 3-4b）所示。图 3-4c）是在相切处面线的错误图例。

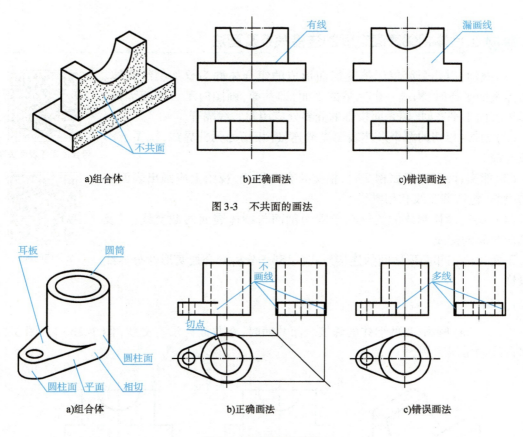

图 3-3　不共面的画法

图 3-4　表面相切的画法

3. 相交

如图 3-5a)所示的组合体也是由耳板和圆筒组成,但耳板前后两平面平行,与右侧大圆柱面相交。在水平投影中,表现为直线和圆相交。在其正面和侧投影中,相交处应画出交线,如图 3-5b)所示。图 3-5c)是在相交处漏画线的错误图例。

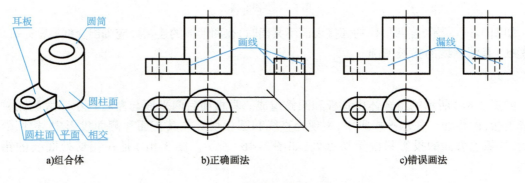

图 3-5　表面相交的画法

如图 3-6a)、c)所示,无论是两实心形体相邻表面相交,还是实心形体与空心形体相邻表面相交,只要形体的大小和相对位置一致,其交线就完全相同。当两实心形体相交时,两实心形体已融为一体,圆柱面上原来的一段轮廓线已不存在,如图 3-6b)所示。圆柱被穿矩形孔后,圆柱面上原来的一段轮廓线已被切掉,如图 3-6d)所示。

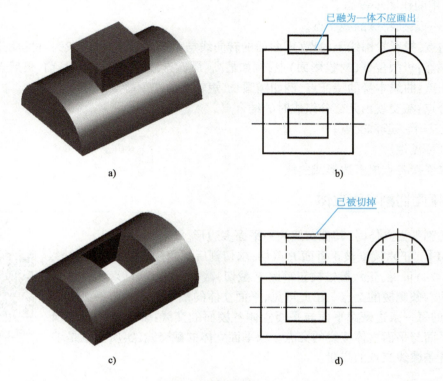

图 3-6 实体与孔的比较

第二节 截 交 线

当立体被平面截断成两部分时,其中任何一部分均称为截断体。用来截切立体的平面称为截平面,截平面与立体表面的交线称为截交线。

(1)截交线具有以下几个性质:

①共有性:截交线是截平面上的线,又是立体表面上的线,因此是截平面和立体表面的共有线,截交线上的点都是截平面和立体表面的共有点。

②封闭性:平面与曲面立体的截交线是一个(或数个)封闭的平面图形,在一般情况下它是一个平面曲线。特殊情况下,可以是由直线段和曲线,或仅由直线段组成的平面图形。

截交线的基本性质及画法

③截交线的形状取决于立体表面的性质,以及截平面与立体表面的相对位置。

(2)画截交线就是求一系列截交点,常用的方法有:

①积聚性法:已知截交线的两个投影(截平面的一个积聚性投影和被截切立体表面的一个积聚性投影),根据共有点性质,可求出截交线另一投影。

②辅助面法:根据三面共点的集合原理,采用辅助平面或辅助球面使其与截平面和立体表面相交,求出截交线,完成截交线的投影。

(3)常用的作图步骤如下:

①找出一系列特殊的截交点。

a. 转向点:投影轮廓线上的点(即曲面的转向线与截平面的交点)一般为可见性分界点。

b. 极限点:极限位置(对投影面)点,例如最高、最低点,最左、最右点,最前、最后点等。

c. 特征点:曲线本身的特征点,例如椭圆长、短轴上的四个端点。

d. 结合点:截交线由几部分组成时的结合点。

②求出若干一般截交点。

③判别可见性。

④顺次连接各点成多边形或曲线。

一 平面切割平面立体

平面切割平面立体时,其截交线为一平面多边形。

【例3-1】 正六棱锥被正垂面 P 截切,求切割后正六棱锥截交线的投影。

由图3-7a)可见,正六棱锥被正垂面 P 截切,截交线是六边形,各顶点分别是截平面六条侧棱的交点。由此可见,平面立体的截交线是一个平面多边形;多边形的每一条边是截平面与平面立体各棱面的交线;多边形的各个顶点就是截平面与平面立体棱线的交点。求平面立体的截交线,实质上就是求截平面与各条棱线交点的投影。

平面立体的切割

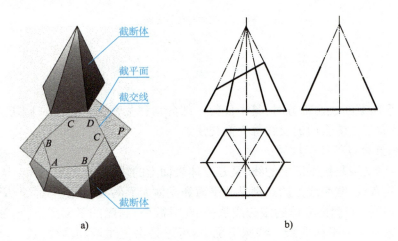

a) b)

图3-7 正六棱锥截交线的画法

作图:

①利用截平面的积聚性投影,先找出截交线各顶点的正面投影 d' 、b' 、e' 、d'(B 、C 忽为前

后对称的两个点);再依据直线上点的投影特性,求出各顶点的水平投影 a、b、c、d 及侧面投影。

②擦去作图线,依次连接各顶点的同面影,即为截交线的投影。

【例 3-2】 如图 3-8a)所示,在四棱柱上方切割一个矩形通槽,试完成四棱柱矩形通槽的水平投影和侧面投影。

分析:

如图 3-8b)所示,四棱柱上方的矩形迪槽是由三个特殊位置平面切割而成的。槽底是水平面,其正面投影和侧面投影均积聚成水平方向的直线,水平投影反映实形。两侧壁是侧平面,其正面投影和水平投影均积聚成竖直方向的直线,侧面投影反映实形且重合在一起。可利用积聚性求出通槽的水平投影和侧面投影。

作图:

①根据通槽的主视图,先在俯视图中作出两侧壁的积聚性投影;再按"高平齐、宽相等"的投影规律,作出通槽的侧面投影,如图 3-8c)所示。

②擦去作图线,校核切割后的图形轮廓,并加深描粗,如图 3-8d)所示。

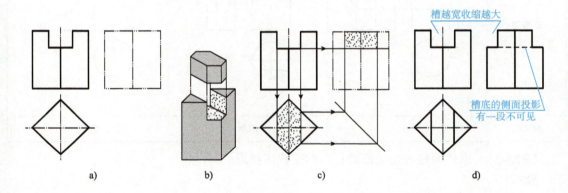

图 3-8 四棱柱开槽的画法

二 平面切割曲面立体

平面切割曲面立体时,截交线的形状取决于曲面立体的表面形状,以及截平面与曲面立体的相对位置。

圆柱被平面切割

圆锥及球体被平面切割

1. 平面切割圆柱

圆柱截交线的形状,因截平面相对于圆柱轴线的位置不同而有三种情况,见表 3-1。

圆柱的三种截交线　　　　表 3-1

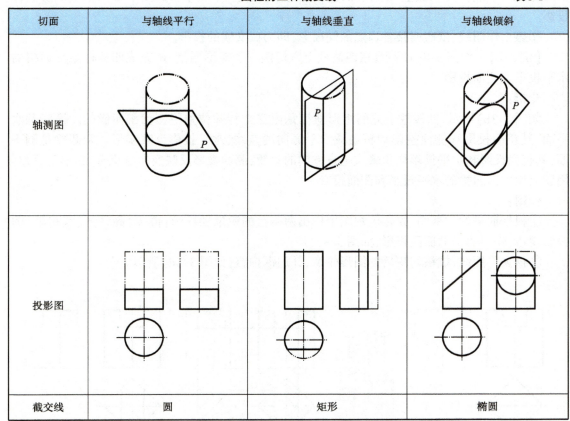

切面	与轴线平行	与轴线垂直	与轴线倾斜
轴测图			
投影图			
截交线	圆	矩形	椭圆

【例 3-3】　求作圆柱被正垂面截切时截交线的投影。

分析：

由图 3-9a)可见,圆柱被平面斜截,其截交线为椭圆。椭圆的正面投影积聚为一斜线,水平投影与圆柱面投影重合,仅需求出侧面投影。由于已知截交线的正面投影和水平投影,根据"高平齐、宽相等"的投影规律,便可直接求出截交线的侧面投影。

作图：

①求特殊点。由截交线的正面投影,直接作出截交线上的特殊点(即最高、最前、最后、最低点)的侧面投影,如图 3-9b)所示。

②求中间点。作图时,在投影为圆的视图上任意取两点(或取等分点)。根据水平投影 1、2(Ⅰ、Ⅱ点各为前后对称的两个点),利用投影关系求出正面投影 1′、2′和侧面投影 1″、2″,如图 3-9c)所示。

③连点成线。将各点光滑地连接起来,即为截交线的侧面投影。

在图 3-9c)中,截交线即椭圆的长轴是正平线,它的两个端点在最左和最右素线上;短轴与长轴相互垂直平分,是一条正垂线,两个端点在最前和最后素线上。这两条轴的侧面投影仍然相互垂直平分,它们是截交线侧面投影椭圆的长轴和短轴。确定了长、短轴,就可以用近似画法作出椭圆。

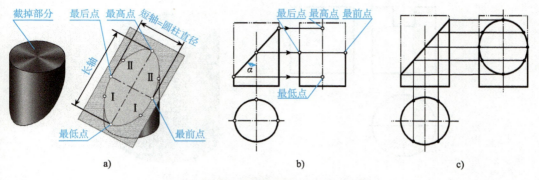

图 3-9 平面斜截圆柱时截交线的画法

随着截平面与圆柱轴线夹角 α 的变化,椭圆的侧面投影也会发生如下变化(图 3-10):

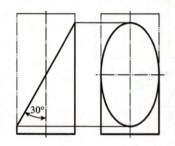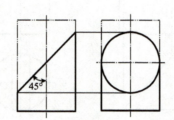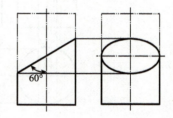

图 3-10 平面斜截圆柱时椭圆的变化

当 α<45°时,椭圆长轴与圆柱轴线方向相同;

当 α=45°时,椭圆长轴的侧面投影等于短轴(椭圆的侧面投影为圆);

当 α>45°时,椭圆长轴垂直于圆柱轴线。

【例 3-4】 试完成开槽圆柱的水平投影和侧面投影[图 3-11a)]。

分析:

如图 3-11b)所示,开槽部分的侧壁由两个侧平面截切而成、槽底由一个水平面截切而成,圆柱面上的截交线分别位于被切出槽的各个平面上。由于这些面均为投影面平行面,其投影具有积聚性或真实性,因此,截交线的投影应依附于这些面的投影,不需另行求出。

作图:

①根据开槽圆柱的主视图,先在俯视图中作出两侧壁的积聚性投影;再按"高平齐、宽相等"的投影规律,作出通槽的侧面投影,如图 3-11c)所示。

②擦去作图线,校核切割后的图形轮廓,并加深描粗,如图 3-11d)所示。

a. 因圆柱的最前、最后两条素线均在开槽部位被切去,故左视图中的轮廓线在开槽部位向内"收缩",其收缩程度与槽宽有关,槽越宽收缩越大。

b. 注意区分槽底侧面投影的可见性,即槽底的侧面投影积聚成直线,中间一段不可见,应画成细虚线。

2. 平面切割圆锥

圆锥截交线的形状,因截平面相对于圆锥轴线的位置不同而有五种情况,见表 3-2。

工程图学

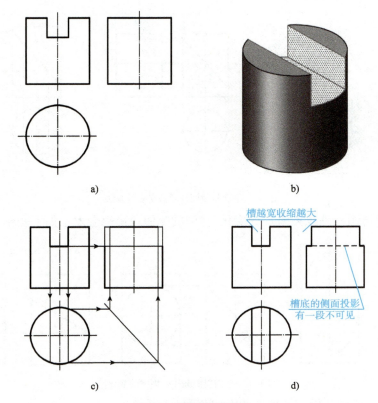

图 3-11　圆柱开槽的画法

		圆锥的几种截交线			表 3-2
圆	等腰三角形	椭圆	抛物线	双曲线

【例 3-5】 如图 3-12a)所示,圆锥被倾斜于轴线的平面截切,用辅助线法补全圆锥的水平投影和侧面投影。

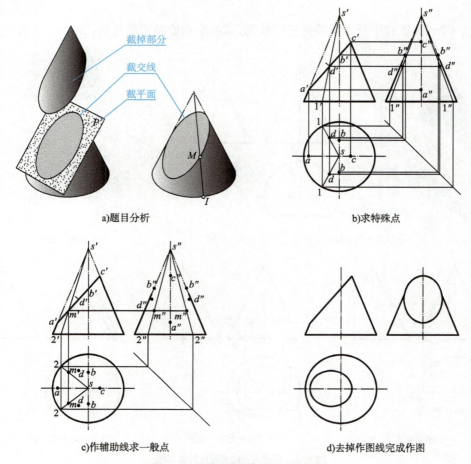

a)题目分析　　　　　　　　　　b)求特殊点

c)作辅助线求一般点　　　　　　　d)去掉作图线完成作图

图 3-12　用辅助线法求圆锥的截交线

分析:

如图 3-12a)所示,截交线上任一点 M,可看成是圆锥表面某一素线 SI 与截平面 P 的交点,因 M 点在素线 SI 上,故 M 点的三面投影分别在该素线的同面投影上。由于截平面 P 为正垂面,截交线的正面投影积聚为一直线,故需求作截交线的水平投影和侧面投影。

作图:

①求特殊点。C 为截交线的最高点,根据 c',求出 c 及 c'';A 为截交线的最低点,根据 a',求出 a 及 a'';$a'c'$ 的中点 d 为截交线的最前、最后点的正面投影,过 d' 作辅助线 $s'1'$,求出 $s1$、$S''1''$,进而求出 d 和 d'';B 为前后转向素线上的点,根据 b',求出 b'',进而求出 b,如图 3-12b)所示。

②用辅助线法求中间点。过锥顶作辅助线 $s'2'$ 与截交线的正面投影相交,得 m',求出辅助线的其余两投影 $s2$ 及 $s''2''$,进而求出 m 和 m'',如图 3-12d)所示。

③连点成线。去掉多余图线,将各点依次连成光滑的曲线,即为截交线的投影,如

图 3-12e) 所示。

提示:若在 b′和 c 之间再作一条辅助线,又可求出两个中间点。中间点越多,求得的截交线越准确。

【例 3-6】 圆锥被平行于轴线的平面截切,试补全圆锥的正面投影[图 3-13a)]。

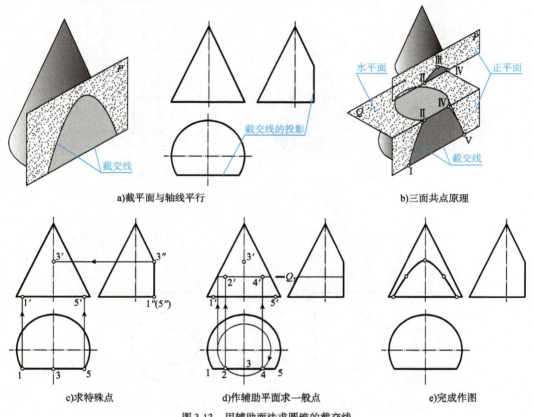

图 3-13 用辅助面法求圆锥的截交线

分析:

如图 3-13b) 所示,作垂直于圆锥轴线的辅助平面 Q 与圆锥面相交,其交线为圆。此圆与截平面 P 相交得Ⅱ、Ⅳ两点,这两个点是圆锥面、截平面 P 和辅助平面 Q 三个面的共有点,也是截交线上的点。由于截平面 P 为正平面,截交线的水平投影和侧面投影分别积聚为一直线,故只需作出其正面投影。

作图:

①求特殊点。Ⅲ为截交线的最高点,根据侧面投影 3″,可作出 3 及 3′,Ⅰ、Ⅳ为截线的最低点,根据水平投影 1 和 5,可作出 1′、5′及 1″、5″,如图 3-13c) 所示。

②利用辅助平面法求中间点。作辅助平面 Q 与圆锥相交,交线是圆(称为辅助圆)。辅助圆的水平投影与截平面的水平投影相交于 2 和 4,即为所求共有点的水平投影。根据 2 和 4,再求出 2′、4′,如图 3-13d) 所示。

③连点成线。将 1′、2′、3′、4′、5′连成光滑的曲线,即为所求截交线的正面投影,如图 3-13e) 所示。

3. 平面切割圆球

圆球被任意方向的平面截切，其截交线都是圆。当截平面为投影面平行面时，截交线在所平行的投影面上的投影为圆，其余两面投影积聚为直线。该直线的长度等于切口圆的直径，其直径的大小与截平面至球心的距离 B 有关，如图 3-14 所示。

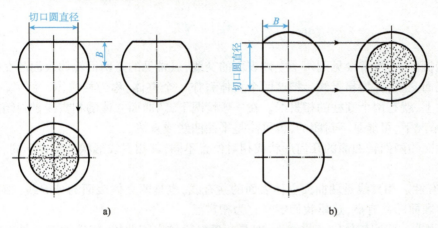

图 3-14 圆球被平面截切的画

【例 3-7】 试完成开槽半圆球的水平投影和侧面投影。

分析：

如图 3-15 所示，由于半圆球被两个对称的侧平面和一个水平面截切，所以两个侧壁平面与球面的截交线各为一段平行于侧面的圆弧，而水平面与球面的截交线为两段水平圆弧。

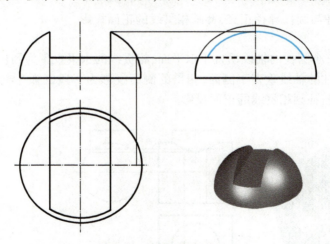

图 3-15 半圆球开槽的画法

作图：

①沿槽底作一辅助平面，确定辅助圆弧半径 R_1（R_1 小于半圆球的半径 R），画出辅助圆弧的水平投影，再根据槽宽画出槽底的水平投影。

②沿侧壁作一辅助平面，确定辅助圆弧半径 R_2（R_2 小于半圆球的半径 R），画出辅助圆弧的侧面投影。

③去掉多余图线再描深，完成作图。

提示：a. 因圆球的最高处在开槽后被切掉，故左视图上方的轮廓线向内"收缩"，其收缩程度与槽宽有关，槽越宽，收缩越大；b. 注意区分槽底侧面投影的可见性，槽底的中间部分是不可见的，应画成细虚线。

第三节 相 贯 线

在一些机件上，常常会见到两个立体表面的交线，最常见的是两回转体表面的交线。两相交立体的表面交线，称为相贯线。把这两个立体看作一个整体，称为相贯体。例如，在图 3-16 所示的零件上，就有两个圆柱的相贯线。在一般情况下，两曲面立体的相贯线是封闭的空间曲线；在特殊情况下，可能是不封闭的，也可能是平面曲线或直线。

由于相交的两回转曲面的几何形状或相对位置不同，其相贯线形状位置也不同，但都具有下列性质：

(1) 共有性。相贯线是两曲面立体表面的共有线，也是两立体表面的分界线，相贯线上的点是两立体表面的共有点，这里我们定义它为相贯点。

(2) 封闭性。两回转体的相贯线，一般是一条封闭的空间曲线，特殊情况下是平面曲线或直线。

一 圆柱与圆柱正交

1. 利用投影的积聚性求相贯线

【例 3-8】 圆柱与圆柱异径正交，补画相贯线的正面投影。

分析：

如图 3-16 所示，小圆柱的轴线垂直于水平面，相贯线的水平投影为圆（与小圆柱面的积聚性投影重合），大圆柱的轴线垂直于侧面，相贯的侧面投影为一段圆弧（与大圆柱面的部分积聚性投影重合），只需补画相贯线的正面投影。

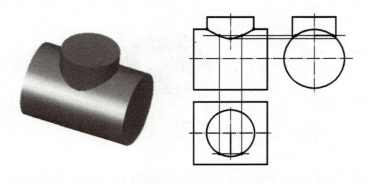

圆柱的相贯线

图 3-16 两圆柱正相贯的相贯线画法

作图：

①求特殊点。由水平投影看出，主视图两侧点位既是最左、最右点的投影，也是最高点，同

时也是两圆柱正面投影外形轮廓线的交点,可由主视图绘制俯视图及左视图点位。由侧面投影看出,小圆柱与大圆柱的交点前后两点,既是相贯线最低点的投影,也是最前、最后点的投影。根据左视图绘制主视图及俯视图。

②求中间点。中间点决定曲线的趋势。在侧面投影中,任取对称点,然后按点的投影规律,求出其水平投影和正面投影。

③连点成线。按顺序光滑地连接各点,即得到相贯线的正面投影。

2. 两圆柱正交时相贯线的变化

当两圆柱的相对位置不变,而两圆柱的直径发生变化时,相贯线的形状和位置也将随之变化。

当 $\phi_1 > \phi$ 时,相贯线的正面投影为上、下对称的曲线,如图 3-17a)所示。

当 $\phi_1 = \phi$ 时,相贯线在空间为两个相交的椭圆,其正面投影为两条相交的直线,如图 3-17b)所示。

当 $\phi_1 < \phi$ 时,相贯线的正面投影为左、右对称的曲线,如图 3-17c)所示。

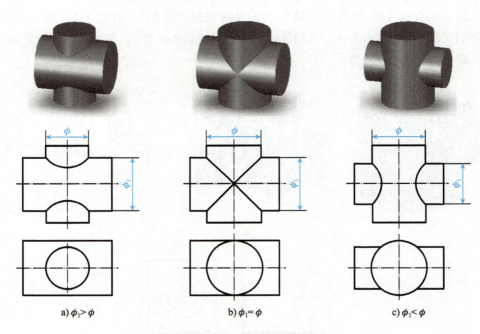

a) $\phi_1 > \phi$ b) $\phi_1 = \phi$ c) $\phi_1 < \phi$

图 3-17 两圆柱正交时相贯线的变化

提示:从图 3-17a)、c)的正面投影中可以看出,两圆柱正交时相贯线的弯曲方向,朝向较大圆柱的轴线。

3. 两圆柱正交时相贯线投影的简化画法

为了简化作图,国家标准规定,允许采用简化画法作出相贯线的投影,即用圆弧代替非圆曲线。当两圆柱异径正交,且不需要准确地求出相贯线时,可采用简化画法作出相贯线的投影,作图方法如图 3-18 所示。

83

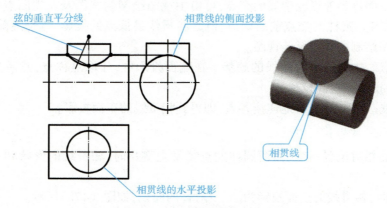

图 3-18 两圆柱正相交相贯线投影的简化画法

二 内相贯线投影的画法

当圆筒上钻有圆孔时,则孔与圆筒外表面及内表面均有相贯线,如图 3-19a)所示。在内表面产生的交线,称为内相贯线。内相贯线和外相贯线的画法相同,内相贯线的投影由于不可见而画成细虚线,如图 3-19b)所示。

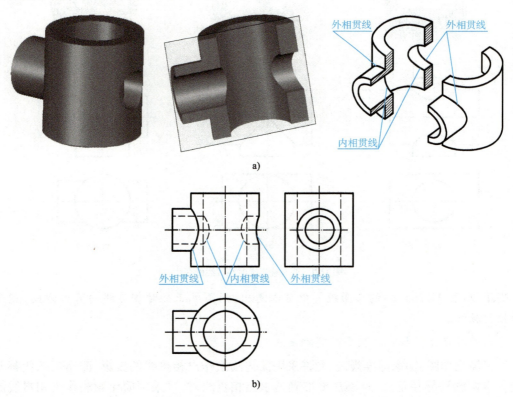

图 3-19 圆孔与圆孔相交时相贯线投影的画法

三 相贯线的特殊情况

两回转体相交,在一般情况下相贯线为空间曲线。但在特殊情况下,相贯线为平面曲线。

1. 相贯线为平面曲线

(1) 两个同轴回转体相交时,相贯线一定是垂直于轴线的圆。当回转体轴线平行于某一投影面时,这个圆在该投影面上的投影为垂直于轴线的直线,如图 3-20 中的图线所示。

(2) 当轴线相交的两圆柱(或圆柱与圆锥)公切于同一球面时,相贯线一定是平面曲线,即两个相交的椭圆,如图 3-21 中的图线所示。

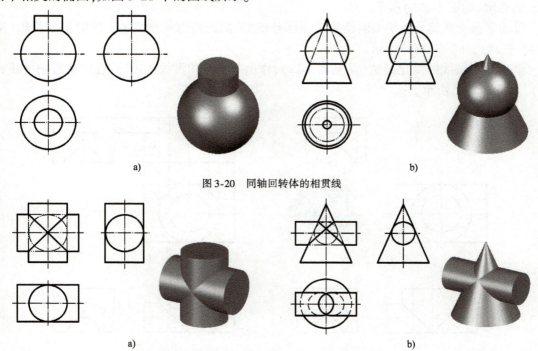

图 3-20 同轴回转体的相贯线

图 3-21 两回转体公切于同一球面的相贯线

2. 相贯线为直线

当相交两圆柱的轴线平行时,相贯线为直线,如图 3-22a)所示。当两圆锥共顶时,相贯线也是直线,如图 3-22b)所示。

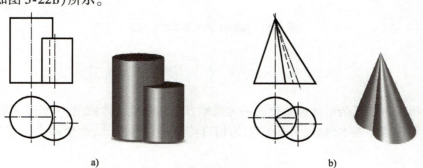

图 3-22 相贯线为直线的情况

【例 3-9】 如图 3-23a)所示,已知相贯体的俯视图、左视图,求作主视图。

分析:

由图 3-23a)可知,该相贯体由一直立圆筒与一水平半圆筒正交,内外表面都有交线。外表面为两个等径圆柱面相交,相贯线为两条平面曲线(椭圆),其水平投影和侧面投影分别与两圆柱面的投影重合,正面投影为两条直线。内表面的相贯线为两段空间曲线,其水平投影和侧面投影也分别与两圆孔的投影重合,正面投影为两段不可见的曲线。

作图:

①根据左视图、俯视图,按投影关系,用粗实线画出两等径圆柱的外围轮廓,用细虚线出两圆孔的轮廓,如图 3-23b)所示。

②由于直立圆筒与水平半圆筒外径相同且正交,据此画出外表面相贯线的正面投影(两段 45°斜线),如图 3-23c)所示。

③采用相贯线的简化画法(参见图 3-18),作出两圆孔相贯线的正面投影(两段细虚线圆弧),如图 3-23d)所示。

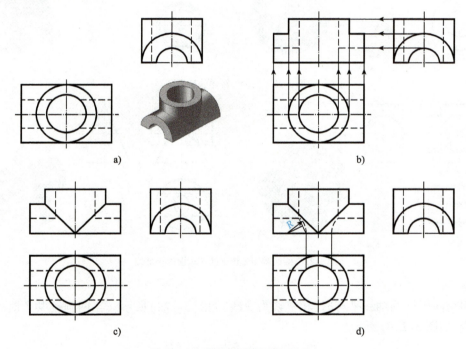

图 3-23 根据俯、左视图求作主视图

第四节 组合体三视图的画法

形体分析法是将复杂形体简单化的一种思维方法。画组合体视图,一般采用形体分析法,将组合体分解为若干基本形体,分析它们的相对位置和组合形式,逐个画出各基本形体的三视图。

一 形体分析

看到组合体实物(或轴测图)后,首先应对它进行形体分析。要弄清楚它的前后、左右和上下六个面的形状,并根据其结构特点,想一想大致可以分成几个组成部分,它们之间的相对位置关系如何,是什么样的组合形式等。

如图3-24a)所示支座,按它的结构特点可分为直立圆筒、水平圆筒、底板和肋板四个部分,如图3-24b)所示。水平圆筒和直立圆筒垂直相贯,且两孔贯通;底板的前后两侧面和直立圆筒外表面相切;肋板与底板叠加,与直立圆筒相贯。

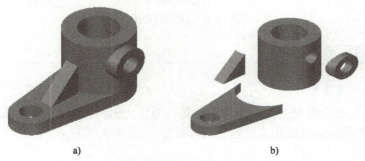

图3-24 支座的形体分析

二 视图选择

视图选择的内容包含主视图的选择和视图数量的确定。

1. 主视图的选择

主视图是表达组合体的一组视图中最主要的视图。当主视图的投射方向确定之后,俯视图、左视图投射方向随之确定。选择主视图应符合以下三条要求:

(1)反映组合体的结构特征。一般应把反映组合体各部分形状和相对位置较多的一面作为主视图的投射方向。

(2)符合组合体的自然安放位置,主要面应平行于基本投影面。

(3)尽量避免其他视图产生细虚线。

如图3-25所示,将支座按自然位置安放后,按 A、B 两个投射方向,可以得到两组不同的三视图,如图3-25所示。从两组不同的三视图可以看出,A 方向作为主初图投射方向,显然比 B 方向好。因为组成支座的基本形体以及它们之间的相对位置关系等在 A 方向表达比较清晰,能反映支座的整体结构形状特征,且细虚线相对较少。

2. 视图数量的确定

在组合体形状表达完整、清晰的前提下,其视图数量越少越好。支座的主视图按 A 方向确定后,还要画出俯视图,表达底板的形状和两孔的中心位置,并用左视图表达水平圆筒的形状和位置。因此,要完整表达出该支座的形状,需要画出主、俯、左三个视图。大部分物体通过任意两个视图都是能够把结构表达清楚,但是为了让读图人更为直观地了解物体的结构,一般都画完整的三视图。

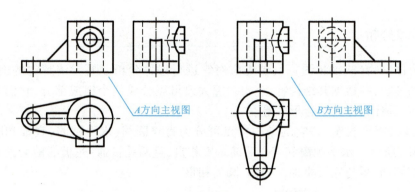

图 3-25　主视图的选择

三　画图的方法与步骤

1. 选择比例，确定图幅

视图确定以后，便要根据组合体的大小和复杂程度，选定作图比例和图幅。应注意，所选的幅面要比绘制视图所需的面积大一些，以便标注尺寸和画标题栏。

2. 布置视图

布图时，应将视图匀称地布置在幅面上，视图间的空档应保证能注全所需的尺寸。

3. 绘制底稿

支座的画图步骤如图 3-26 所示。为了迅速而正确地画出组合体的三视图，画底稿时，应注意以下两点：

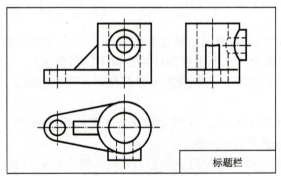

图 3-26　基本画法步骤

（1）画图的先后顺序，一般应从形状特征明显的视图入手。先画主要部分，后画次要部分；先画可见部分，后画不可见部分；先画圆或圆弧，后画直线。

（2）画图时，组合体的每一组成部分，最好是三个视图配合着画。就是说，不要先把一个视图画完再画另一个视图。这样，不但可以提高绘图速度，还能避免多线或漏线。

4. 检查描深

底稿完成后，应在三视图中认真核对各组成部分的投影关系正确与否；分析清楚相邻两形体衔接处的画法有无错误，是否多线、漏线；再以实物（或轴测图）与三视图对照，确认无误后，描深图线，完成全图。

第五节　组合体的尺寸注法

视图只能表达组合体的结构和形状,要表示它的大小,则需通过图中所标注的尺寸。组合体尺寸标注的基本要求是:正确、完整、清晰。正确是指所注尺寸符合国家标准的规定;完整是指所注尺寸既不遗漏,也不重复;清晰是指尺寸注写布局整齐、清楚,便于识图。

标注尺寸的起始位置称为尺寸基准。组合体有长、宽、高三个方向的尺寸,每个方向至少应有一个尺寸基准。组合体的尺寸标注中,常选取对称面、底面、端面、轴线或圆的中心线等几何元素作为尺寸基准。在选择基准时,每个方向除一个主要基准外,根据情况还可以有几个辅助基准。基准选定后,各方向的主要尺寸(尤其是定位尺寸)就应从相应的尺寸基准进行标注。

一　基本几何体的尺寸注法

基本几何体的尺寸注法,是组合体尺寸标注的基础。基本几何体的大小通常是由长、宽、高三个方向的尺寸来确定的。

1. 平面立体的尺寸注法

棱柱、棱锥及棱台,除了标注确定其顶面和底面形状大小的尺寸外,还要标注高度尺寸。为了便于识图,确定顶面和底面形状大小的尺寸,宜标注在反映其实形的视图上,如图 3-27 所示。标注正方形尺寸时,在正方形边长尺寸数字前,加注正方形符号"□",如图 3-27b)所示的正四棱台。

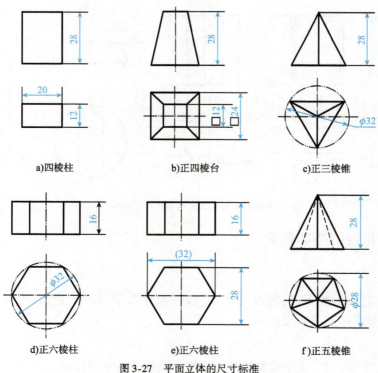

图 3-27　平面立体的尺寸标准

2. 曲面立体的尺寸注法

圆柱、圆锥、圆台和圆环，应标注圆的直径和高度尺寸，并在直径数字前加注直径符号"φ"，如图3-28a)~d)所示。标注圆球尺寸时，在直径数字前加注球直径符号"S"或"SR"，如图3-28e)、f)所示。直径尺寸一般标注在非圆视图上。

当尺寸集中标注在一个非圆视图上时，一个视图即可表达清楚它们的形状和大小。如图3-28所示，各基本几何体均用一个视图即可。

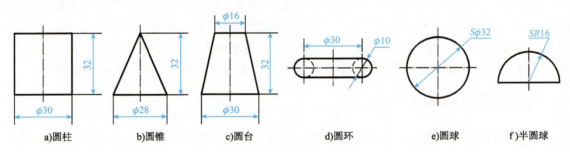

a) 圆柱　　b) 圆锥　　c) 圆台　　d) 圆环　　e) 圆球　　f) 半圆球

图 3-28　曲面立体的尺寸注法

3. 带切口几何体的尺寸注法

对带切口的几何体，除标注基本几何体的尺寸外，还要注出确定截平面位置的尺寸。但要注意，由于几何体与截平面的相对位置确定后，切口的交线即完全确定，因此，不应在切口的交线上标注尺寸。图3-29中画"×"的尺寸为多余尺寸。

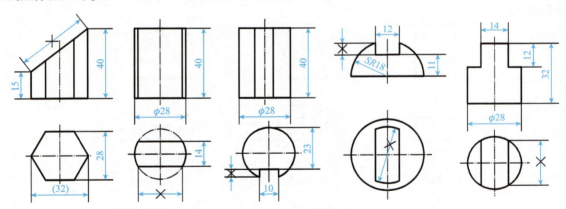

图 3-29　带切口几何体的尺寸注法

二　尺寸标注的基本要求

1. 正确性

应确保尺寸数值正确无误，所注的尺寸(包括尺寸数字、符号、箭头、尺寸线和尺寸界线等)要符合国家标准的有关规定。

2. 完整性

为了将尺寸注得完整，应先按形体分析法注出确定各基本形体的定形尺寸，再标注确定它们之间相对位置的定位尺寸,最后根据组合体的结构特点,注出总体尺寸。

(1)定形尺寸

确定组合体中各基本形体的形状和大小的尺寸,称为定形尺寸。

如图3-30a)所示,底板的定形尺寸有长70、宽40、高12,圆直径2×φ10,圆角半径R10;立板的定形尺寸有长32、宽12、高38,圆孔直径φ16。

相同的圆孔要标注孔的数量(如2×φ10),但相同的圆角不需标注数量,两者都不要重复标注。

(2)定位尺寸

确定组合体中各基本形体之间相对位置的尺寸,称为定位尺寸。

标注定位尺寸时,应先选择尺寸基准。尺寸基准是指标注或测量尺寸的起点。由于组合体具有长、宽、高三个方向的尺寸,每个方向都应有尺寸基准,以便从基准出发,确定基本形体在各方向上的相对位置。选择尺寸基准必须体现组合体的结构特点,并便于尺寸度量。通常以组合体的底面、端面、对称面、回转体轴线等作为尺寸基准。

如图3-30b)所示,组合体左右对称面为长度方向的尺寸基准,由此注出两圆孔的定位尺寸50;后端面为宽度方向的尺寸基准,由此注出底板上圆孔的定位尺寸30,立板与后端面的定位尺寸8;底面为高度方向的尺寸基准,由此注出立板上圆孔与底面的定位尺寸34。

(3)总体尺寸

确定组合体外形的总长、总宽、总高尺寸,称为总体尺寸。

如图3-30c)所示,该组合体总长和总宽尺寸即底板的长70、宽40,不再重复标注。总高尺寸50从高度方向的尺寸基准注出。总高尺寸标注之后,要去掉立板的高度尺寸38,否则会出现多余尺寸。

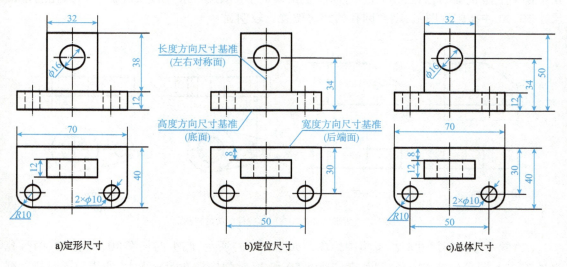

图3-30 组合体的尺寸注法

当组合体的一端或两端为回转体时,总体尺寸是不能直接注出的,否则会出现重复尺寸,如图3-31a)所示组合体的总长尺寸(76−52+R12×2)和总高尺寸(42−28+R14)是间接确定的,因此,图 3-31b)所示标注总长 76、总高 42 是错误的。

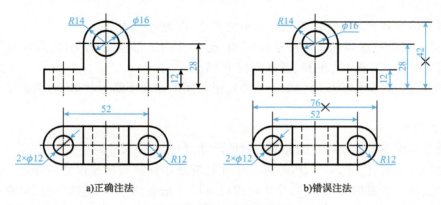

图 3-31 不注总体尺寸的情况

综上所述,定形尺寸、定位尺寸、总体尺寸可以相互转化。实际标注尺寸时,应认真分析,避免多注或漏注尺寸。

3. 清晰性

尺寸标注除要求完整外,还要求标得清晰、明显,以方便识图。为此,标注尺寸时应注意以下几个问题:

(1)定形尺寸尽可能标注在表示形体特征明显的视图上,定位尺寸尽可能标注在位置特征清楚的视图上。如图 3-32a)所示,将五棱柱的五边形尺寸标注在主视图上,比分开标注[图 3-32b)]要好。如图 3-32c)所示,腰形板的俯视图形体特征明显,半径 R4、R7 等尺寸标注在俯视图上是正确的,而图 3-32d)的标注是错误的。如图 3-30b)所示,底板上两圆孔的定位尺寸 50、30 注在俯视图上,则两圆孔的相对位置比较明显。

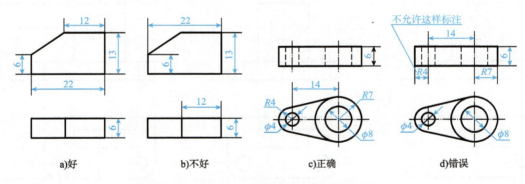

图 3-32 定形尺寸标注在形体特征明显的视图上

(2)同一形体的尺寸应尽量集中标注。如图 3-30c)所示,底板的长度 70、宽度 40、两圆孔直径 2×10、圆角半径 R10、两圆孔定位尺寸 50 和 30 都集中注在俯视图上,便于识图时找。圆柱开槽后表面产生截交线,其尺寸集中标注在主视图上比较好,如图 3-33a)所示。两圆柱相交表面产生相贯线,其尺寸的正确注法如图 3-33c)所示。相贯线本身不需标注尺寸,图 3-33d)的注法是错误的。

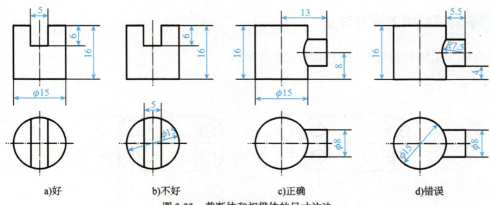

a)好　　　　　b)不好　　　　　c)正确　　　　　d)错误

图 3-33　截断体和相贯体的尺寸注法

(3) 直径尺寸尽量注在投影为非圆的视图上,圆弧的半径应注在投影为圆的视图上。尺寸尽量不注在细虚线上。如图 3-34a) 所示,圆的直径中 20、30 注在主视图上是正确的,注在左视图上是错误的。而直径 14 注在左视图上是为了避免在细虚线上标注尺寸。R20 只能注在投影为圆的左视图上,而不允许注在主视图上。

(4) 平行排列的尺寸应将较小尺寸注在里面(靠近视图),大尺寸注在外面。如图 3-34a)所示,12、16 两个尺寸应注在 42 的里面,注在 42 的外面是错误的,如图 3-34 所示。

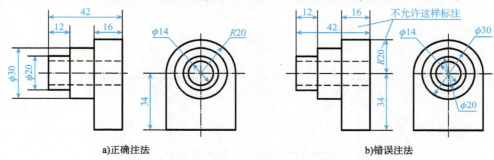

a)正确注法　　　　　　　　　　　　b)错误注法

图 3-34　直径与半径、大尺寸与小尺寸的注法

(5) 尺寸应尽量注在视图外边,相邻视图的相关尺寸最好注在两个视图之间,避免尺寸线、尺寸界线与轮廓线相交,如图 3-35a) 所示。图 3-35b) 所示的尺寸注法不够清晰。

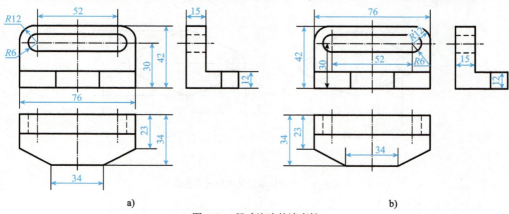

a)　　　　　　　　　　　　　　　　b)

图 3-35　尺寸注法的清晰性

三 常见结构的尺寸注法

组合体常见结构的尺寸注法如图 3-36 所示。

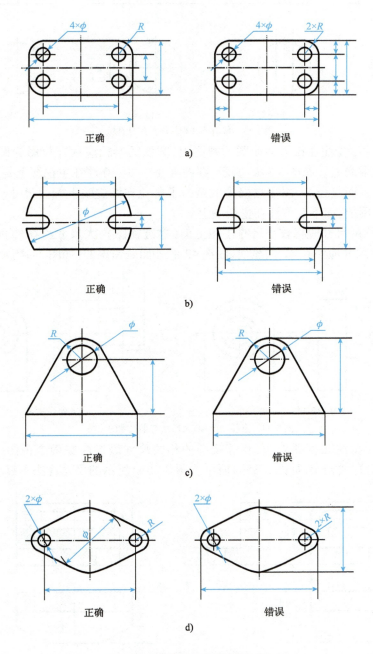

图 3-36 组合体常见结构的尺寸注法

四 组合体的标注示例

组合体是由一些基本形体按一定的连接关系组合而成的。因此,在标注组合体的尺寸时,首先应按形体分析法将组合体分解为若干部分,逐个注出各部分的尺寸和各部分之间的定区尺寸,以及组合体长、宽、高三个方向的总体尺寸。

【例 3-10】 标注图 3-37a)所示轴承座的尺寸。

分析:

根据轴承座的结构特点,将轴承座分解成底板、圆筒、支承板和肋板四部分,如图 3-37 所示。

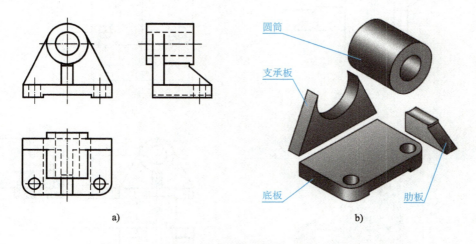

图 3-37 轴承座得形体分析

标注方法:

①逐个注出各组成部分的尺寸。标注尺寸时,应先进行形体分析,将轴承座分解成底板、圆筒、支承板、肋板四部分,分别注出各部分尺寸,如图 3-38a)所示。

②选定尺寸基准,标注定位尺寸。由轴承座的结构特点可知,底板的底面是轴承座的安装面,底面可作为高度方向的尺寸基准;轴承座左右对称,其对称面可作为长度方向的尺寸基准;底板和支承板的后端面可作为宽度方向的尺寸基准,如图 3-38b)所示。

尺寸基准选定后,按各部分的相对位置,标注它们的定位尺寸。圆筒与底板上下方向的相对位置,需标注圆筒轴线到底板底面的中心距 56;圆筒与底板前后方向的相对位置,需标注圆筒后端面与支承板后端面定位尺寸 6;由于轴承座左右对称,长度方向的定位尺寸可以省略不注;标注底板上两个圆孔的定位尺寸 66、48,如图 3-38c)所示。

③标注总体尺寸。如图 3-38d)所示,底板的长度 90 是轴承座的总长(与定形尺寸重合,不另行注出);总宽由底板宽度 60 和圆筒在支承板后面伸出的长度 6 所确定;总高由圆筒的定位尺寸 56 加上筒外径 42 的 1/2 所确定。

按照上述步骤,还要对形体逐个检查有无重复和遗漏,进行修改和补充。

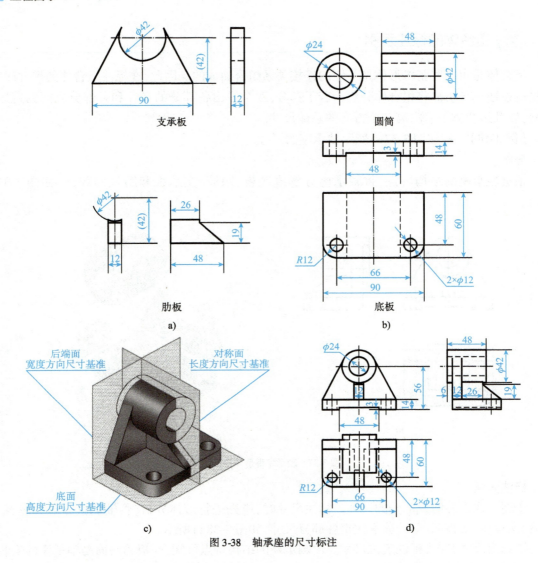

图 3-38 轴承座的尺寸标注

第六节 看组合体视图的方法

绘制三视图,是将三维立体用正投影法表示在二维平面上;识图,则是依据视图,通过投影分析想象出物体的形状,是通过二维图形建立三维物体的过程。画图与识图是相辅相成的,识图是画图的逆过程。"照物画图"与"依图想物"相比,后者的难度要大一些。为了能够正确而迅速地看懂组合体视图,必须掌握识图的基本要领和基本方法,通过反复实践,不断培养空间思维能力,提高识图水平。

一 识图的基本要领

1. 将几个视图联系起来看

一个视图不能确定物体的形状。如图 3-39 所示,三个主视图都相同,但所表示的是三个不同的物体。有时只看两个视图，也无法确定物体的形状。如图 3-40 所示，它们的主、俯两个视图完全相同，但实际上也是三个不同的物体。

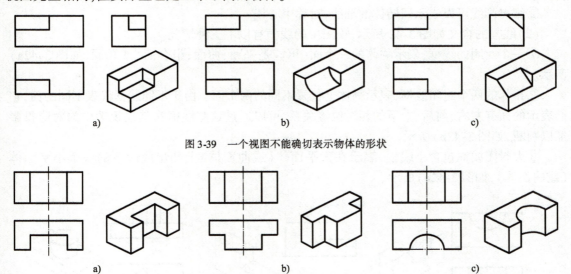

图 3-39 一个视图不能确切表示物体的形状

图 3-40 两个视图不能确切表示物体的形状

由此可见，识图时，必须把所给的视图联系起来看，才能想象出物体的确切形状。

2. 理解视图中图线和线框的含义

视图是由一个个封闭线框组成的，而线框又是由图线构成的。因此，弄清图线及线框的含义，是十分必要的。

（1）图线的含义 如图 3-41 所示，视图中常见的图线有粗实线、细虚线和细点画线。

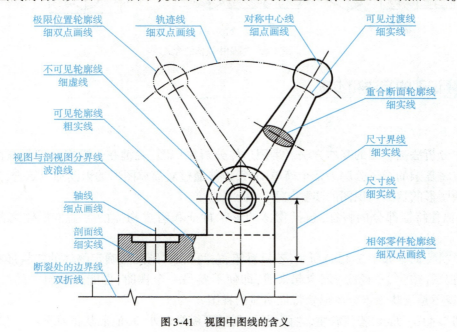

图 3-41 视图中图线的含义

①粗实线或细虚线(包括直线和曲线)可以表示具有积聚性的面(平面或柱面)的投影、面与面(两平面、或两曲面、或平面与曲面)交线的投影,曲面转向素线的投影。

②细点画线可以表示回转体的轴线,对称中心线。

(2)线框的含义如图 3-42 所示,视图中的线框有以下三种情况:

①一个封闭的线框,表示物体的一个面(可能是平面、曲面、组合面)或孔洞,如图 3-42a)所示。

②相邻的两个封闭线框,表示物体上位置不同的两个面。由于不同线框代表不同的面,它们表示的面有左右、前后、上下的相对位置关系,可以通过这些线框在其他视图中的对应投影加以判断,如图 3-42b)所示。

③大封闭线框包含小线框,表示在大平面体(或曲面体)上凸出或凹下的各个小平面体(或曲面体),如图 3-42c)所示。

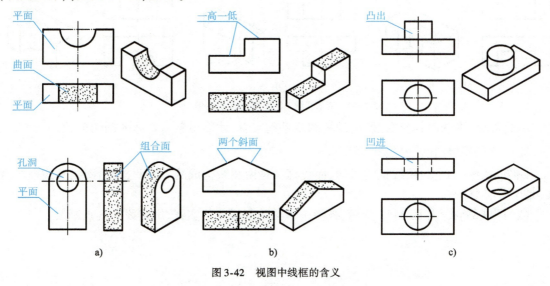

图 3-42 视图中线框的含义

二 识图的方法和步骤

1. 形体分析法

形体分析法是识图的基本方法。运用形体分析法识图,关键在于掌握分解复杂图形的方法。只有将复杂的图形分解为几个简单图形,才能通过对简单图形的识读加以综合,达到较快看懂复杂图形的目的。识图的步骤如下:

(1)抓住特征部分的特征,包括物体的形状特征和组成物体的各基本形体之间的位置特征。

①形状特征。如图 3-43a)所示,若只看俯、左两视图,则无法确定物体的结构形状。如果将主、俯视图(或主、左视图)配合起来看,即使不要另一个视图,也能想象出它的结构形状。因此,主视图是反映该组合体形状特征明显的视图。

如图 3-43b)所示,若只看主、左两视图,则除了板厚以外,其他形状很难分析。如果将主、俯视图配合起来看,即使不要左视图,也能想象出它的全貌。因此,俯视图是反映该物体形状特征明显的视图。采用同样的分析方法,图3-43c)中的左视图,是反映组合体形状特征明显的视图。

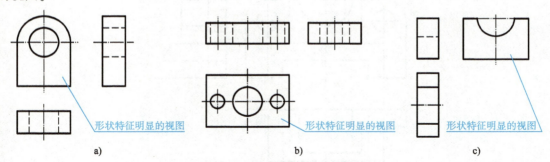

图3-43 形状特征明显的视图

②位置特征。在图3-44a)的主视图中,大线框中包含两个小线框(一个圆、一个矩形),如果只看主、俯视图,无法确定两个形体哪个凸出、哪个凹进;如图3-44b)所示,若将主、左视图配合起来看,则不仅形状容易想清楚,圆柱凸出、四棱柱凹进也是确定的。因此,左图是反映该物体各组成部分位置特征明显的视图。

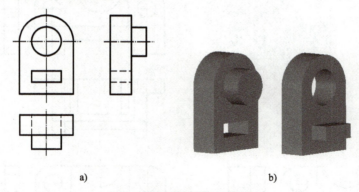

图3-44 位置特征明显的视图

物体上每一组成部分的特征,并非集中在一个视图上。因此,在划分组合体的每一部分时,无论哪个视图(一般以主视图为主),只要形状、位置特征有明显之处,就应从该视图入手,这样就能较快地将其分解成若干组成部分。

(2)对准投影想形状依据"三等"规律,从反映特征部分的线框(一般表示该部分形体)出发,分别在其他两视图上找出对应投影,并想象出它们的形状。

(3)综合起来整体想各组成部分形状之后,再根据整体三视图,分析它们之间的相对位置和组合形式,进而综合想象出该物体的整体形状。

【例3-11】 看懂图3-45a)所示底座的三视图。

识图步骤:

①抓住特征分部分。通过形体分析可知,主视图较明显地反映出形体Ⅰ、Ⅱ、Ⅲ的特征,据此,该底座可大体分为三部分。

②对准投影想形状。依据"三等"规律,分别在其他两视图上找出对应投影,并想象出它

们的形状,如图 3-45b)中的轴测图所示。

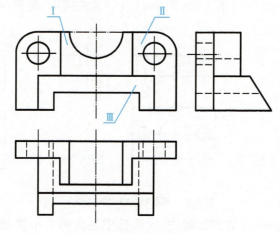

a)底座三视图

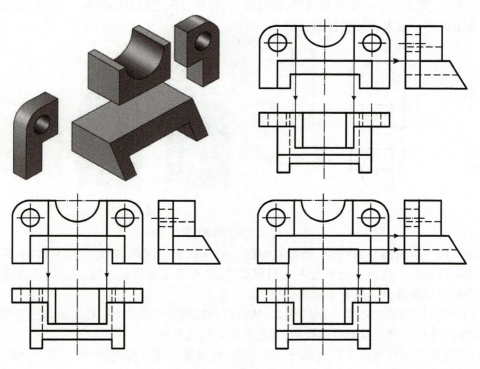

a)轴测图

图 3-45 底座分析

③综合起来想整体。长方体Ⅰ在底板Ⅲ的上面,两形体的对称面重合且后表面靠齐,侧板Ⅱ在长方体Ⅰ、底板Ⅲ的左、右两侧,且与其相接,后表面靠齐。综合想象出物体的具体形状,如图 3-46 所示。

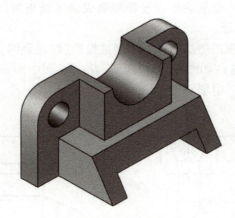

图 3-46 底座

2. 线面分析法

用线面分析法识图,就是运用投影规律,通过识别线、面等几何要素的空间位置、形状,进而想象出物体的形状。在看切割体的视图时,主要靠线面分析法。

【例 3-12】 看懂压块的三视图(图 3-47)。

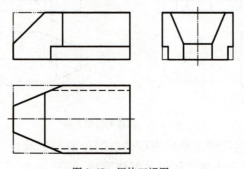

图 3-47 压块三视图

识图步骤:

①进行形体分析。由于压块三个视图的轮廓基本都是矩形(只切掉了几个角),所以它的原始形体是长方体,如图 3-47 所示。

②进行线面分析。从压块的外表面来看,主视图左上方的缺角是用正垂面切出的;俯视图左端的前、后缺角是用两个铅垂面切出的;左视图下方前、后的缺块,则是用正平面和水平面切出的。可见,压块的外形是一个长方体被几个特殊位置平面切割后形成的。在弄清被切面的空间位置后,再根据平面的投影特性,分清各切面的几何形状。

当被切面为"垂直面"时,从该平面投影积聚成的直线出发,在其他两视图上找出对应的线框,即一对边数相等的类似形。

如图 3-48a)所示,从主视图中斜线(正垂面的积聚性投影)出发,在俯视图中找出与它对应的梯形线框(四边形),则左视图中的对应投影,也一定是一个梯形线框(四边形);如图 3-48 所示,从俯视图中的斜线(铅垂面的投影)出发,在主、左视图上找出与它对应的投影为一对七边形。

当被切面为"平行面"时，也从该平面投影积聚成的直线出发，在其他两视图上找出对应的投影为一直线和一平面图形。

如图 3-48c) 所示，从左视图中正平面的积聚性投影（红色竖线）出发，找出其正面投影（矩形线框）和水平投影（细虚线）；如图 3-48d) 所示，从左视图中水平面的积聚性投影（红色横线）出发，找出其水平投影（四边形）和正面投影（一直线）。

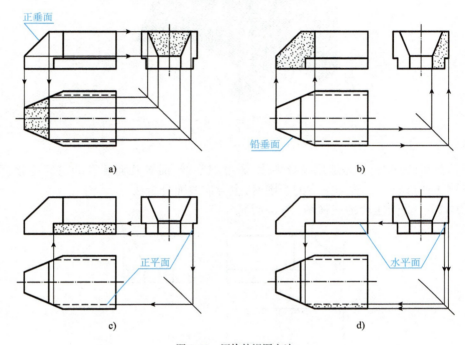

图 3-48 压块的识图方法

③综合起来想整体。在看懂压块各表面的空间位置与形状后，还必须根据视图弄清面与面之间的相对位置，进而综合想象出压块的整体形状，如图 3-49 所示。

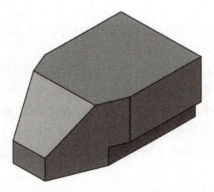

图 3-49 压块的轴测图

应当指出，在上述识图过程中，没有利用尺寸来帮助识图。有时图中的尺寸也有助于于分析物体的形状，如直径符号表示圆孔或圆柱，半径符号 R 则表示圆角等。

三 由已知两视图补画第三视图

由已知两视图补画第三视图,是训练识图能力、培养空间想象力的重要手段。补画视图,实际上是识图和画图的综合练习,一般可分以下两步进行:

(1)根据已知视图按前述方法将视图看懂,并想出物体的形状;

(2)在想出形状的基础上,应根据已知的两个视图,按各组成部分逐个作出第三视图,进而完成整个物体的第三视图。

【例 3-13】 如图 3-50a)所示,已知支架的主、俯两视图,想象出它的形状,补画左视图。

分析:

如图 3-50a)所示,主视图中有 a、b、c 三个线框,对照主、俯两视图可以看出,三个线框分别表示三个不同位置的表面。c 线框是一个凹形板,处于支架的前下方;a 线框中有一个小圆线框,与俯视图中的两条虚线对应,是半圆形立板上穿了一个圆孔,半圆形立板处于支架的后面;线框 b 的上方有个半圆形槽,在俯视图中可找到对应的两条竖线,它处于 A 面和 C 面之间。该支架是由凹形板、半圆形槽板和半圆形立板(分三层)叠加而成的。

作图:

①根据主、俯视图的对照分析,画出左视图的外轮廓,分出支架三部分的前后、高低层次,如图 3-50b)所示。

②在前层切出矩形凹槽,补画左视图中的细虚线,如图 3-50c)所示。

③在中间层切出半圆形凹槽,补画左视图中的细虚线,如图 3-50d)所示。

④在后层挖出圆孔,补画左视图中的细虚线,如图 3-50e)所示。检查无误后完成作图,如图 3-50f)所示。

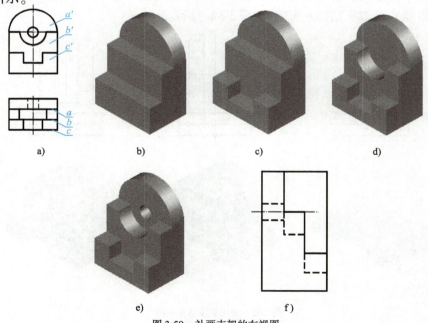

图 3-50 补画支架的左视图

【例 3-14】 已知机座的主、俯两视图[图 3-51a)],想象出它的形状,补画左视图。

分析:

如图 3-51a)所示,根据机座的主、俯视图,想象出它的形状。乍一看,机座由带矩形通槽的底板、两个带圆孔的半圆形立板组成,如图 3-51b)所示。但仔细分析主视图中的虚线和图中与之对应的实线,在两个带圆孔的半圆形立板之间,还应有一块矩形板,机座的整体形状如图 3-51c)所示。

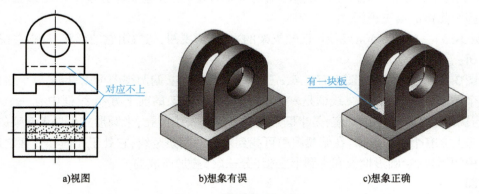

图 3-51 机座的视图及分析

作图:

①根据主、俯视图[图 3-51a)],画出对称中心线及带矩形通槽底板的左视图,如图 3-52a)所示。

②画出两块带圆孔的半圆形立板的左视图,如图 3-52b)所示。

③画出两半圆形立板之间的矩形板的左视图(只是添加一条横线,但要去掉半圆形立板下方的一小段线),完成机座的左视图,如图 3-52c)所示。

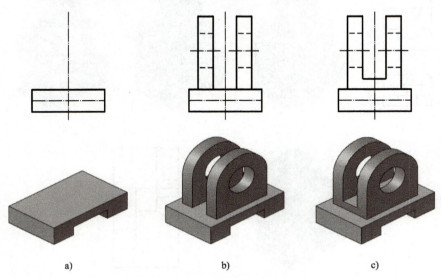

图 3-52 补画机座的左视图

由此可知,看懂已知的两视图,想象出组合体的形状,是补画第三视图的必备条件。所以,识图和画图是密切相关的。在整个识图过程中,一般是以形体分析法为主,边分析想象、边修正、边作图,就能较快地看懂组合体的视图,想象出其整体形状,正确地补第三视图。

四 补画视图中的漏线

补漏线就是在已知的三视图中补画缺漏的图线。先运用形体分析法看懂三视图所表达组合体结构形状,然后仔细检查组合体的投影是否有漏画的图线,最后将缺漏的图线补画来。

【例3-15】 补画组合体三视图[图3-53a)]中缺漏的图线。

分析、补漏线:

组合体三视图所表达的组合体由圆柱体和座板组成,组合形式为叠加,两组成部分分界处的表面是相切的,如图3-53b)所示。对照各组成部分在三视图中的投影,发现在主视图中圆柱与座板的相切处(座板最前面)缺少一段粗实线(切线的投影);在左视图中缺少座板顶面的投影(一条细虚线)。将它们逐一补画出来,如图3-53c)所示。

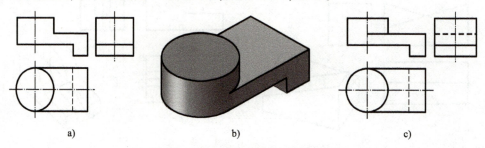

图 3-53 补画组合体三视图中缺漏的图线

【例3-16】 补画图3-54a)主、左视图中缺漏的图线。

分析、补漏线:

如图3-54b)所示,组合体三视图所表达的组合体由两个四棱柱组成,组合形式为叠加,两四棱柱的前面及左右两侧面不平齐,主、左视图缺两条(蓝色)粗实线,如图3-54c)所示。

俯视图中两同心半圆弧与主视图中的竖向细虚线相对应,是两个半圆孔(阶梯孔),主视图应补画两半圆孔的分界线,左视图应补画两半圆孔的轮廓线及分界线,如图3-54所示。

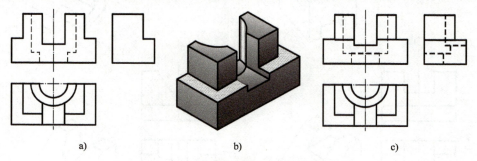

图 3-54 补画主、左视图中缺漏的图线

组合体上方开一矩形通槽,左视图应补画槽底线的投影及通槽与大半圆孔交线的投影(向里收缩),并应去掉一段大半圆孔的轮廓线,如图3-54所示。

课后习题

3-1 组合体的组合形式习题

一、根据视图或立体图补全三视图上的线。

二、根据立体图补画第三面投影图

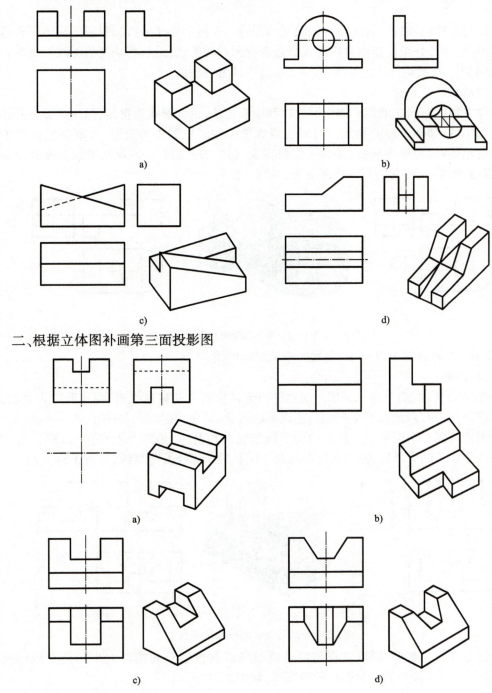

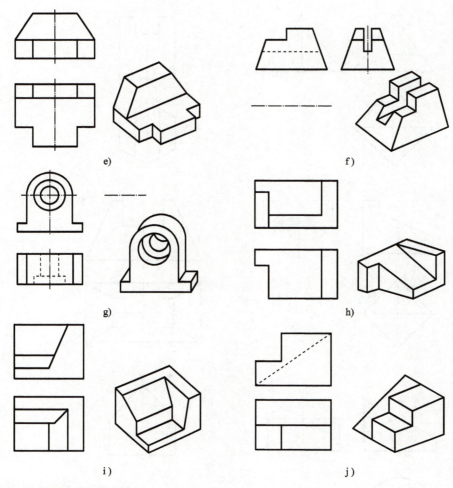

3-2 截交线与相贯线习题
一、补全立体被切割的投影

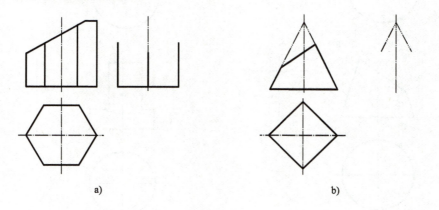

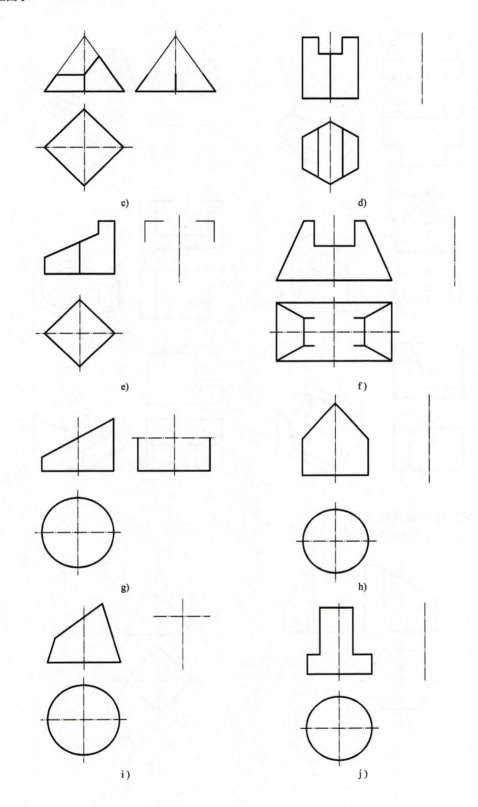

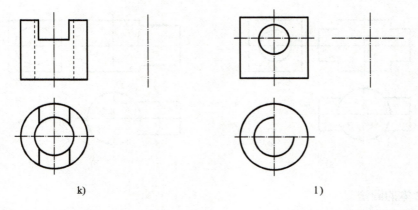

二、补全相贯线

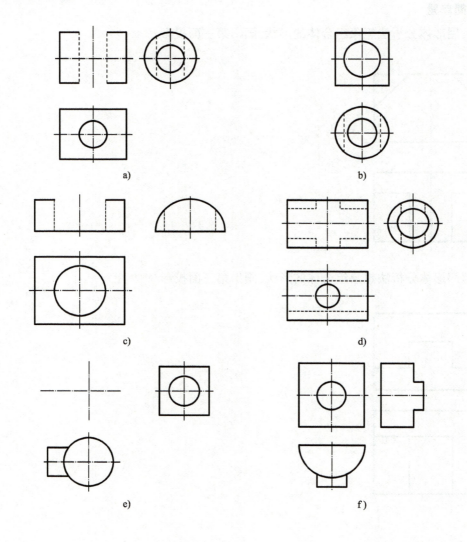

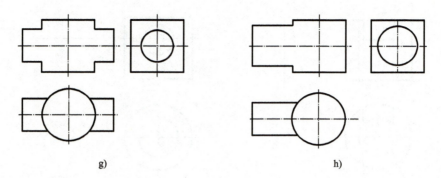

g)   h)

3-3 组合体的画法

根据给定图形,补全三视图形。

一、简单题

1. 运用形体分析法想象组合体的形状,画出第三面投影。

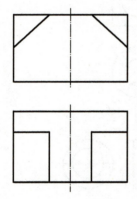

2. 运用形体分析法想象组合体的形状,画出第三面投影。

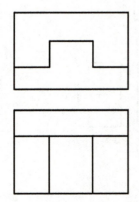

3. 已知组合体的两面投影,补画其第三面投影。

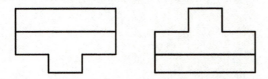

4. 已知组合体的两面投影,补画其第三面投影。

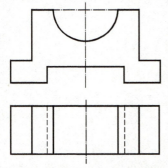

5. 根据组合体的两面投影,补画第三面投影。

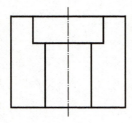

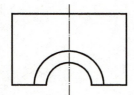

6. 根据两视图作出第三视图。

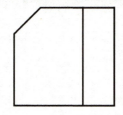

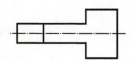

7. 已知组合体的两面投影,补画其第三面投影。

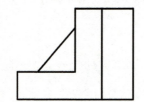

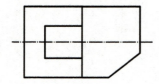

8. 已知组合体的两面投影,补画其第三面投影。

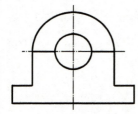

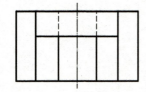

9. 已知组合体的两面投影,补画其第三面投影。

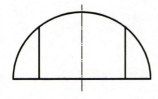

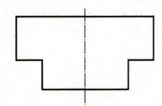

10. 补画组合体的侧面投影图。

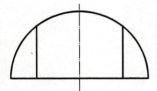

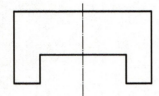

11. 补画组合体的水平投影图。

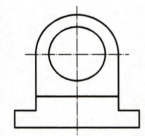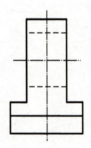

12. 补全组合体的侧面投影图。

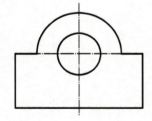

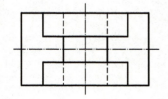

二、较难题

1. 补全组合体的第三面投影。

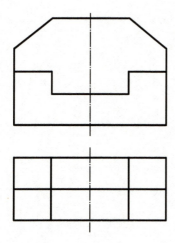

2. 根据组合体的两面投影,补画第三面投影。

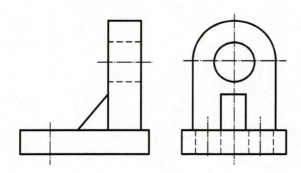

3. 由已知的两视图补画第三视图。

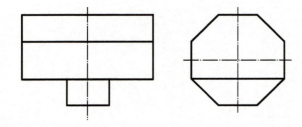

4. 由已知的两视图补画第三视图。

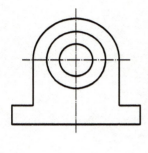

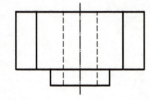

5. 运用图形分析法,想象出物体的形状,然后画出 W 面的投影。

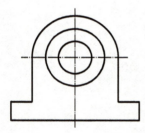

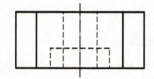

6. 补全第三面投影。

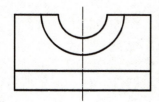 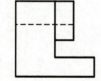

7. 根据组合体的正、平面图,补画组合体的侧面图。

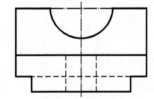

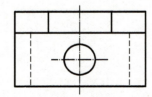

8. 根据组合体的正、平面图,补画组合体的侧面图。

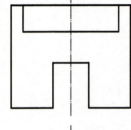

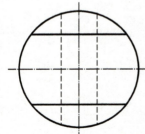

9. 运用形体分析的方法,想象出物体的形状,然后画出 W 面的投影。

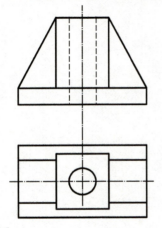

10. 运用形体分析的方法,想象出物体的形状,然后画出 H 面的投影。

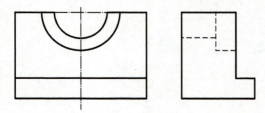

11. 运用形体分析的方法,想象出物体的形状,然后画出 H 面的投影。

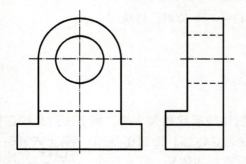

第四章 轴测图

学习指南

(1) 了解轴测图的基本知识。
(2) 重点掌握正等轴测图的绘制方法。基本掌握斜二等轴测图的绘制方法。
(3) 了解轴测图的尺寸注法。

第一节 轴测图的基本知识

在机械图样中,主要是通过视图和尺寸来表达物体的形状和大小的。由于视图是按正投影法绘制的,每个视图只能反映其二维空间大小,缺乏立体感。轴测图是用平行投影法绘制的单面投影图,由于轴测图能同时反映出物体长、宽、高三个方向的形状,所以具有立体感。但轴测图的度量性差,作图复杂,因此在机械图样中只能用作辅助图样。

轴测图的基本知识

一 轴测图的形成

将物体连同其参考直角坐标系,沿不平行于任一坐标平面的方向,用平行投影法将其投射在单一投影面上所得到的图形,称为轴测图,如图 4-1 所示。

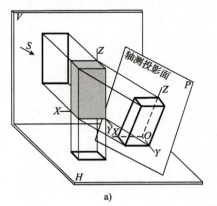
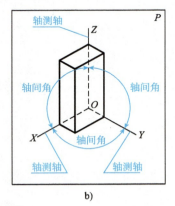

图 4-1 轴测图的获得

二 基本定义

1. 轴测轴

空间直角坐标轴在轴测投影面上的投影,称为轴测轴,如图 4-1b) 中的 X、Y、Z 轴。

2. 轴间角

轴测图中两轴测轴之间的夹角,称为轴间角,如图 4-1b)中的∠XOY、∠YOZ、∠XOZ。

3. 轴向伸缩系数

轴测轴上的单位长度与相应投影轴上的单位长度的比值,称为轴向伸缩系数;不同的轴轴测图,其轴向伸缩系数不同,如图 4-2 所示。

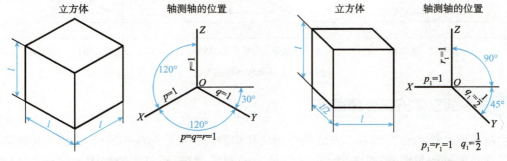

a)正等测的轴间角和轴向伸缩系数　　　　b)斜二测的轴间角和轴向伸缩系数

图 4-2　轴间角和轴向伸缩系数的规定

三　一般规定

理论上轴测图可以有许多种,但从作图简便等因素考虑,一般采用以下两种:

1. 正等轴测投影

用正投影法得到的轴测投影,称为正轴测投影。三个轴向伸缩系数均相等的正轴测投影,称为正等轴测图,又称正等测。此时三个轴间角相等,均为 120°。绘制正等测轴测图时,其轴间角和正投轴向伸缩系数(p、q、r)按图 4-2a)中的规定绘制。

2. 斜二等轴测投影

轴测投影面平行于一个坐标平面,且平行于坐标平面的那两个轴的轴向伸缩系数相等的斜轴测投影,称为斜二等轴测投影,简称斜二测。绘制斜二测轴测图时,其轴间角和伸缩系数(p_1、g_1、r_1)按图 4-2b)中的规定绘制。

四　轴测图的投影特性

由于轴测图是用平行投影法绘制的,所以具有平行投影的特性。
(1)物体上与坐标轴平行的线段,在轴测图中平行于相应的轴测轴。
(2)物体上相互平行的线段,在轴测图中相互平行。

第二节　正等轴测图

一　正等测轴测轴的画法

在绘制正等测轴测图时,先要准确地画出轴测轴,然后才能根据轴测图的投影特性,画出轴测图。如图4-2a)所示,正等测中的轴间角相等,均为120°。绘图时,可利用丁字尺和30°三角板配合,准确地画出轴测轴,如图4-3所示。

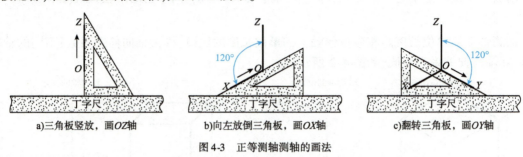

a)三角板竖放,画OZ轴　　b)向左放倒三角板,画OX轴　　c)翻转三角板,画OY轴

图4-3　正等测轴测轴的画法

二　平面立体的正等测画法

绘制平面立体轴测图的基本方法是坐标法和切割法。用坐标法作图时,是沿坐标轴测量,画出各顶点的轴测投影,连接各顶点形成物体的轴测图;对于不完整的物体,可先按完整物体画出,再用切割法画出其不完整的部分。

正等轴测图平面立体的画法

1. 棱柱的正等测画法

【例4-1】　根据图4-4a)所示正六棱柱的两视图,画出其正等测。

由于正六棱柱前后、左右对称,故选择顶面的中点作为坐标原点,棱柱的轴线作为Z轴,顶面的两条对称中心线作为X、Y轴,如图4-4a)所示。用坐标法从顶面开始作图,可直接作出顶面六边形各顶点的正等测。

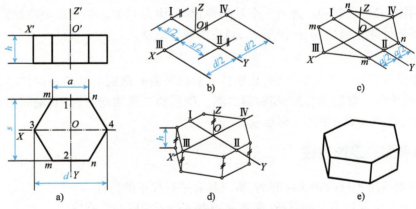

图4-4　正六棱柱正等测的作图步骤

作图:

①画出轴测轴,定出Ⅰ、Ⅱ、Ⅲ、Ⅳ点;通过Ⅰ、Ⅱ点,作X轴的平行线,如图4-4b)所示。

②在过Ⅰ、Ⅱ点的X轴平行线上,确定m、n点,连接各顶点得到正六边形的正等测,如图4-4c)所示。

③过六边形的各顶点,向下作Z轴的平行线,并在其上截取高度,画出底面上可见的各条边,如图4-4d)所示。

④擦去作图线并描深,完成正六棱柱的正等测,如图 4-4e)所示。

重点:轴测图中一般只画出可见部分,必要时才画出其不可见部分。

【例 4-2】 根据图 4-5a)所示模型块的两视图,画出其正等测。

分析:

楔形块的原始形状是一个长方体。长方体的左上方、左前方和左后方分别被切掉一个角而形成楔形块,因此,绘制楔形块的正等测时,可采用切割法。先绘制长方体,再切割。

作图:

①因为楔形块前、后对称,所以在俯视图中将对称中心线确定为 X 轴,如图 4-5a)所示。

②按给定的尺寸 L_1、K_1、H 画出长方体的正等测,如图 4-5b)所示。

③按给定的尺寸 h、L_3 确定斜面上线段端点的位置,画出左上方斜面的正等测,如图 4-5c)所示。

④按给定的尺寸 L_2、K_2 确定左前方和左后方斜面上线段端点的位置,画出左前方和左后方两个斜面的正等测,如图 4-5d)所示。

⑤擦去作图线并描深,完成楔形块的正等测,如图 4-5e)所示。

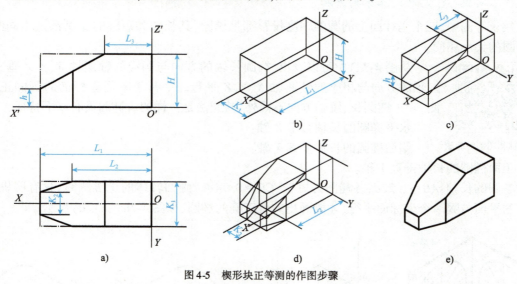

图 4-5 楔形块正等测的作图步骤

2. 棱锥的正等测画法

画棱锥的正等测时,先运用坐标法画出棱锥底面的正等测,根据棱锥高度定出锥顶,再过锥顶与底面各顶点连线。

【例 4-3】 根据图 4-6a)所示四棱的两视图,画出其正等测。

分析:

四棱锥前后、左右对称,四棱锥的底面为矩形,锥高与底面垂直并通过底面的中心,故选择锥底面的对称中心点作为坐标原点,锥高作为 Z 轴,如图 4-6a)所示。

作图:

①画出轴测轴 X 轴 Y 轴,按给定的尺寸 L、K 画出底面的正等测,如图 4-6b)所示。

②按给定的棱锥高度 H 定出锥顶,如图 4-6c)所示。

③过锥顶与底面各顶点连线,如图4-6d)所示。
④擦去作图线并描深,完成四棱锥的正等测,如图4-6e)所示。

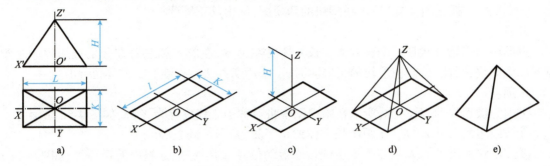

图 4-6 四棱锥正等测的作图步骤

三 曲面立体的正等测画法

1. 不同坐标面的圆的正等测画法

在正等测中,三个坐标面上的圆的轴测投影都是椭圆,其长轴和短轴的比例都是相同的,即椭圆的大小相同。

正等轴测图圆的画法

从图4-7a)中可以看出,椭圆长轴的方向与相应的轴测轴 X、Y、Z 垂直,短轴的方向与相应的轴测轴 X、Y、Z 平行。平行于不同坐标面的圆的正等测,除了椭圆长、短轴方向不同外,其画法是一样的。椭圆具有以下特征:

水平椭圆的长轴垂直于 Z 轴;
侧面椭圆的长轴垂直 X 轴;
正面椭圆的长轴垂直 Y 轴。

各圆的长轴:$AB \approx 1.22d$,各椭圆的短轴:$CD \approx 0.74d$。画回转体的正等测时,只有明确圆所在的平面与哪一个坐标面平行,才能画出方位正确的椭圆,如图4-7b)、c)、d)所示。

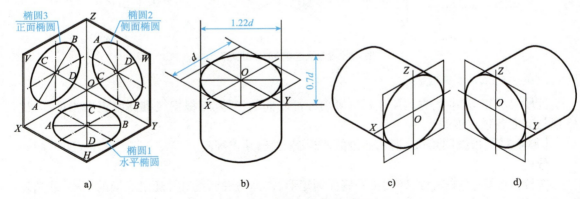

图 4-7 不同坐标面上圆的正等测

【例4-4】 已知圆的直径为24,圆平面与 H 面平行(即椭圆长轴垂直于 Z 轴),用六点共圆法画出其正等测。

作图：

①画出 H 面包含的两个轴测轴 X、Y 及 Z（椭圆短轴），在垂直于 Z 轴方向画出椭圆长轴方向，如图 4-8a)所示。

②以点 O 为圆心、R12 为半径画圆，交 X 轴、Y 轴得 A、B 和 C、D 四点，与 Z 轴（椭圆短轴）相交，得点 1、点 2，如图 4-8b)所示。

③连接 A2 和 D2，与椭圆长轴交于点 3、点 4，如图 4-8c)所示。

④分别以点 1、点 2 为圆心、R(2A) 为半径画大圆弧；再分别以点 3、点 4 为圆心、(4D) 为半径画小圆弧，四段圆弧相切于 A、B、C、D 四点，如图 4-8d)所示。

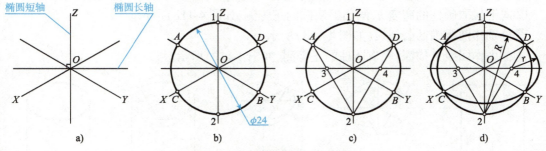

图 4-8 六点共圆法画圆的正等测

画圆形的正等测时，必须先弄清楚椭圆平行于哪一个坐标面，根据椭圆圆长、短轴的特征，先确定椭圆的短轴方向，再作短轴的垂线，确定椭圆的长轴方向，进而画出椭圆的正等测。平行于正面的圆的正等测画法如图 4-9 所示，平行侧面的圆的正等测画法如图 4-10 所示。具体作图步骤与图 4-8 基本相同。

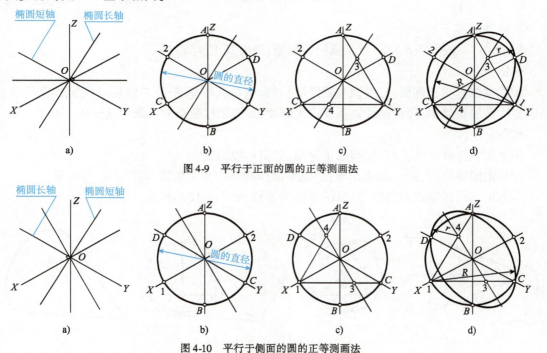

图 4-9 平行于正面的圆的正等测画法

图 4-10 平行于侧面的圆的正等测画法

2. 圆柱的正等测画法

【例 4-5】 根据图 4-11a)所示圆柱的视图,画出其正等测。

分析:

圆柱轴线垂直于水平面,其上、下底两个圆与水平面平行(即椭圆长轴垂直于 Z 轴)且大小相等。可根据直径 d 和高度 h 作出大小完全相同、中心距为 h 的两个椭圆,然后作两个椭圆的公切线即得到最终图形。

作图:

①采用六点共圆法,画出上底圆的正等测,如图 4-11b)所示。
②向下量取圆柱的高度 h,画出下底圆的正等测,如图 4-11c)所示。
③分别作两椭圆的公切线,如图 4-11d)所示。
④擦去作图线并描深,完成圆柱的正等测,如图 4-11e)所示。

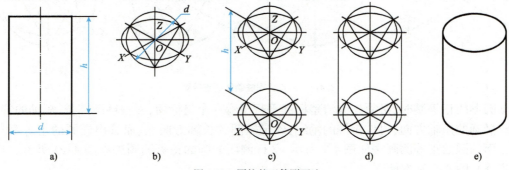

图 4-11 圆柱的正等测画法

3. 圆锥的正等测画法

【例 4-6】 根据图 4-12a)所示圆锥的视图,画出其正等测。

分析:

圆锥轴线垂直于侧面,锥底圆与侧面平行(即椭圆长轴垂直于 X 轴),可根据其直径 ϕ 画出圆锥底圆的正等测,再根据圆锥高度求出锥顶,过锥顶作椭圆的两条切线即成。

作图:

①采用六点共圆法,画出底圆的正等测,如图 4-12b)所示。
②根据圆锥高度,沿 X 轴求出锥顶,过锥顶作椭圆的两条切线,如图 4-12c)所示。
③擦去作图辅助线并描深,完成圆锥的正等测,如图 4-12d)所示。

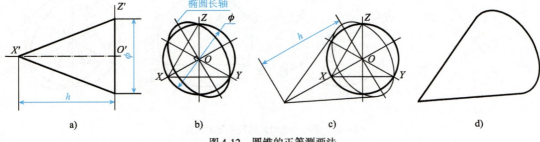

图 4-12 圆锥的正等测画法

4. 圆角正等测的简化画法

【例 4-7】 根据图 4-13a)所示带圆角平板的两视图,画出其正等测。

分析:

平行于坐标面的圆角是圆的一部分,其正等测是椭圆的一部分。特别是常见的四分之一圆周的圆角,其正等测恰好是近似椭圆的四段圆弧中的一段。从切点作相应棱线的垂线,即可获得圆弧的圆心。

作图:

① 首先画出平板上面(矩形)的正等测,如图 4-13b)所示。

② 沿棱线分别量取 R,确定圆弧与棱线的切点;过切点作棱线的垂线,垂线与垂线的交点即为圆心,圆心到切点的距离即为连接弧半径 R_1 和 R_2,分别画出连接弧,如图 4-13c)所示。

③ 分别将圆心和切点向下平移 h(板厚),如图 4-13d)所示。

④ 画出平板下面(矩形)和相应圆弧的正等测,作出左右两段小圆弧的公切线,如图 4-13e)所示。

⑤ 擦去作图辅助线并描深,完成带圆角平板的正等测,如图 4-13f)所示。

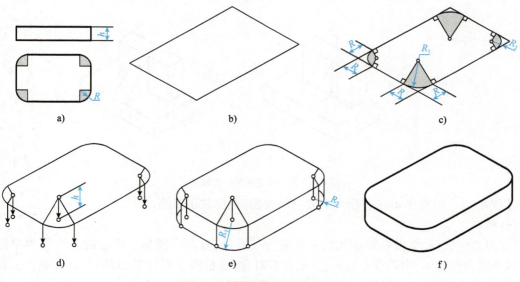

图 4-13 圆角正等测的简化画法

四 组合体的正等测画法

画组合体正等测的基本方法是**叠加法**。

叠加法是先将组合体分解成若干基本形体,再按其相对位置逐个画出各基本形体的正等测,然后完成整体的正等测。

【例 4-8】 根据图 4-14a)所示的三视图,画出其正等测。

分析:

组合体是由底板、立板及一块三角形肋板叠加而成的。组合体左右对

正等轴测图组合体的画法

称,底板和立板的后表面共面,三部分均以底板上面为结合面。坐标原点选在底板后、下棱与对称面的交点处。

作图:

①画轴测图时,按叠加法进行。先画出底板,如图 4-14b)所示。
②再按其相对位置尺寸添加立板,如图 4-14c)所示。
③在立板前面添加三角形肋板,如图 4-14d)所示。
④擦去作图辅助线并描深,完成组合体的正等测,如图 4-14e)所示。

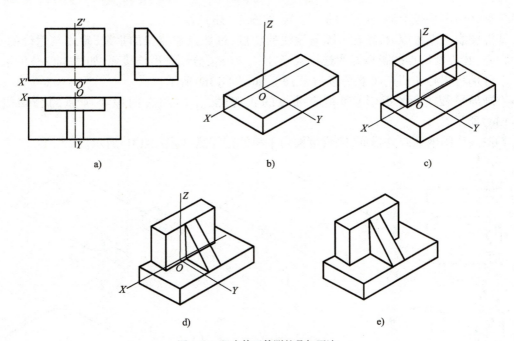

图 4-14 组合体正等测的叠加画法

【例 4-9】 根据图 4-15a)所示支架的两视图,画出其正等测。

分析:

支架是由底板、立板叠加而成的。底板为长方体,有两个圆角。立板的上半部为半圆柱面,下半部为长方体,中间有一通孔,支架左右对称,底板和立板后表面共面,并以底板上面为结合面。为方便作图,坐标原点选在底板的上面与对称中心线的交点处。画轴测图时,先采用叠加法再用切割法。

作图:

①先画出底板的正等测,如图 4-15b)所示。
②按相对位置尺寸叠加立板(长方体),如图 4-15c)所示。
③画细节。在底板上采用圆角的简化画法,切割出两个圆角;采用六点共圆法,画出立板上方半圆柱面的正等测,如图 4-15d)所示。
④采用六点共圆法,切割出立板上方的圆孔,如图 4-15e)所示。
⑤擦去作图辅助线并描深,完成支架的正等测,如图 4-15f)所示。

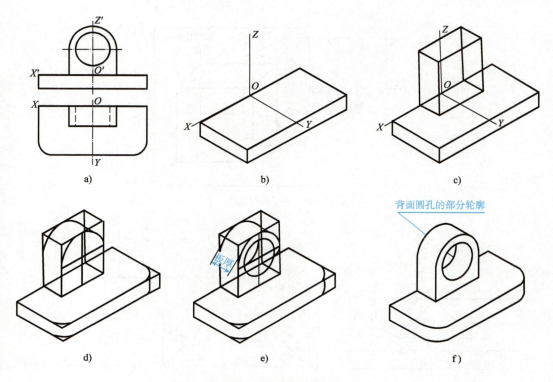

图 4-15　支架的正等测画法

提示：若椭圆短轴尺寸大于板厚尺寸时，别立板背面圆孔的部分轮廓应漏出一部分，如图 4-15f) 所示。

第三节　斜二等轴测图

一　斜二等轴测图的形成及投影特点

1. 斜二等轴测图的形成

斜二等轴测图是在确定物体的直角坐标系时，使 X 轴和 Z 轴平行于轴测投影面 P，用斜投影法将物体连同其坐标轴一起向 P 面投射而得到的轴测图，如图 4-16 所示。

2. 斜二测的轴间角和轴向伸缩系数

由于 AOZ 坐标面与轴测投影面平行，X、Z 轴的轴向伸缩系数相等，即 $p=r=1$，轴间角 $\angle XOZ = 90°$。为了便于绘图，国家标准《机械制图　轴测图》（GB/T 4458.3—2013）规定：选取 r 轴的轴向伸缩系数 $q=0.5$，轴间角 $\angle XOY = \angle YOX = 135°$，如图 4-17a) 所示。随着投射方向图的不同，Y 轴的方向可以任意选定，如图 4-17b) 所示。只有按照这些规定绘制出来的斜轴测图，才能称为斜二等轴测图。

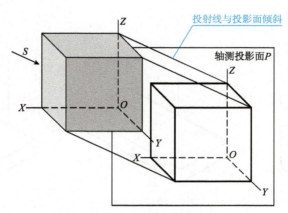

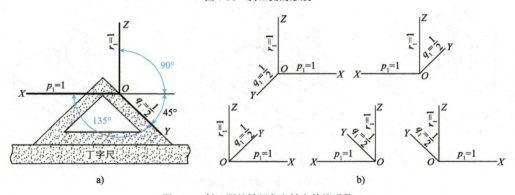

图 4-16　斜二测的形成

图 4-17　斜二测的轴间角和轴向伸缩系数

3. 斜二测的投影特性

斜二测的投影特性是：物体上凡平行于 XOZ 坐标面的表面，其轴测投影反映实形。利用这一特点，在绘制单方向形状较复杂的物体（主要是出现较多的圆）的斜二测时，比较简便易画。

二、斜二测画法

斜二测的特性及基本图形的画法

斜二测组合体的画法及轴测图的尺寸标注

斜二测的具体画法与正等测相似，但它们的轴间角及轴向伸缩系数均不同。由于斜二测 Y 轴的轴向伸缩系数 $q=0.5$，所以在画斜二测时，沿 Y 轴方向的长度应取物体上相应长度的一半。

1. 平面立体的斜二测画法

【例 4-10】　根据图 4-18a）所示正四棱台的两视图，画出其斜二测。

分析：

正四棱台的上、下底面都是正方形且相互平行，棱台轴线垂直于上、下底面并通过其中心。棱台的前后、左右均对称。因此，将棱台的前后对称面作为入坐标面，作图比方便。

作图：

①画出轴测轴 X、Y、Z，在 X 轴方向上对称量取 22，在 Y 轴方向上对

称量取 11,画出四棱台下底面的斜二测,如图 4-18b)所示。

②在 Z 轴上量取棱台高 25,在 X 轴方向上对称量取 10,在 Y 轴方向上对称量取 5,画出四棱台上底面的斜二测,连接棱台上、下底面的对应点,如图 4-18c)所示。

③擦去作图辅助线并描深,完成正四棱台的斜二测,如图 4-18d)所示。

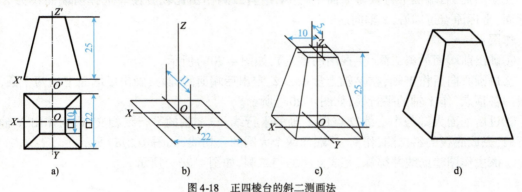

图 4-18 正四棱台的斜二测画法

2. 曲面立体的斜二测画法

【例 4-11】 根据图 4-19a)所示带孔圆台的两视图,画出其斜二测。

分析:

圆台具有同轴圆柱孔,圆台的前、后端面及孔口都是圆。因此,将前、后端面平行于正面放置,以后端面作为 XOZ 坐标面,作图比较方便。

作图:

①画出轴测轴,在 Y 轴上量取 $L/2$,定出前端面的圆心,如图 4-19b)所示。

②画出前、后端面上的四个圆,如图 4-19c)所示。

③作前、后端面上两个大圆的公切线,如图 4-19d)所示。

④擦去作图辅助线并描深,完成带孔圆台的斜二测,如图 4-19e)所示。

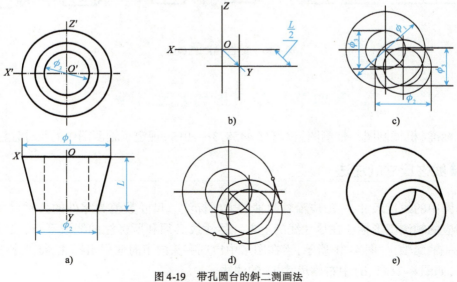

图 4-19 带孔圆台的斜二测画法

3. 组合体的斜二测画法

【例 4-12】 根据图 4-20a)所示支座的两视图,画出其斜二测。

分析:

支座的前、后端面平行且与 V 面平行,采用斜二测作图比较方便。选择前端面作为 XOZ 坐标面,坐标原点过圆心,Y 轴向后。

作图:

① 画出前端面的斜二测(主视图的重复),如图 4-20b)所示。

② 过圆心向后作 Y 轴,在 Y 轴上量取 L/2,定出后端面的圆心,画出后端面上的两个圆,过底板的各顶点,作 Y 轴的平行线,如图 4-20c)所示。

③ 过后端面大圆与中心线交点作 Z 轴的平行线,与 Y 轴的平行线相交;进而作出 X 轴的平行线,完成底板的斜二测,作前、后端面两个大圆的公切线,如图 4-20d)所示。

④ 擦去作图辅助线并描深,完成支座的斜二测,如图 4-20e)所示。

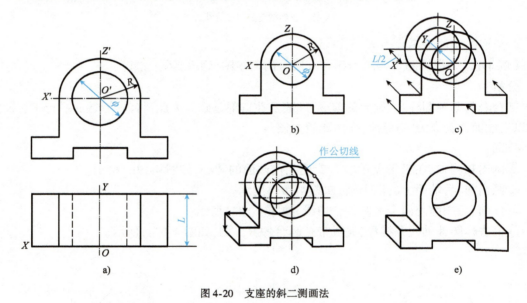

图 4-20 支座的斜二测画法

第四节 轴测图的尺寸注法

国家标准《机械制图 轴测图》(GB/T 4458.3—2013)规定了轴测图中的尺寸注法。

一 线性尺寸的注法

轴测图中的线性尺寸,一般应沿轴测轴的方向标注。尺寸数值为零件的公称尺寸。尺寸数字按相应的轴测图形标注在尺寸线的上方。尺寸线必须和所标注的线段平行,尺寸界线应平行于某一轴测轴,如图 4-21 所示,当在图形中出现字头向下时应引出标注,将数字按水平位置注写,如图 4-21a)、b)中右侧尺寸 35 的注法。

a)正等测图中的尺寸注法　　　　b)斜二测图中的尺寸注法

图 4-21　轴测图的线性尺寸注法

二 圆和圆弧的注法

标注圆的直径尺寸时,尺寸线和尺寸界线应分别平行于圆所在的平面内的轴测轴,如图 4-22 中 $\phi24$ 的注法；标注圆弧半径或较小圆的直径时,尺寸线可从(或通过)圆心引出标注,但注写数字的横线必须平行于轴测轴,如图 4-22 中 $2\times\phi12$、$R5$ 的注法。

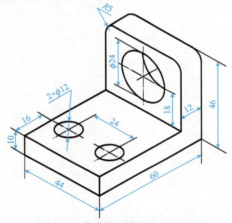

图 4-22　轴测图中圆的尺寸注法图

三 角度尺寸的注法

标注角度的尺寸线,应画成与该坐标平面相应的椭圆弧,角度数字一般写在尺寸线的中断处,字头向上,如图 4-23 所示。

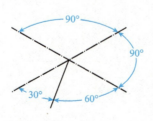
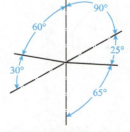

a)水平方向角度的尺寸注法　　　　b)垂直方向角度的尺寸注法

图 4-23　轴测图中角度尺寸的注法

正等轴测图的尺寸标注示例,如图 4-24 所示。

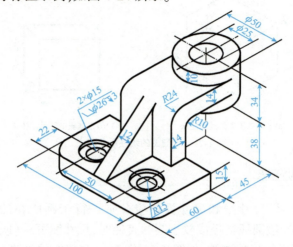

图 4-24　正等轴测图的尺寸注法示例图

课 后 习 题

一、正等轴测图绘制

1.

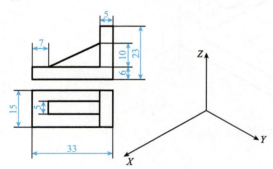

2.

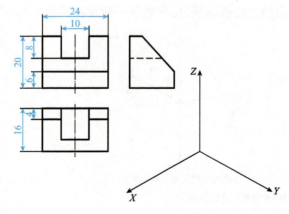

3.

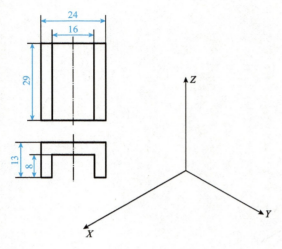

4.

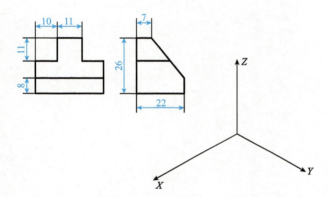

5.

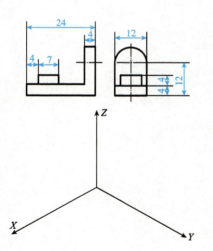

6.

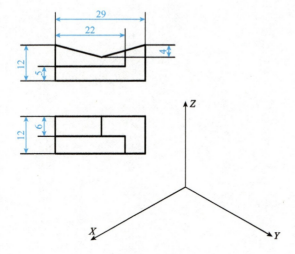

7.

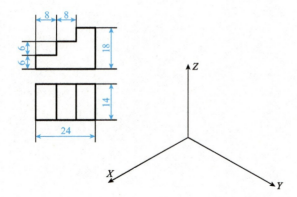

8.

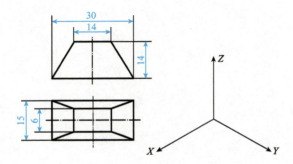

9.

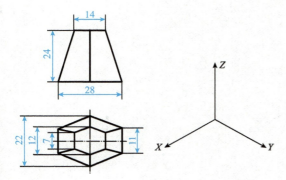

10.

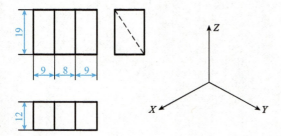

11.

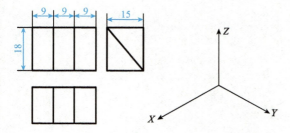

12.

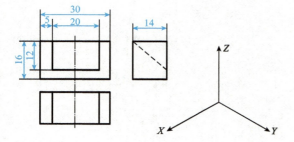

13.

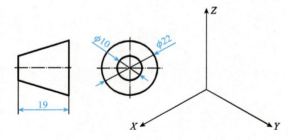

14.

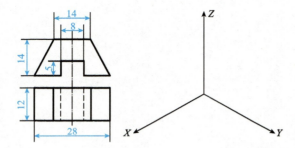

15.

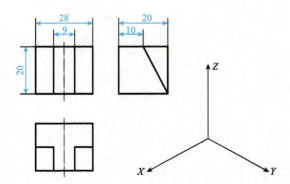

16.

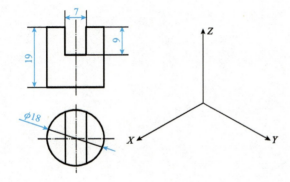

二、斜二轴测图绘制

1.

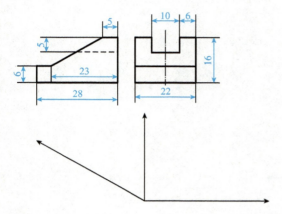

2.

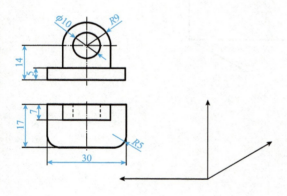

3.

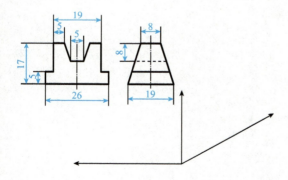

4.

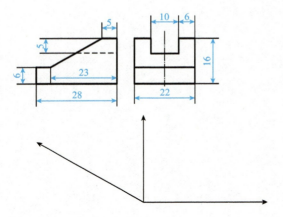

5.

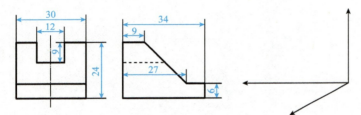

6.

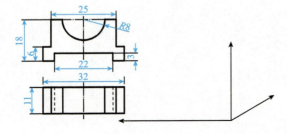

模块二

道路工程图识读

道路是一种承受车辆荷载 反复作用的带状工程结构物。道路工程主要由道路本体、桥梁、涵洞、隧道、沿路设施、交通管理及控制系统等部分组成。

一 道路工程图综述

道路工程图是以平面图、纵断面图和横断面图来表达道路的空间位置、线形和尺寸。在三视图中,水平面(H面)投影的俯视图、正立面(V面)投影的主视图、侧立面(W面)投影的左视图,与道路工程图中平面图、纵断面图、横断面图一一对应(图4-1)。但因图幅过大一般分开显示。

道路路线平面图,是地形图和道路中线在水平面上的投影图;路线纵断面图,是用一曲面沿道路中心线铅垂剖切后再展开,在正立面上的投影图;横断面图,是沿道路中心线上任意一点作法向剖切,在侧立面上的投影图。

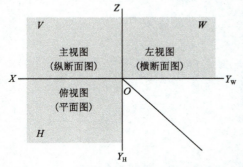

图4-1 三视图与道路工程图的对应关系

道路工程图的形成　　道路工程图综述　　道路平面图　　道路纵断面图　　道路横断面图

二 地物和地貌在图上的表示方法

等高线地形图

地形图图示包括图形和符号。其中符号共有三类,即地物符号、地貌符号、注记符号。

1.地物在图上的表示方法

(1)依比例符号,面积较大的地物(例如旱地、湖泊、植被等)。

(2)半依比例尺符号,线状延伸地物(例如公路、河流、围墙等)。

(3)不依比例尺符号,面积较小,用特定、统一的符号表示(例如三角点、水准点、水井等)。

2.地貌在图上的表示方法

地形面是一个不规则曲面,假想用一组高差相等的水平面切割地形面,截交线即是一组不同高程的等高线,画出等高线的水平投影,并标注其高程值,即为地形面的高程投影,通常也叫地形图。

地面高低起伏变化一般用等高线表示,下面我们一起来了解一下等高线。

(1)等高线的概念

地面上高程相等的相邻的点连接的闭合曲线即为等高线。

(2)等高距和等高线平距

等高距是相邻等高线间的高程差(h),一幅地形图上只能有一个等高距。等高线平距是相邻等高线间的水平距离(d),地面坡度i是等高距与等高线平距的比值。

(3)等高线的种类

基本等高线(首曲线)是按基本等高距描绘的等高线。

加粗等高线(计曲线)是为了便于计数逢五逢十加粗一条。

半距等高线(间曲线)是为了较好地表示局部地区地形的细部,以 1/2 等高距加绘的等高线用长虚线表示。

1/4 等高线(助曲线)是为了较好地表示局部地区地形的细部,以 1/4 等高距加绘的等高线,用短虚线表示。

(4)典型地貌的等高线

地貌是地形图要表示的重要信息之一。尽管地貌千姿百态、错综复杂,但其基本形态可以归纳为几种典型地貌,如山头、盆地、山脊、山谷、鞍部、悬崖、峭壁等。

①山头(山丘):四周低下而中部隆起的地貌(是矮而小的山),等高线特征是内圈等高线高程大于外圈等高线。

②盆地(洼地):四周高而中间低的地貌(是面积小的盆地),等高线特征是外圈等高线高程大于内圈等高线。

③山脊:从山顶到山脚的凸起部分,山脊最高点连线的棱线称为山脊线,又称分水线。等高线特征是一组凸向低处的曲线。

④山谷:两个山脊间的低凹部分,山谷最低点连线的棱线称为山谷线,又称集水线。等高线特征是一组凸向高处的曲线。

⑤鞍部(垭口):山脊上相邻两山顶间形如马鞍状的低凹部分。等高线特征为由两组相对的山脊和山谷的等高线组成,形如两组双曲线簇。

⑥悬崖:崖的上部向前凸出而中间凹进去,等高线特征为突出部位的等高线与凹进部位的等高线彼此相交,凹进部位用虚线勾绘。

⑦峭壁:山区的坡度极陡处,如果用等高线表示非常密集,因此采用峭壁符号来代表这一部分等高线,垂直的陡坡叫断崖,这部分等高线几乎重合在一起,故在地形图上通常用锯齿形的符号来表示。

⑧其他:如冲沟、陡坎、滑坡、梯田等地貌用特定的符号表示。

(5)等高线的特征

①同一等高线上各点高程相等。

②每条等高线必须构成一条闭合曲线。

③同一幅地形图上等高距相同。

④地形线和等高线正交。

⑤等高线不能相交和重叠(除悬崖和峭壁外)。

三 注记符号

表示地物和地貌的种类和特征。

(1)图示符号。

(2)文字和数字说明,注记。例如:楼层、地名、楼名、河流名称、水流方向、水深、高程(等高线和散点)等。

第五章 线路平面图识读

学习指南

本章主要介绍线路平面图的组成、线路平面图的识读内容。

线路平面是线路中心线在水平面上的投影,线路平面图主要用于表示线路的位置、走向、长度、平面线形(直线和曲线,曲线又包括圆曲线与缓和曲线)和沿线路两侧一定范围内的地形、地物状况,主要反映线路的曲直变化和走向,如图5-1所示。

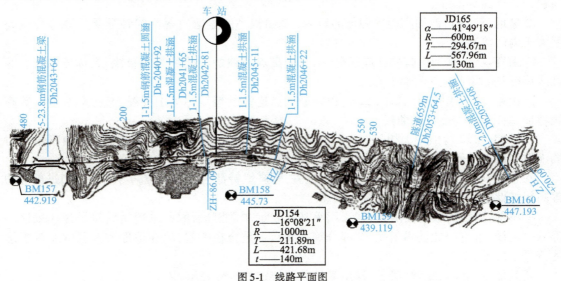

图 5-1 线路平面图

一、地形部分

线路平面图(图5-1)中的地形部分是线路布线设计的客观依据,包括:

(1)绘图比例。为了清晰合理地表达图样,不同的地形应采用不同的比例尺。

(2)指北针。表示线路所在地区的方位。

(3)地形地貌。地形的起伏变化状况用等高线来表示。等高线越密集,地势越陡峭;等高线越稀疏,地势越平坦。

(4)地物。常见的地物有河流、房屋、道路、桥梁、植被以及供测量用的导线点、水准点等。

二、线路部分

线路中心线用粗线画出。该部分内容主要用来表示线路的水平走向、里程及平面要素等。

1. 线路的走向

2. 线路里程及千米标

为表示线路的总长度及各路段的长度,在线路上从起点到终点每隔 1km 设千米标一个。

3. 平曲线

线路平面由直线和曲线组成(曲线又分为圆曲线和缓和曲线)。直线是线路走向的主要部分;当线路受地形和地面建筑物的影响而发生转折时,需在转折处设置曲线。

(1)圆曲线:沿线路前进方向,圆曲线上设置了 ZY、QZ 和 YZ 三个关键控制点,基本要素有 5 个,分别是曲线偏角 α、曲线半径 R、切线长度 T、曲线长度 L 和外距 E,如图 5-2 所示。

曲线超高,列车通过曲线部分时,由于离心力的作用,有向外侧抛出的趋势,为了防止这种趋势的发生,为了平衡这个离心力,需使外侧钢轨比内侧钢轨高,这种设置称为超高。超高即把曲线外轨适当抬高,借助车辆重力的水平分力以平衡离心力,从而达到内外两股钢轨受力均匀、乘客不会因为离心加速度的存在而感到不舒适,并提高线路横向稳定性,保证行车安全的目的。

轨距加宽,为使具有固定轴距的车辆能顺利通过曲线,在半径很小的曲线上,轨距要适当扩大,这种扩大称为轨距加宽。曲线轨距加宽值应加在里股,即将里股轨向曲线内侧横移,并保持曲线外股位置不变。

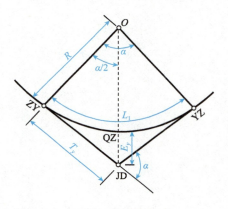

图 5-2 圆曲线

(2)缓和曲线:为保证列车安全,使线路平顺地由直线过渡到圆曲线或由圆曲线过渡到直线,以避免离心力的突然产生和消除,常需要在直线与圆曲线之间设置一段曲率半径变化的曲线,这个曲线称为缓和曲线,缓和曲线上设置了 ZH、HY、QZ、YH、HZ 五个关键控制点,其基本要素包括圆曲线半径 R、缓和曲线长 l_0、偏角 α、切线长 T、曲线长 L 和外矢距 E。如图 5-3 所示为设有缓和曲线的线路曲线。

在缓和曲线范围内,曲率半径从直线衔接端的无穷大逐渐减小到圆曲线衔接端曲率半径 R,或从圆曲线的半径 R 逐渐增加到无穷大;运行中列车的离心力逐渐增加或逐渐降低,不至于造成列车强烈横向摇摆;轨距加宽值逐渐增大或逐渐减小;曲线外轨超高逐渐增大或逐渐减小。设置缓和曲线目的是确保列车安全、平顺地通过曲线,以及提高乘客乘坐的舒适度。

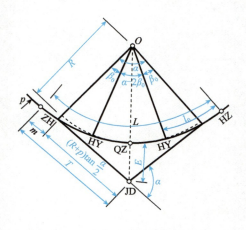

图 5-3 缓和曲线

(3)夹直线与曲线:转向相同的相邻两曲线称为同向曲线。转向相反的相邻两曲线称为反向曲线,也称S形曲线。介于两同向曲线间或两反向曲线间(即位于前一曲线终点与后一曲线起点间)的直线,称为夹直线。

设置夹直线的目的是避免运行中的列车刚驶出一条曲线又马上进入另一条曲线而加剧车体的左右摇摆,保证行车运行平顺,从而改善乘客乘坐的舒适度。

第六章　线路纵断面图识读

学习指南

本章主要介绍线路纵断面图的组成、线路纵断面图的识读内容。

线路中心线展直后在铅垂面上的投影,叫铁路线路的纵断面(侧视),表明线路的坡度变化,线路纵断面主要反映线路的起伏情况。它的平顺与否,是影响线路行车条件的关键因素。

案例 6-1：

在京珠高速公路粤北段有一处事故多发路段,这条仅有 109km 长的路段从 2003 年开通至 2005 年底,总共发生交通事故 355 起,造成 250 人死亡,522 人受伤,被称为"死亡高速"。一条新建的高速公路为什么会发生这么多的事故呢?在这条路上隐藏着怎样的秘密呢?

交警们仔细检验了事故车辆的制动系统,当一个个事故车辆的制动鼓被打开以后,人们惊奇地发现,所有的原本灰黄色的制动片已经炭化变成了黑色。显然,事故车辆的制动片经历了高温的烧灼。这说明,事故车辆的司机曾经持续制动,而这种行为和京珠北高速公路的线形有直接的关系。在京珠北高速公路上总共有三个下坡路段,分别在北行 39~14km 路段、南行 39~52km、南行 58~75km 路段。其中一个路段的下坡长度竟然达到了 13km,发生事故最多的黑点正在这段下坡路的尽头。

在经过这个 13km 的长下坡时,由于不熟悉路况或者缺少这方面的安全驾驶常识,很多驾驶员并不采取挂慢速挡的方式,而是在正常速度下靠持续制动来控制车速。严重的超载和长时间的制动,在车辆行驶到下坡路段的尽头时,使制动片因温度过高而失去了制动的功能,最终酿成了惨祸。

制动片主要成分是石棉和橡胶。科学研究发现,如果不停地踩制动,当制动片的温度达到 250° 左右时,制动片就开始变软,变软之后,它的制动系数就只有以前的十分之一。所以,往往会出现制动失灵的状况。因为在京珠北的高速公路上,经常会发现超载的大货车经过长时间的制动之后,其制动鼓已经变得非常红,且热,温度可达到 800℃ 左右。在这种情况下它的制动肯定失灵。

只有进行道路改造,通过架设桥梁与开挖隧道,消除长大下坡道,才能从根本上解决问题。

线路纵断面图的横向表示线路的里程,纵向表示地面线、设计线的高程。

线路纵断面图包括图样和资料表两部分,一般图样位于图纸的上部,资料表布置在图纸的水平下部,且两者应严格对正,如图 6-1 所示。

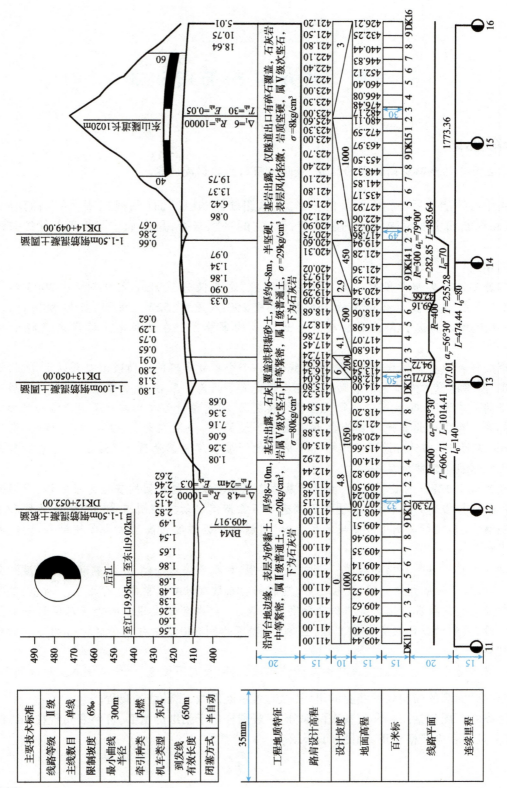

图6-1 线路纵断面图

一 图样部分

1. 绘图比例

为了便于画图和读图,一般横向 1∶10000、竖向 1∶500 或 1∶1000。

2. 地面线

用细实线表示设计中心线处的地面线,由一系列的中心桩的地面高程顺次连接而成。

3. 设计线

粗实线为线路的设计坡度线,简称设计线,由直线段和竖曲线组成。

4. 竖曲线

在变坡点处,为确保车辆的行驶安全和平顺而设置的竖向圆弧称为竖曲线,如图 6-2 所示。

(1)变坡点,相邻两坡段的坡度变化点称为变坡点。

(2)坡段,两变坡点之间的路段称为坡段。坡段的特征由坡段长度和坡度值来表示,如图 6-3 所示。

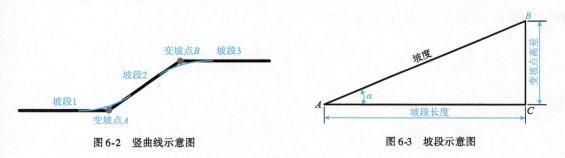

图 6-2　竖曲线示意图　　　　　　　图 6-3　坡段示意图

(3)坡段长度,是该坡段前后两个变坡点之间的水平距离。

(4)坡度,坡度值是指坡段两端变坡点的高差与其坡段长度的比值,用千分率来表示。上坡为正,下坡为负,平坡为零。

5. 构造物和水准点

线路沿线如设有桥梁、涵洞等构造物,应在设计线的上方或下方用竖直引出线标注,并注释构造物的名称、种类、大小和中心里程桩号。设计线上面的数字为路基填方高度,下面的数字为路基挖方深度。

二 资料表部分

(1)工程地质特征。按沿线工程地质条件分段,简要说明地形、地貌、地层岩性、地质构造、不良地质挖方边坡率、路基承载能力、隧道围岩分类和主要处理措施。

(2)路肩的设计高程。设计线上各点的高程是指路肩设计高程。比较设计线与地面线的相对位置,可确定填、挖地段和填、挖高度。

(3)设计坡度。标注设计线各段的纵向坡度和该段的长度。坡度栏中竖线为变坡点的位置,表格中的对角线表示坡度方向,左下至右上表示上坡,左上至右下表示下坡,坡度和距离分注在对角线的上下两侧。线上数字为坡度值,以‰表示;线下数字为坡段长度,以米(m)为单位。

(4)地面高程。地面高程应根据实测,标至厘米(cm),各百米标、加桩处均应填写地面高程。

(5)加桩。在线路整桩号之间,需要在线形或地形变化处、沿线构造物的中心或起终点处加设中桩,加设的中桩称为加桩。一般地,对于平、竖曲线的各特征点、水准点、桥、涵、隧、车站的中心点以及地形突变点,需增设桩号。加桩处应标出至前一百米标的距离。

(6)线路平面。该栏是线路平面图的示意图。线路直线段用水平细实线"————"表示,向左或向右转弯的曲线段分别用下凹"⌊_⌋"" \ /"或上凸"⌈‾⌉"" / \ "的细实线折线来表示,其中前者表示不设缓和曲线,后者设置缓和曲线。图样的凸凹表示曲线的转向,上凸表示右转曲线,下凹表示左转曲线。

(7)连续里程。贯通线路全长的累计里程,一般以线路起点车站中心的零点里程作起算的累计里程。在整千米处标注里程,并注出与相应百米标间的距离。

(8)主要技术标准。内容主要有铁路等级、正线数目、限制坡度、最小曲线半径、牵引种类、机车类型、到发线有效长度、闭塞类型等。

第七章　线路横断面图识读

学习指南

本章主要介绍线路横断面图的组成、线路横断面图的识读内容。

通过线路中心桩假设用一垂直于线路中心线的铅垂剖切面对线路进行横向剖切,画出该剖切面与地面的交线及其与设计路基的交线,可得到路基横断面图。其作用是表达线路各中心桩处路基横断面的形状、横向地面高低起伏状况、路基宽度、填挖高度、填挖面积等。工程上要求每一中心桩处,根据测量资料和设计要求依次画出路基横断面图,用来计算路基土石方量和作为路基施工的依据。

一　路基横断面图的形式

按设计线与地面线的相对位置不同,路基横断面图有以下六种形式:

(1)路堤。指路基设计高程高于天然地面高程,以填方的方式修筑而成的路基,如图 7-1a)所示。

(2)路堑。指路基设计高程低于天然地面高程,以开挖的方式修筑而成的路基,如图 7-1b)所示。

(3)半路堤。指在天然倾斜的地面上,路基的一部分是填筑而成的路基,如图 7-1c)所示。

(4)半路堑。指在天然倾斜的地面上,路基的一侧是挖掘而成的路基,如图 7-1d)所示。

(5)半堤半堑。指在天然倾斜的地面上,路基一侧是路堤,一侧是路堑,如图 7-1e)所示。

(6)不填不挖路基。指路基设计高程与地面高程相同,轨道直接铺设在经过处理的天然地面上,如图 7-1f)所示。

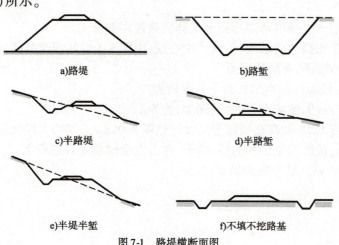

图 7-1　路堤横断面图

路基横断面图中除绘制地面线及线路中心线、路基面、边坡和必要的台阶、侧沟、侧沟平台、路拱设计线外,还应填绘地质资料、水文资料和既有建筑物。线路中心线下应标注正线里程、填挖高度、填挖全面积或半面积,图中还应标注相应的尺寸、坡度、高程及简要说明。

二 铁路路基标准横断面图

铁路标准横断面图可分为铁路路堑标准横断面图与铁路路堤标准横断面图。

1. 铁路路堑标准横断面示意图识读

如图 7-2 所示,铁路路堑的基本结构自下至上分为:
(1)地基、路堑基床底层、路堑基床表层。
(2)基床表层上方标注有 4% ,4% 表示横向排水坡度。
(3)基床表层上方有支撑层和道床板,由此可知此为无砟轨道。
(4)支撑层和道床板的中轴线,为线路中心线,由图 7-2 可知线路有两条中心线,所以该图为双线无砟轨道路堑的标准横断面图。

如图 7-2 所示,路堑的基本结构自中心至两侧分别为:
(1)两线路中心线间的距离,称为线间距,为 5m。
(2)路堑总宽度 13.6m,此为高速铁路最高设计速度 350km/h,双线无砟轨道路基面标准宽度。
(3)路肩 1.3m,接触网支柱和通信、信号、电力电缆槽放置在路肩上。
(4)在两侧有宽 0.6m,深 0.8m 的侧沟。侧沟外侧有宽度 ≥2.0m 的侧沟平台。最外侧是路堑边坡 $1:m$。

2. 铁路路堤标准横断面示意图识读

如图 7-3 所示,铁路路堤的构造自下至上一般为:
(1)地基、基床以下路堤(也称路基本体、路堤本体)、基床底层、基床表层。我国的普通铁路和客运专线铁路路堤构造基本相同,仅各个构造层所选用的材料、厚度及其检测验收标准不同。
(2)基床表层上方支撑层和道床板为无砟轨道道床部分。
(3)支撑层和道床板的中轴线,为线路中心线,由图 7-3 可知线路有两条中心线,所以该图为双线无砟轨道路堤的标准横断面图。

如图 7-3 所示,路堑的基本结构自中心至两侧为:
(1)两线路中心线间的距离,称为线间距,为 5m。
(2)路堤总宽度 13.6m,高速铁路最高设计速度 350km/h,双线无砟轨道路基面标准宽度。
(3)路肩 1.3m,接触网支柱和通信、信号、电力电缆槽放置在路肩上。
(4)路堤边坡 $1:m$。最外侧为排水沟。

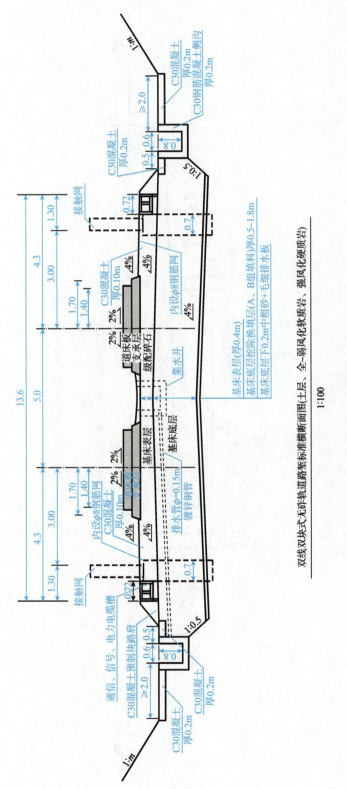

图7-2 双线双块式无砟轨道路堑标准横断面示意图（尺寸单位：m）

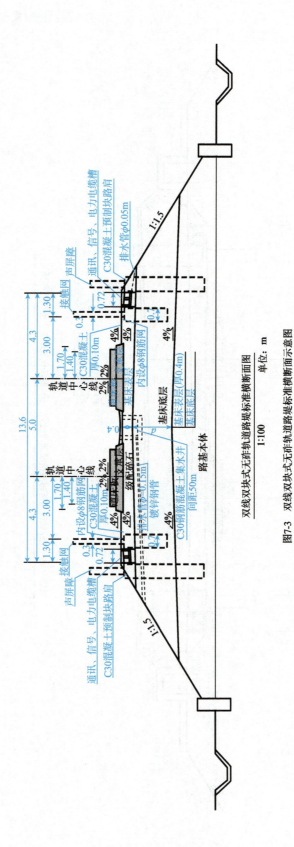

图7-3 双线双块式无砟轨道路堤标准横断面示意图

模块三

桥梁、隧道工程图识读

第八章　桥梁工程图识读

学习指南

本章主要介绍桥梁的结构组成、钢筋混凝土结构物的识读、桥梁工程图的识读等内容。

第一节　桥梁基础知识

当道路或铁路路线遇到江河湖泊、山谷深沟以及其他障碍时，为了保持路线的连续性和水流的正常宣泄，我们可以通过修筑桥梁解决这些问题。我们先从桥梁的组成及分类来了解桥梁的构成。

一　桥梁的组成

如图 8-1 所示，桥梁一般由上部结构、支座、下部结构和附属设施四部分组成。

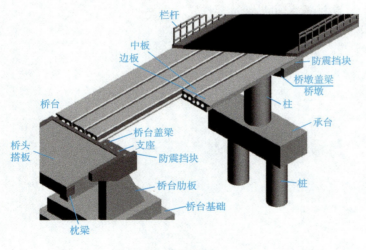

图 8-1　桥梁构造立体图

桥梁组成

（1）上部结构

上部结构主要包括承重结构构筑物，如主梁（T 梁、箱梁、空心板梁）、主拱等。

上部结构是路线遇到障碍（如江河、山谷或其他路线等）中断时，跨越这类障碍，在支座（拱座）以上的主要承重结构。按受力图示不同，分为梁式、拱式、悬吊式三种基本体系以及它们之间的各种组合。

(2)支座

支座是设在墩、台顶部,用于支承上部结构的传力装置。包括支座、支座垫石、防震挡块。

(3)下部结构

下部结构包括桥台、桥墩、墩台基础,有重力式桥台、重力式桥墩、柱式桥墩、扩大基础、桩基础等不同形式。

桥墩、桥台是支承上部结构并将传来的永久作用和车辆荷载等可变作用再传至基础的结构物。桥台除了上述作用之外,还要与路堤衔接,并抵御路堤土压力,防止路堤填土的滑坡和坍塌。

(4)附属设施

附属设施主要包括桥面铺装、防护栏杆、灯柱、伸缩缝、桥头搭板、护坡、护岸、导流结构等。

二 常用专业术语

桥梁的基本组成如图 8-2 所示。

(1)桥梁全长:简称桥长,是桥梁两端两个桥台的侧墙或八字墙后端点之间的距离,以 L 表示。

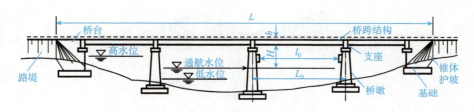

图 8-2 桥梁的基本组成

(2)桥梁高度:简称桥高,是指桥面与低水位之间的高差,或为桥面与桥下线路路面之间的距离。

(3)桥下净空高度:设计洪水位或计算通航水位至桥跨结构最下缘之间的距离,以 H 表示。

(4)净跨径:对于梁式桥是指设计洪水位上相邻两个桥墩(或桥台)之间的净距,对于拱式桥是指每孔拱跨两个拱脚截面最低点之间的水平距离,用 l_0 表示。

(5)总跨径:多孔桥梁中各孔净跨径的总和,也称桥梁孔径 Σl,它反映了桥下宣泄水的能力。

(6)计算跨径:对于具有支座的桥梁,是指桥跨结构相邻两个支座中心之间的距离,用 L_0 表示。

注:河流中的水位是变动的,枯水季节的最低水位称为低水位,洪峰季节河流中的最高水位称为高水位。桥梁设计中按规定的设计洪水频率计算所得的高水位(很多情况下是推算水位),称为设计水位。在各级航道中,能保持船舶正常航行时的水位,称为通航水位。

三 桥梁的分类

桥梁定义与分类

桥梁按照受力特点、建筑材料、桥梁全长和跨径等可分为很多不同的种类。

(1) 按受力特点的不同,桥梁可分为梁式桥、拱式桥、刚架桥、斜拉桥、悬索桥等,如图8-3所示。

(2) 按建筑材料的不同,可将桥梁分为圬工桥(包括砖、石、混凝土桥)、钢筋混凝土桥、预应力混凝土桥、钢桥和木桥等。

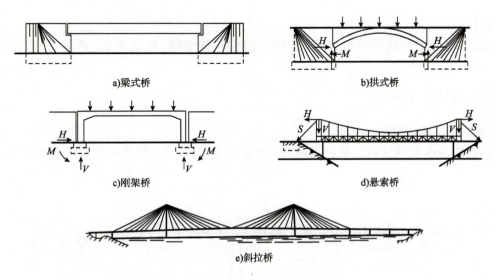

a) 梁式桥　　b) 拱式桥　　c) 刚架桥　　d) 悬索桥　　e) 斜拉桥

图8-3　桥梁类型

(3) 按桥梁全长和跨径的不同,可将桥梁分为特大桥、大桥、中桥和小桥,见表8-1。

表8-1　按桥梁全长和跨径分类的桥梁

桥涵分类	多孔桥梁总长 $L(\mathrm{m})$	单孔跨径 $L_k(\mathrm{m})$
特大桥	$L > 1000$	$L_k > 150$
大桥	$100 \leqslant L \leqslant 1000$	$40 \leqslant L_k \leqslant 150$
中桥	$30 < L < 100$	$20 \leqslant L_k < 40$
小桥	$8 \leqslant L \leqslant 30$	$5 \leqslant L_k < 20$
涵洞	—	$L_k < 5$

桥梁还可以按用途分为公路桥、铁路桥、公铁两用桥、农用桥、人行桥、运水桥等;按跨越障碍性质不同分为跨线桥、跨河桥、高架桥和栈桥;按上部结构的行车位置不同,可将桥梁分为上承式桥、下承式桥和中承式桥。

第二节　钢筋混凝土结构物识读

目前我国桥梁工程中,大部分板、梁、桥墩和桩等构件使用的都是钢筋混凝土结构。钢筋混凝土结构是由钢筋和混凝土两种物理力学性能不同的材料按照一定的方式结合成整体,共同承受桥梁自重与上部荷载的结构物,设计人员会考虑结构的承重等诸多因素对结构进行设计,为了把钢筋混凝土结构中钢筋布置及保护层厚度表达清楚,需要画出混凝土中钢筋布置情况图,即钢筋布置图,简称钢筋结构图或钢筋图。

钢筋结构图表示了钢筋的布置情况,是钢筋下料加工、绑扎、焊接和检验的重要依据,它应包括钢筋布置图、钢筋编号、尺寸、规格、根数、钢筋成型图和钢筋数量表及技术说明等。在介绍桥梁工程图之前,我们应该先了解一下钢筋混凝土结构的基本知识。

一　钢筋混凝土结构的基本知识

1.钢筋的分类和作用

钢筋按照其在整个构件中所起的作用不同,可以分为以下几种类型:

(1)受力钢筋(主筋)。用来承受拉力或压力的钢筋,用于梁、板、柱等各种钢筋混凝土构件。

(2)箍筋(钢箍)。用以固定受力钢筋位置,并承受一部分剪力或扭力。

(3)架立钢筋。一般用于钢筋混凝土梁中,用来固定箍筋的位置,并与梁内的受力箍筋一起构成钢筋骨架。

(4)分布钢筋。一般用于钢筋混凝土板或高梁结构,用以固定受力钢筋位置,使荷载更好地分布给受力钢筋,并防止因混凝土收缩和温度变化出现裂缝。

(5)构造筋。因构件的构造要求和施工安装需要配置的钢筋,如腰筋、预埋锚固筋、吊环等。

钢筋混凝土梁、板配筋如图 8-4 所示。

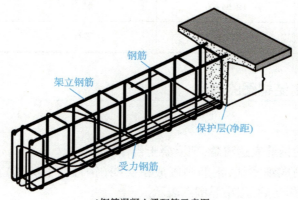

a)钢筋混凝土梁配筋示意图

图　8-4

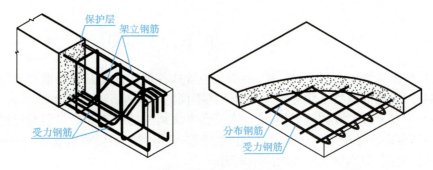

b)钢筋混凝土梁、板配筋示意图

图 8-4 钢筋混凝土梁、板配筋示意图

2. 钢筋种类和符号

根据《混凝土结构设计规范》(GB 50010—2010)、《钢筋混凝土用钢 第1部分:热轧光圆钢筋》(GB/T 1499.1—2017)、《钢筋混凝土用钢 第2部分:热轧带肋钢筋》(GB/T 1499.2—2018)等规范,普通钢筋按照品种、屈服强度特征值进行分类,见表 8-2。

钢筋种类和符号 表 8-2

种类	牌号(原级别)	符号	代号
热轧光圆钢筋	HPB235(Ⅰ级)	Φ	2
普通热轧带肋钢筋	HRB335(Ⅱ级)	⊥	3
	HRB400(Ⅲ级)	⊥	4
	HRB500(Ⅳ级)	⊥	5
余热处理钢筋	RRB400	⊥^{R}	
细品粒热轧钢筋	HRBF335	⊥^{F}	C3
	HRBF400	⊥^{F}	C4
	HRBF500	Φ^F	C5

二 钢筋混凝土结构图的内容

1. 钢筋表示方法

为了将结构内部的钢筋表达清楚,把混凝土当作透明体。

混凝土结构轮廓画成细实线,钢筋则画成粗实线(钢箍为中实线),以突出钢筋的表达。而在断面图中,钢筋被剖切后,用小黑圆点表示。

钢筋弯钩和净距的尺寸都比较小,画图时不能严格按照比例来画,以免线条重叠,要考虑适当放宽尺寸,以清楚为度,称为夸张画法。同理,在立面图中遇到钢筋重叠时,亦要放宽尺寸使图面清晰。

在钢筋混凝土结构图中,为了区分各种类型和尺寸的钢筋,对每种钢筋标以不同编号,并在引出线上注明其数量、规格、长度和间距。钢筋编号和尺寸标注方式见图8-5。

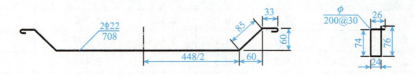

图8-5 钢筋的标注

图8-5中2为钢筋编号,标注在引出线右侧直径4~8mm的圆圈内,φ为钢筋直径符号,φ前的2代表钢筋根数;22表示钢筋直径;708代表钢筋总长度;图中@是中心间距符号;30为钢筋中心间距。桥梁工程图中,钢筋直径的尺寸单位采用mm,高程单位为m,其余尺寸均采用cm,图中不标单位,在说明里注释。

2. 钢筋的弯钩和弯起

为了提高钢筋与混凝土的黏结力,避免钢筋在受拉时滑动,钢筋的两端需做成弯钩。钢筋弯钩主要有180°半圆弯钩、90°直角弯钩、45°斜弯钩三种,带弯钩的钢筋断料长度应为设计长度加上其相应弯钩的增长数值,增长值一般为6.25d、4.9d 或 3.5d(d 为钢筋直径)。一般用双点画线表示弯钩弯曲前下料长度,它是计算钢材用量的依据。其中半圆弯钩和直角弯钩用于受力筋,斜弯钩用于箍筋。其形状和尺寸如图8-6所示。

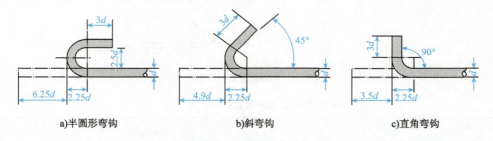

a)半圆形弯钩　　　　b)斜弯钩　　　　c)直角弯钩

图8-6 钢筋标准弯钩示意图

当弯钩为标准形式时,图中不必标注其详细尺寸;若弯钩或钢筋的弯曲是特殊设计的,则必须在图中另画详图表明其形式和详细尺寸。为了方便地画图,标准弯钩的增长值见表8-3。

钢筋弯钩的增长修正值表　　　　表8-3

序号	钢筋直径 d(mm)	弯钩增长值(mm)				理论质量 (kg/m)	螺纹钢筋外径 (mm)
		光圆钢筋			带肋钢筋		
		90°	135°	180°	90°		
1	10	3.5	4.9	6.3	4.2	0.617	11.3
2	12	4.2	5.8	7.5	5.1	0.888	13.0
3	14	4.9	6.8	8.8	5.9	1.210	15.5

续上表

序号	钢筋直径 d(mm)	弯构增长值(mm)			理论质量 (kg/m)	螺纹钢筋外径 (mm)
		光圆钢筋			螺纹钢筋		
		90°	135°	180°	90°		
4	16	5.6	7.8	10.0	6.7	1.580	17.5
5	18	6.3	8.8	11.3	7.6	2.000	20.0
6	20	7.0	9.7	12.5	8.4	2.470	22.0
7	22	7.7	10.7	13.8	9.3	2.980	24.0
8	25	8.8	12.2	15.6	10.5	3.850	27.0
9	28	9.8	13.6	17.5	11.8	4.830	30.0
10	32	11.2	15.6	20.0	13.5	6.310	34.5
11	36	12.6	17.5	22.5	15.2	7.990	39.5
12	40	14.0	19.5	25.0	16.8	9.870	43.5

根据结构受力要求,有时需要将部分受力钢筋进行弯折,这时弧长比两切线之和短些,其标准弯折图如图 8-7 所示,其计算长度应减去折减数值(钢筋直径小于 10mm 时可忽略不计)。45°、90°为标准弯折(修正值见表 8-4),除标准弯折外,其他角度的弯折应在图中画出大样图,并标注出其切线与圆弧的差值。

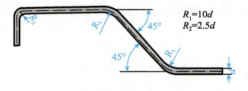

图 8-7 钢筋标准弯折示意图

钢筋的标准弯折修正值(单位:cm) 表 8-4

类别			钢筋直径(mm)									
			10	12	14	16	18	20	22	25	28	32	36	40
弯折修正值	光圆钢筋	45°		-0.5	-0.6	-0.7	-0.8	-0.9	-0.9	-1.1	-1.2	-1.4	-1.5	-1.7
		90°	-0.8	-0.9	-1.1	-1.2	-1.4	-1.5	-1.7	-1.9	-2.1	-2.4	-2.7	-3.0
	带肋钢筋	45°		-0.5	-0.6	-0.7	-0.8	-0.9	-0.9	-1.1	-1.2	-1.4	-1.5	-1.7
		90°	-1.3	-1.5	-1.8	-2.1	-2.3	-2.6	-2.8	-3.2	-3.6	-4.1	-4.6	-5.2

由于在结构中有不同用途,钢筋会被弯折成不同角度。如图 8-5 所示,2 号钢筋长度为 708cm,查表得弯钩增长长度为 13.8cm,45°弯折长度为 0.9cm,钢筋长度 $L = 448 + 85 \times 2 + 33 \times 2 + 13.8 \times 2 - 0.9 \times 4 = 708$(mm)。

第三节　桥梁工程图识读

桥梁工程在修建时要使用很多图纸，主要包括桥位平面图、桥位地质断面图、桥型布置图、构件图等。

一、桥位平面图

桥位平面图表示桥梁在整个路线中的地理位置，一般采用较小的比例，如1∶500、1∶1000、1∶2000等绘制在图纸上，主要用来表达桥梁与路线的连接情况。图中绘出桥位处的道路、河流、水准点、钻孔位置等地形和地物，以便作为桥梁设计、施工定位的依据。图8-8为某桥的桥位平面图，该桥为五跨预应力混凝土简支转连续箱梁桥，扫描二维码从图中指北针与坐标格网可了解到正北方向、桥位处的地形地物、桥位与河流的平面关系、路线平面形状以及桥梁的起止里程、中心里程、河流走向等。

桥位平面图、桥位地质断面图识读

图8-8　某大桥桥位平面图

二、桥位地质断面图

桥位地质断面图是根据水文调查和地质钻探所得的资料绘制的桥位所在河床位置的地质断面图，主要表示桥梁所在位置的地质水文情况。小型桥梁可不绘制桥位地质断面图，但应写出地质情况说明。在地质断面图上，为了更明显地显示地质和河床深度变化情况，把地形高度（高程）的比例较水平方向比例放大数倍画出。如图8-9所示，地形高度的比例采用1∶200，水平方向比例采用1∶400。同时该图在高度方向绘制了高程标尺，水平方向则采用了里程桩号和相应的地面高程。从图中可以看出，几个钻孔的深度分别为28m、25m、28m、28m、25m、28m，其孔口高程分别为164.79m、165.22m、165.10m、165.59m、164.92m、164.29m，钻孔分别位于K788+921、K788+941、K788+961+、K788+981、K789+001、K789+021处。图中用断面和文字表明了各地层的分布情况和各地层的工程地质情况。

桥型布置图识读

图8-9　某大桥工程地质纵断面图

三、桥型布置图

桥型布置图是指导桥梁施工的主要图样，用来表明桥梁的形式、跨径、孔数、总体尺寸、

桥型布置图识读

桥面宽度、桥跨横断面布置及各主要构件的相互位置关系,桥梁各部分的高程、材料数量、以及总的技术说明等,作为施工放样确定墩台位置、安装构件和控制高程的依据。一般由立面图、平面图和侧面图以及纵断面资料表组成。

下面以图8-10、图8-11为例讲解桥梁总体布置图的识读。

图8-10 某大桥桥型布置图(一)

图8-11 某大桥桥型布置图(二)

本桥桥型布置图为两页,立面图和平面图为一页(图8-10),剖面图和附注为一页(图8-11)。立面图和平面图的比例均采用1∶500,而剖面图则采用1∶250。

(1)立面图

主要表达桥梁的大致特征和桥型,该桥结构比较简单,采用单纯的立面图来表示。有些复杂桥梁,图纸会用半纵剖面半立面图的形式来表达桥梁形状。该立面图主要表达了桥梁中心线的里程桩号、桥梁的总长、各跨跨径、施工放样和安装所必需的桥梁各部分的高程、河床的形状、地质情况及水位高度。还反映了桥位起点、终点桩号及立面图方向、桥梁各主要构件的相互位置关系。

从立面图上可以看出,该桥起点桩号为K788+920.54,终点桩号为K789+026.46,中心位于K788+973.5处,跨径20m,全长为105.92m。桩深较深,桩体采用折断画法。立面图中还反映出两边桥台为带耳墙的桩柱式桥台,即0号台和5号台,中间为1~4号柱式桥墩,桩基础。同时还标注了各桩的长度、直径和桩底高程、承台顶高程、墩身高度,还可看到桥位地质断面情况。

立面图的左侧设有高程标尺(以m为单位),以便于读图时进行参照,以及对照各部分高程尺寸来进行读图和校核。

(2)平面图

主要表达桥梁在水平方向的形状及桥墩、桥台的布置情况,常采用半平面图和半墩台平面图来表示,桥梁不复杂时可只画平面图。如图8-10所示,左侧为半平面图,桥宽25.50m,右侧半墩台平面图的投影图部分可以看出桥墩承台尺寸、桥台宽度及基桩布置情况。

本图中还给出了纵断面资料表,包括里程桩号、设计高程、纵断面坡度及曲线要素等。如桩号K788+943.5处设计高程为169.593m。

(3)侧面图(横剖、断面图)

主要表达桥面宽度、桥跨结构横断面布置及横坡设置情况,根据需要可画出一个或多个不同剖、断面图。为了清楚表达桥梁断面形状与尺寸,侧面图可以采用比平面图和立面图较大的比例。如图8-11所示,侧面图是由Ⅰ-Ⅰ、Ⅱ-Ⅱ两个剖面图来表示。由于该桥断面尺寸较小,为了清楚地表达断面形状,该图采用1∶250的比例。

由图中以及注释中可知Ⅱ-Ⅱ剖面处左幅有超高,桥面横坡变化为2%~-1.31%。

四 构件构造图

由于桥型布置图比例较小,桥梁的构件不能详细完整地表达出来,不能作为施工依据,必须采用较大的比例把构件的形状、大小完整地表达出来,这种图称为构件构造图,由于采用较大比例,故也称为详图。

1. 桥墩构造图

桥墩是桥梁的下部结构,常用形式有重力式桥墩和桩柱式桥墩等,其作用是将相邻两孔的桥跨连接起来。图 8-12 所示为××桥 1、2、3、4 号墩的一般构造图,桥墩为柱式桥墩,由盖梁、墩身、桩基组成。用立面图、平面图和侧面图表示,由于柱、桩较长,采用了折断画法。

桥墩桥台构造图

(1)立面图:显示了盖梁的高宽、墩柱直径和长度、基桩直径和长度,抗震挡块的高厚,还显示了盖梁顶、桩底、桩顶和系梁顶的设计高程,以控制施工。

(2)侧面图:显示了盖梁的高厚、墩柱直径和长度、基桩直径和长度、抗震挡块的高宽。

(3)平面图:显示了桥墩平面尺寸,即盖梁的宽厚、墩柱直径、基桩直径和抗震挡块的宽厚,还显示了基桩间距和抗震挡块平面位置。

图 8-12 桥墩一般构造图

2. 桥台构造图

桥台也是桥梁的下部结构,主要是支承上部的板梁,并承受路堤填土的水平推力。我国公路桥梁桥台的形式主要有实体式桥台(又称重力式桥台)、埋置式桥台、轻型桥台、组合式桥台等。

图 8-13 所示是某桥 0 号桥台的一般构造图。该桥台由台帽、耳墙、背墙、台身、基础组成。与桥墩构造图相似也用立面图、平面图和侧面图三个投影图表示。

图 8-13 某桥 0 号桥台一般构造图

3. 桩基钢筋构造图

图 8-14 所示为某桥 1、2、3、4 号桥墩桩、柱钢筋构造图,主要反映桥墩桩、柱的具体钢筋布置和大样,用立面图和断面图以及钢筋详图来表达。该桥的桥墩和桥台的基础均为钢筋混凝土桩,桩的布置形式及数量在前面已表达清楚。

(1)立面图:表达桩身立面尺寸和钢筋立面布置,即桩基长为 24m,直径为 1.4m,钢筋笼底距桩底 300cm。①、⑤、⑥、⑪号主筋圆周布置,④、⑧号加强筋 200cm 布置一道,②、⑨号螺旋箍筋沿桩长布置,为图示清楚,仅示出部分。③号喇叭口箍筋布置在盖梁中,⑦号箍筋布置在桩身上端。⑩号定位钢筋焊在钢筋骨架上,钢筋混凝土段每 4m 左右沿圆周等距离焊 4 根,上下层错开布置。

图 8-14 某桥梁墩柱钢筋构造图

(2)断面图:显示了桩身的断面尺寸和钢筋断面布置,即墩柱断面直径为 1.2m,桩基断面直径为 1.4m。

桩基钢筋构造图

①、⑤、⑥、⑪号主钢筋圆周布置,④、⑧号加强筋布置于主钢筋内侧,③号螺旋箍筋布置

于主钢筋外侧。

4. 钢筋大样图

①号主筋为三级钢筋,直径 25mm,沿圆周均匀分布,每根桩采用 26 根钢筋,两端为喇叭状分别进入盖梁和桥墩桩中,每根根据柱高钢筋长 h_i +229.7cm,例如 1 号墩桥墩墩柱钢筋参数见表 8-5。

②号螺旋箍筋为一级钢筋,直径 10mm,上下并排布置,每根桩采用 2 根钢筋,每根钢筋长为 L_{h1}(可在桥墩墩柱钢筋参数表中查找),钢筋呈螺旋状,中心直径为 112cm。其中上下 50cm 范围内间距为 10cm,其余间距、圈数查桥墩墩柱钢筋参数表 a_1、n_1 取值可知。

③号喇叭口箍筋为一级钢筋,直径 10mm,每根桩 12 根,每根钢筋平均长度 466.3cm,搭接长度 5cm,直径 117.4~176.3cm。

④号加强筋为三级钢筋,直径 22mm,每根桩采用 n_3 根钢筋,每根钢筋长 334cm。钢成呈圆形,中心直径 102.8cm,钢筋搭接长度 11cm,每 2m 左右设置一根。

⑤号主筋为三级钢筋,直径 25mm,沿圆周均匀分布,每根桩采用 13 根钢筋,每根钢筋长 2100.7cm。

桥墩墩柱钢筋参数表　　　　　　　　　表 8-5

墩柱编号	柱高 h_i (cm)	桩长 L (cm)	d_1 (cm)	a_1 (cm)	b (cm)	L_{h1} (cm)	n_1 (圈)	n_3 (圈)
1 号墩左幅内柱	193.7	2400	96.9	3.7	423.4	7522.5	9	1
1 号墩左幅中柱	186.1	2400	93	6.1	415.8	7254.3	8	1
1 号墩左幅外柱	178.5	2400	89.2	8.5	408.1	6986.1	7	1
1 号墩右幅内柱	193.1	2400	96.6	3.1	422.8	7501.8	9	1
1 号墩右幅中柱	184.5	2400	92.3	4.5	414.2	7199.7	8	1
1 号墩右幅外柱	176	2400	88	6	405.6	6897.5	7	1

⑥号主筋为三级钢筋,直径 25mm,沿圆周均匀分布,每根桩采用 13 根钢筋,每根钢筋长 1200.1cm。

⑦号箍筋为一级钢筋,直径 12mm,呈圆形布置,每根桩 10 根,每根钢筋平均长度 380.5cm,搭接长度 6cm,中心直径 112.9~125.5cm。

⑧号加强筋为三级钢筋,直径 22mm,呈圆形布置,每根桩 10 根,每根钢筋长 359cm。钢,搭接长度 11cm,中心直径 110.8cm,每 2m 左右设置一根。

⑨号螺旋箍筋为一级钢筋,直径 12mm,每根桩采用 1 根钢筋,每根钢筋长 55156.5cm,中心直径为 126.2cm。其中上端 700cm、下端 50cm 范围内间距为 10cm,其余间距为 20cm。

⑩号定位钢筋为三级钢筋,直径 16mm。每根桩采用 20 根钢筋,每根钢筋长 42.2cm,钢筋弯折为 5 段,长度依次为 10cm、7cm、10cm、7cm、10cm。

⑪号主筋为三级钢筋,直径 25mm。沿圆周均匀分布,每根桩采用 13 根钢筋,每根钢筋长 700.2cm。

第九章 隧道工程图识读

学习指南

本章主要介绍隧道的分类及结构组成，重点介绍隧道工程地质图、隧道线形设计图、隧道工程结构构造图及隧道附属工程图的识读。

第一节 隧道基础知识

隧道是内部净空断面在 $2m^2$ 以上，最终使用于地表以下的条形建筑物。隧道能够逢山开路，穿江过海，极大地缩短了两地里程。

一、隧道的分类

隧道包括的范围很大，从不同的作用角度出发，可以分为不同的种类。工程中常见的隧道分类方法如下。

(1)按照隧道所处的地质条件分类：土质隧道和石质隧道。

(2)按照隧道的用途分类：交通隧道(铁路隧道、公路隧道，图9-1)、水工隧道、市政隧道和矿山隧道。

a)铁路隧道

b)公路隧道

图9-1 交通隧道

(3)按照隧道的长度分类：可分为短隧道、中长隧道、长隧道和特长隧道，见表9-1。

按照隧道长度进行分类　　　　　　　　　表9-1

隧道长度 L	铁路隧道	公路隧道
短隧道	$L \leqslant 500m$	$L \leqslant 500m$
中长隧道	$500m < L \leqslant 3000m$	$500m < L \leqslant 1000m$
长隧道	$3000m < L \leqslant 10000m$	$1000m < L \leqslant 3000m$
特长隧道	$L > 10000m$	$L > 3000m$

(4)按照国际隧道协会(ITA)定义的隧道的横断面积的大小划分标准分类:极小断面隧道(2~3m²)、小断面隧道(3~10m²)、中等断面隧道(0~50m²)、大断面隧道(50~100m²)和特大断面隧道(大于100m²)。

(5)按照隧道所在的位置分类:山岭隧道、水底隧道和城市隧道。

(6)按照隧道埋置的深度分类:浅埋隧道和深埋隧道。

二 隧道的结构

本书主要介绍铁路隧道、公路隧道等交通隧道的结构。隧道结构是由主体结构和附属结构组成的。其主体结构包括隧道洞门及洞身衬砌部分,如图9-2所示。附属结构包括(铁路隧道)大小避车洞、(公路隧道)紧急停车带、人行横道、洞内排水系统、电力电缆系统、通风系统等。

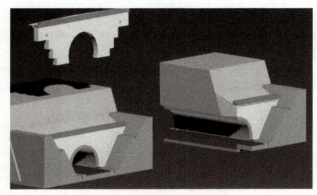

图9-2 隧道洞门及洞身衬砌

第二节 隧道工程图识读

隧道工程图一般包括四大部分,即隧道工程地质图、隧道线形设计图、隧道工程结构构造图及隧道附属工程图。

隧道工程图识读

(1)隧道工程地质图包括隧道地区工程地质图、隧道地区区域地质图、工程地质剖面图、垂直隧道轴线的横向地质剖面图和洞口工程地质图。

(2)隧道的线形设计图包括平面图、纵断面图及引线设计图。

(3)隧道工程结构构造图包括隧道洞门图、横断面图(表示洞身形状和衬砌及路面的构造)、避车洞图、行人或行车横洞等。

(4)隧道附属工程图包括通风、照明与供电设施和通信、信号及消防救援设施工程图样等。

下面重点介绍几种隧道线形设计图和隧道工程结构构造图。

一 隧道平面图

图9-3所示为某隧道平面图,此隧道为分离式隧道,中间有一处人行横通道,在与桥梁相

似图纸中会表达比例尺(1∶2000)、隧道的起终点里程桩号(见说明)、中心桩号以及隧道轴线、洞口及各组成部分的平面位置、隧道位置的地形、地物状况及地质状况。根据给出的图例,可了解此地区工程地质情况及地质年代和节理产状。与道路、桥梁不同之处为,隧道平面在山体里面,故投影用虚线表示。

图 9-3　隧道平面图

二　隧道纵断面图

隧道纵断面图表达内容与道路路线相似,分为上面图线和下面综合表两部分。图线主要反映隧道山体地面的起伏及地质围岩类别的分布情况、断层走向和隧道的设计高程、纵坡形式和竖曲线及其大小,图表中除了和线路纵断面表达一样的路线信息外还会表达围岩级别、衬砌类型、施工方法等情况。

图 9-4 所示是某隧道的纵断面图,进出口端为粉质黏土,中间区段为中风化花岗岩,横向比例为 1∶2000,纵向比例为 1∶1000,隧道全线包括有Ⅲ、Ⅳ、Ⅴ级围岩,除Ⅲ级围岩外均设置有超前支护及配合有相应的超前地质预报。

图 9-4　纵断面图

三　隧道横断面图

隧道横断面图主要包括限界标准、衬砌横断面形式、人行道布置和路面结构等内容。

1. 隧道建筑限界

为保证隧道内各交通的正常运行与安全,在规定的宽度和高度的空间限界内不得有任何部件或障碍物(包括隧道本身的通风、照明、安全、监控及内装修等附属设施)。图 9-5 所示为某隧道的横断面的净空标准图。

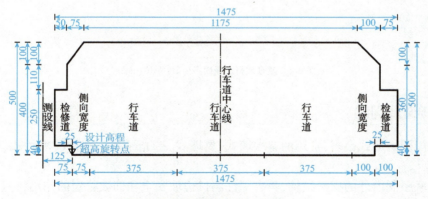

图 9-5　隧道净空标准图(尺寸单位:cm)

2. 衬砌断面图

洞身衬砌可分为整体式混凝土衬砌,拼装式衬砌、喷射混凝土村砌和复合式衬砌等,附属结构有防排水设施、电力及通信设施、避车洞等。这里主要介绍复合式村砌断面图的识读。

复合式衬砌把衬砌分成两层或两层以上,如图 9-6 所示,目前最通用的是外衬(初期支护)为锚喷支护,内衬为整体式混凝土衬砌,在两者之间设置防水层。由图可见从外到内锚喷支护为锚杆、钢筋网、喷射混凝土、混凝土二次衬砌。锚杆采用了 φ22 砂浆锚杆,梅花形布置;喷射混凝土强度等级采用 C25,二次衬砌混凝土强度等级采用 C30。

隧道锚杆施工工艺

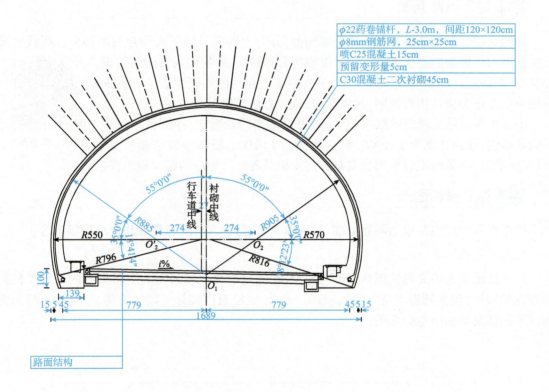

图 9-6 复合式衬砌断面图(尺寸单位:cm)

四 隧道洞门图

隧道洞门图的形式很多,常用的有端墙式、翼墙式、遮光棚式、台阶式、削竹式、柱墙式等,如图 9-7 所示。

洞门是联系洞内外的支护结构,具有保证洞口边坡安全和仰坡稳定的作用,并且洞门还是隧道的标志建筑物,能够体现隧道的艺术设计美感,因此洞口的构造图是隧道工程图最主要的图样之一。如图 9-8 所示,下面以端墙式洞口为例进行介绍。

隧道洞门通过三面投影图来表达。

(1) 立面图

隧道洞门立面图以洞门正面绘制,反映洞门墙的样式、衬砌的形状、尺寸、墙顶水沟的坡度、隧道路面横坡、排水沟设置等信息。

a)端墙式洞门

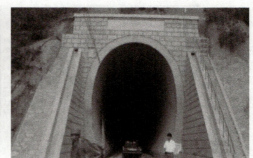
b)翼墙式洞门

c)遮光棚式洞门

d)台阶式洞门

e)削竹式洞门

f)柱墙式洞门

图 9-7　隧道洞门常见类型

端墙式洞门　　翼墙式洞门

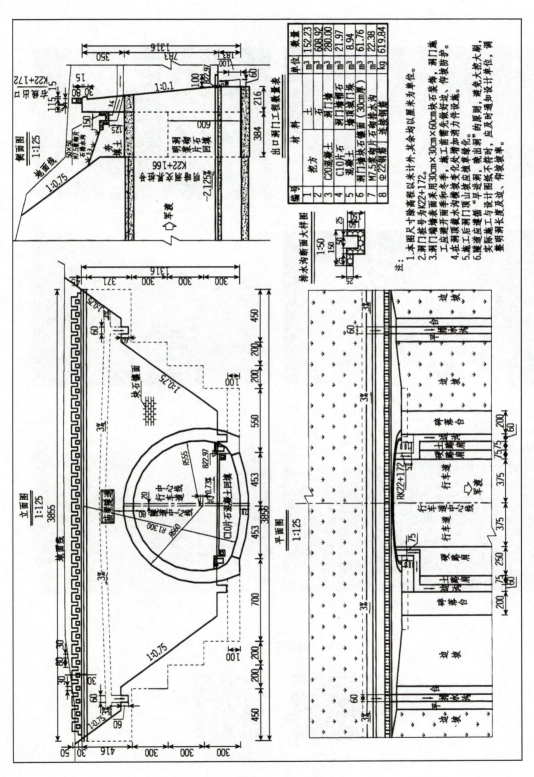

图9-8 端墙式洞口图

(2)平面图

采用折断画法,仅画出洞门外露部分的投影,用示坡线表示各坡面的倾斜方向,同时将各坡面间交线也画出。由于洞门墙向后倾斜,水平投影图中没有产生积聚,能够直接看到洞顶水沟及边沟。

(3)剖面图

用折断线截去其他部分,只画靠近洞口的小段,表示出了端墙顶水沟的侧面形状及大小、端墙的倾斜状态和厚度以及端墙材质。

模块四

建筑工程图识读

第十章　建筑构造基础

学习指南

1. 掌握房屋建筑的分类；
2. 了解房屋各个部分的组成、功能要求；
3. 掌握建筑施工图中常用的制图符号；
4. 熟练地识读一般民用建筑施工图纸，有效处理建筑中的构造问题，合理地组织和指导施工，以满足设计要求。

建筑，是人类创造的最伟大的奇迹和最古老的艺术之一。从古埃及的金字塔、古罗马斗兽场到中国的古长城，从秩序井然的北京城、宏阔显赫的故宫、圣洁高敞的天坛、诗情画意的苏州园林、清幽别致的峨眉山寺到端庄高雅的希腊神庙、威慑压抑的哥特式教堂、豪华炫目的凡尔赛宫、冷峻刻板的摩天大楼，无不闪耀着人类智慧的光芒。

人类建造建筑的最原始、最直接的原因是为了居住。我国境内已知的最早的人类住所是天然的岩洞。原始社会，建筑的发展是极缓慢的，在漫长的岁月里，我们的祖先从艰难地建造穴居和巢居开始，逐步掌握了营建地面房屋的技术，创造了原始的木架建筑，满足了最基本的居住和公共活动要求。在奴隶社会，大量奴隶劳动和青铜工具的使用，使建筑有了巨大的发展，出现了宏伟的都城、宫殿、宗庙、陵墓等建筑。此时，以夯土墙和木构架为主体的建筑初步形成。经过长期的封建社会，中国古建筑逐步形成了一种成熟的、独特的体系，不论是在城市规划、建筑群、园林、民居等方面，还是在建筑空间处理、建筑艺术与材料结构方面，对人类建筑的发展都有非常卓越的贡献。

第一节　建筑的组成

一　建筑的构成要素

1. 建筑功能

建筑功能是人们建造房屋的具体目的和使用要求的综合体现，人们盖房子是为了满足生产、生活的要求，同时也要充分考虑整个社会的各种需求。

2. 建筑技术

建筑技术是建造房屋的手段，包括建筑材料与制品技术、结构技术、施工技术、设备技术等方面的内容。

建筑的组成

3.建筑艺术形象

建筑艺术形象是以其平面空间组合、建筑体形和立面、材料的色彩和质感、细部的处理构成一定的建筑形象。

建筑的功能、技术、艺术及其之间的关系如下：

(1)建筑功能是人们建造房屋的具体目的和使用要求的综合体现。

(2)建筑技术是建造房屋的手段。

(3)建筑艺术即建筑形象。

以上三个要素相互联系、约束，又不可分割，形成辩证统一的关系。

建筑功能起到了主导作用，建筑技术条件是达到建造目的手段，建筑艺术形象是建筑功能和建筑技术的综合反映。

二 建筑的组成体系

1.结构体系

结构体系承受竖向荷载和侧向荷载，并将这些荷载安全地传至地基，一般将其分为上部结构和地下结构。上部结构是指基础以上部分的建筑结构，包括墙、柱、梁、屋顶等；地下结构指建筑物的基础结构。

2.围护体系

建筑物的围护体系由屋面、外墙、门、窗等组成，屋面、外墙围护成内部空间，能够遮蔽外界恶劣气候的侵袭，同时也起到隔声的作用，从而保证使用人群的安全性和私密性。门是连接内外的通道，窗户可以透光、通气和开放视野，内墙将建筑物内部划分为不同的单元。

3.设备体系

依据建筑物的重要性和使用性质的不同，设备体系的配置情况也不尽相同，通常包括给排水系统、供电系统和供热通风系统。

供电系统为建筑物提供电力供应，供电系统分为强电系统和弱电系统两部分，强电系统指供电、照明等，弱电系统指通信、信息、探测、报警等。

给水系统为建筑物的使用人群提供饮用水和生活用水，排水系统排走建筑物内的污水。

供热通风系统为建筑物内的使用人群提供舒适的环境。

三 建筑的组成构件

在日常生活中，人们会接触到各种不同类型的建筑，如住宅、办公楼、教学楼、影剧院等，这些建筑的构造组成是否相同？

民用建筑通常是由基础、墙体或柱、楼地层、楼梯、屋顶、门窗六个主要构造部分组成，此外还有其他的构配件和设施，如阳台、雨篷、台阶、散水、垃圾道、通风道等，可根据建筑物的要求设置，以保证建筑可充分发挥其功能。

一座建筑物主要是由基础、墙或柱、楼板层、楼梯、屋顶及门窗等部分组成，如图10-1所示。

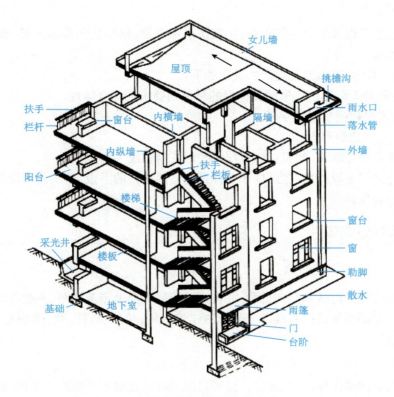

图 10-1　建筑构造要素

1. 基础

基础是建筑物最下部的承重构件,承担建筑物的全部荷载,并将这些荷载传给它下面的土层(该土层称为地基)。基础作为建筑的主要受力构件,是建筑物得以立足的根基。由于基础埋置于地下,受到地下各种不良因素的侵袭,因此基础应具有足够的强度、刚度和耐久性。

2. 墙体或柱

墙体是建筑物的重要构造组成部分。在砖混结构或混合结构中,墙体作为承重构件时,它承担屋顶和楼板层传下来的各种荷载,并把荷载传递给基础。作为墙体,外墙还具有围护功能,抵御风、霜、雨、雪及寒暑等自然界各种因素对室内的侵袭;内墙起到分隔建筑内部空间,创造适宜的室内环境的作用。因此,墙体应具有足够的强度、稳定性、保温、隔热、防火、防水、隔声等性能,以及一定的耐久性、经济性。

柱是框架或排架等以骨架结构承重的建筑物的竖向承重构件,承受屋顶和楼板层传来的各种荷载,并进一步传递给基础,要求具有足够的强度、刚度、稳定性。

3. 楼地层

楼地层指楼板层和地坪层。

楼板层是建筑沿水平方向的承重构件,承担楼板上的家具、设备和人体荷载及自身的重量,并把这些荷载传给建筑的竖向承重构件,同时对墙体起到水平支撑的作用,能传递风、地震等侧向水平荷载。同时还有竖向分隔空间的功能,将建筑物沿水平方向分为若干层。因此,楼板层应具有足够的强度、刚度和隔声性能,还应具备足够的防火、防潮、防水的能力。

地坪层是建筑底层房间与地基土层相接的构件,它承担着底层房间的地面荷载,也应有一定的强度来满足其承载能力,且地坪下面往往是由土壤夯实的,还应具有防潮、防水的能力。

4. 楼梯

楼梯是建筑中联系上下各层的垂直交通设施,供人们上下或搬运家具、设备,遇到紧急情况时供人们安全疏散。因此,楼梯在宽度、坡度、数量、位置、布局形式、防火性能等诸方面均要严格要求,保证楼梯具有足够的通行能力和安全疏散能力,并且满足坚固、耐磨、防滑、防火等要求。

5. 屋顶

屋顶是建筑顶部的承重构件和围护构件。它承受着直接作用于屋顶的各种荷载,如风、雨、雪及施工、检修等荷载,并进一步传给承重墙或柱,同时抵抗风、雨、雪的侵袭和太阳辐射的影响,因此,屋顶应具有足够的强度、刚度以及保温、隔热、防水等性能。在建筑设计中,屋顶的造型、檐口、女儿墙的形式与装饰等,对建筑的体形和立面形象具有较大的影响。

6. 门和窗

门主要是供人们通行或搬运家具、设备进出建筑或房间的构件,室内门兼有分隔房间的作用,室外门兼有围护的作用,有时还能进行采光和通风。因此门的布置,应符合规范要求,合理确定门的宽度、高度、数量、位置和开启方式等,以保证门的通行能力,并应考虑安全疏散的要求。

窗是建筑围护结构的一部分,主要作用是采光、通风和供人眺望,所以窗应有足够的面积。窗的形式和选材对建筑的立面形象也有较大程度的影响。

门和窗是围护结构的薄弱环节,因此在构造上应满足保温、隔热的要求,在某些有特殊要求的房间,还应具有隔声、防火等性能。

第二节　建筑的分类与分级

一　建筑的分类

1. 按建筑的使用功能及属性分类

建筑按使用功能及属性分类见表10-1。

建筑分类与图纸的产生

按使用功能及属性分类　　　　　　　　　　　　表 10-1

按照使用功能及属性分类			举例
民用建筑	供人们居住和进行各种公共活动的建筑的总称	居住建筑	如住宅、单身宿舍、公寓等
		公共建筑	如办公、科教、文体、商业、医疗、邮电、广播、交通建筑等
工业建筑	以工业性生产为主要使用功能的建筑	单层工业厂房	主要用于重工业类的生产企业
		多层工业厂房	主要用于轻工、IT业类的生产企业
		单、多层混合厂房	主要用于化工、食品类的生产企业
农业建筑	以农业性生产为主要使用功能的建筑		如种子库、拖拉机站、温室等

2. 按层数或总高度分类

建筑按层数或高度分类见表 10-2。

按层数或高度分类　　　　　　　　　　　　表 10-2

建筑类别	名称	层数或高度	备注
住宅建筑	低层住宅	1～3 层	包括首层设置商业服务网点的住宅
	多层住宅	4～6 层	
	中高层住宅	7～9 层	
	高层住宅	10 层及 10 层以上	
	超高层住宅	>100m	
公共建筑	单层和多层建筑	≤24m	不包括建筑高度大于 24m 的单层公共建筑
	高层建筑	>24m	
	超高层建筑	>100m	

根据《民用建筑设计统一标准》(GB 50352—2019)，民用建筑按地上建筑高度或层数进行分类应符合下列规定：

(1) 建筑高度不大于 27m 的住宅建筑、建筑高度不大于 24m 的公共建筑及建设高度大于 24m 的单层公共建筑为低层或多层民用建筑。

(2) 建筑高度不大于 27m 的住宅建筑和建筑高度不大于 24m 的非单层公共建筑，且高度不大于 100m 的，为高层民用建筑。

(3) 建筑高度大于 100m 的为超高层建筑。

民用建筑分类见表 10-3。

民用建筑的分类　　　　　　　　　表 10-3

名称	高层民用建筑		单、多层民用建筑
	一类	二类	
住宅建筑	建筑高度大于 54m 的住宅建筑(包括设置商业服务网点的住宅建筑)	建筑高度大于 27m,但不大于 54m 的住宅建筑(包括设置商业服务网点的住宅建筑)	建筑高度不大于 27m 的住宅建筑(包括设置商业服务网点的住宅建筑)
公共建筑	①建筑高度大于 50m 的公共建筑; ②建筑高度 24m 以上部分任一楼层建筑面积大于 1000m² 的商店、展览、电信、邮政、财贸金融建筑和其他多种功能组合的建筑; ③医疗建筑、重要公共建筑、独立建造的老年人照料设施; ④省级及以上的广播电视和防灾指挥调度建筑、网局级和省级电力调度建筑; ⑤藏书超过 100 万册的图书馆、书库	除一类高层公共建筑外的其他高层公共建筑	①建筑高度大于 24m 的单层公共建筑; ②建筑高度不大于 24m 的其他公共建筑

3. 按承重结构的材料分类

建筑的承重结构,即建筑的承重体系,是支撑建筑、维护建筑安全及建筑抗风、抗震的骨架。建筑承重结构部分所使用的材料,是建筑行业中使用最多、范围最广的木材、砖石、混凝土(或钢筋混凝土)、钢材等。根据这些材料的力学性能,砖石砌体和混凝土适合作为竖向承重构件,而木材、钢筋混凝土和钢材既可作为竖向承重构件,也可作为水平承重构件。由这些材料制作的建筑构件组成的承重结构可大致分为以下五类:

(1)木结构。

(2)砌体结构。

(3)钢筋混凝土结构。

(4)钢结构。

(5)钢混凝土组合结构。

钢混凝土组合结构是继木结构、砌体结构、钢筋混凝土结构和钢结构之后发展兴起的第五大类结构。国内外常用的钢混凝土组合结构主要包括以下五大类:①压型钢板混凝土组合楼板;②钢混凝土组合梁;③钢骨混凝土结构(也称为型钢混凝土结构或劲性混凝土结构);④钢管混凝土结构;⑤外包钢混凝土结构。

4. 按施工方法分类

施工方法是指建筑房屋所采用的方法,它分为以下几类:

(1)现浇、现砌式。

(2)预制、装配式。

(3)部分现浇现砌、部分装配式。

5. 按规模和数量分类

(1)大型性建筑。

(2)大量性建筑。

二 建筑的分级

1. 按工程设计等级划分

民用建筑按工程设计等级分类见表 10-4。

民用建筑工程设计等级分类　　　　　　　　表 10-4

类型	特征	工程等级			
		特级	一级	二级	三级
一般公共建筑	单体建筑面积	>8 万 m²	≥2 万 m² ≤8 万 m²	≥0.5 万 m² ≤2 万 m²	≤0.5 万 m²
	立项投资	>20000 万元	>4000 万元 ≤20000 万元	>1000 万元 ≤4000 万元	≤1000 万元
	建筑高度	>100m	>50m ≤100m	>24m ≤50m	≤24m（其中砌体建筑不得超过抗震规范高度限值要求）
住宅、宿舍	层数		20 层以上	12＜层数≤20	≤12 层（同上）

2. 按建筑设计使用年限划分

建筑物设计使用年限分类见表 10-5。

建筑物设计使用年限分类　　　　　　　　表 10-5

类别	设计使用年限（年）	示例
1	5	临时性建筑
2	25	易于替换结构构件的建筑
3	50	普通建筑和构筑物
4	100	纪念性建筑和特别重要的建筑

3. 按耐火等级划分

建筑物的耐火等级是衡量建筑物耐火程度的标准，划分耐火等级是《建筑设计防火规范》（GB 50016—2014）（2018 年版）中规定的防火技术措施中最基本的措施之一。为了提高建筑对火灾的抵抗能力，在建筑构造上采取措施对控制火灾的发生和蔓延就显得非常重要。《建筑设计防火规范》（GB 50016—2014）（2018 年版）根据建筑材料和构件的燃烧性能及耐火极限，把建筑的耐火等级分为四级。

（1）燃烧性能

建筑材料和构件的燃烧性能见表 10-6。

建筑材料和构件的燃烧性能   表10-6

材料分类	定义	举例
不燃烧体	用不燃材料做成的建筑构件	建筑中采用的金属材料和天然或人工的无机矿物材料均属于不燃烧体,如混凝土、钢材、天然石材等
难燃烧体	用难燃材料做成的建筑构件或用可燃材料做成而用不燃材料做保护层的建筑构件	如沥青混凝土、经过防火处理的木材、用有机物填充的混凝土和水泥刨花板等
燃烧体	用可燃材料做成的建筑构件	如木材等

（2）耐火极限

耐火等级取决于房屋的主要构件的耐火极限和燃烧性能,是衡量建筑物耐火程度的标准。耐火极限是指在标准耐火试验条件下,建筑构件、配件或结构从受到火的作用时起,至失去承载能力、完整性或隔火性时止所用的时间,用小时表示。其中,失去承载能力是指构件自身解体或垮塌。梁、楼板等受弯承重构件,挠曲速率发生突变是失去承载能力的象征;完整性破坏是指楼板、隔墙等具有分隔作用的构件,在试验中出现穿透裂缝或较大的孔隙;失去隔火作用是指具有分隔作用的构件在试验中背火面测温点测得平均温升到达140℃（不包括背火面的起始温度）,或背火面测温点中任意一点的温升到达180℃,或不考虑起始温度的情况下背火面任一测点的温度到达220℃。建筑构件出现了上述现象之一,就认为其达到了耐火极限。

不同耐火等级建筑相应构件的燃烧性能和耐火极限见表10-7。

不同耐火等级建筑相应构件的燃烧性能和耐火极限(单位:h)   表10-7

构件名称		耐火等级			
		一级	二级	三级	四级
墙	防火墙	不燃性3.00	不燃性3.00	不燃性3.00	不燃性3.00
	承重墙	不燃性3.00	不燃性2.50	不燃性2.00	难燃性0.50
	非承重墙	不燃性1.00	不燃性1.00	不燃性0.50	可燃性
	楼梯间和前室的墙、电梯井的墙、住宅建筑单元之间的墙和分户墙	不燃性2.00	不燃性2.00	不燃性1.50	难燃性0.50
	疏散走道两侧的隔墙	不燃性1.00	不燃性1.00	不燃性0.50	难燃性0.25
	房间隔墙	不燃性0.75	不燃性0.50	难燃性0.50	难燃性0.25
柱		不燃性3.00	不燃性2.50	不燃性2.00	难燃性6.50
梁		不燃性2.00	不燃性1.50	不燃性1.00	难燃性0.50
楼板		不燃性1.50	不燃性1.00	不燃性0.50	可燃性
屋顶承重构件		不燃性1.50	不燃性1.00	可燃性0.50	可燃性
疏散楼梯		不燃性1.50	不燃性1.00	不燃性0.50	可燃性
吊顶(包括吊顶格栅)		不燃性0.25	难燃性0.25	难燃性0.15	可燃性

注:1.除《建筑设计防火规范》(GB 50016—2014)另有规定外,以木柱承重且墙体采用不燃材料的建筑,其耐火等级应按四级确定。
2.住宅建筑构件的耐火极限和燃烧性能可按国家标准《住宅建筑规范》(GB 50368—2005)的规定执行。

民用建筑的耐火等级应根据其建筑高度、使用功能、重要性和火灾扑救难度等确定,并应符合下列规定:

①地下或半地下建筑(室)和一类高层建筑的耐火等级不应低于一级;

②单、多层重要公共建筑和二类高层建筑的耐火等级不应低于二级。

民用建筑物的耐火等级属于几级,取决于该建筑物的层数、长度和面积,见表10-8。防火分区间应采用防火墙做分隔,如有困难时,可采用防火卷帘和水幕分隔。托儿所、幼儿园及儿童游乐厅等儿童活动场所应独立建造。当必须设置在其他建筑内时,宜设置独立的出入口。

不同耐火等级建筑的允许建筑高度或层数、防火分区最大允许建筑面积 表10-8

名称	耐火等级	允许建筑高度或层数	防火分区最大允许建筑面积(m^2)	备注
高层民用建筑	一、二级	按表10-4确定	1500	对于体育馆、剧场的观众厅,防火分区最大允许建筑面积可适当增加
单、多层民用建筑	一、二级	按表10-4确定	2500	
	三级	5层	1200	
	四级	2层	600	
地下、半地下建筑(室)	一级	—	500	设备用房的防火分区最大允许建筑面积不应大于1000m^2

注:1. 表中规定的防火分区最大允许建筑面积,当建筑内设置自动灭火系统时,可按本表的规定增加1.0倍;局部设置时,防火分区的增加面积可按该局部面积的1.0倍计算。

2. 裙房与高层建筑主体之间设置防火墙时,裙房的防火分区可按单、多层建筑的要求确定。

三 建筑模数

建筑设计中,为了实现工业化大规模生产,使不同材料、不同形式和不同制造方法的建筑构配件、组合件具有一定的通用性和互换性,统一选定、协调建筑尺度的增值单位。

模数是指选定的尺寸单位,作为尺度协调中的增值单位,也是建筑设计、建筑施工、建筑材料与制品、建筑设备、建筑组合件等各部门进行尺度协调的基础,其目的是使构配件安装吻合,并有互换性。我国建筑设计和施工中,必须遵循《建筑模数协调标准》(GB/T 50002—2013)。

1. 基本模数

基本模数是模数协调中选用的基本尺寸单位,其数值为100mm,符号为M,即1M=100mm。整个建筑物及其一部分或建筑组合构件的模数化尺寸应为基本模数的倍数。

2. 导出模数

由于建筑中需要用模数协调的各部位尺度相差较大,仅仅靠基本模数不能满足尺度的协调要求,因此在基本模数的基础上又发展了相互之间存在内在联系的导出模数,包括扩大模数和分模数。

扩大模数是基本模数的整数倍数。水平扩大模数基数为2M、3M、6M、9M、12M等,其相应的尺寸分别是200mm、300mm、600mm、900mm、1200mm等。主要适用于建筑物的开间或柱距、进深或跨度、构配件尺寸和门窗洞口尺寸。

竖向扩大模数基数为3M、6M,其相应的尺寸分别是300mm、600mm。主要适用于建筑物的高度、层高、门窗洞口尺寸。

分模数是基本模数的分数值,一般为整数分数。分模数基数为 1/10M、1/5M、1/2M,其相应的尺寸分别是 10mm、20mm、50mm。主要适用于缝隙、构造节点、构配件断面尺寸。

3. 模数数列

模数数列以基本模数、扩大模数、分模数为基础,扩展成的一系列尺寸。它可以保证不同建筑及其组成部分之间尺度的统一协调,有效减少建筑尺寸的种类,并确保尺寸具有合理的灵活性。模数数列根据建筑空间的具体情况拥有各自的适用范围,建筑物的所有尺寸除特殊情况之外,均应满足模数数列的要求。

根据《建筑模数协调标准》(GB/T 50002—2013),模数数列应满足以下要求:

(1)模数数列应根据功能性和经济性原则确定;

(2)建筑物的开间或柱距、进深或跨度、梁、板、隔墙和门窗洞口宽度等分部件的截面尺寸宜采用水平基本模数和水平扩大模数数列,且水平扩大模数数列宜采用 $2n\mathrm{M}$、$3n\mathrm{M}$(n 为自然数);

(3)建筑物的高度、层高和门窗洞口高度等宜采用竖向基本模数和竖向扩大模数数列,且竖向扩大模数数列宜采用 $n\mathrm{M}$;

(4)构造节点和分部件的接口尺寸等宜采用分模数数列,且分模数数列宜采用 M/10、M/5、M/2。

第十一章 建筑施工图识读

  学习指南

1. 了解建筑施工图的主要内容和基本规定。
2. 了解建筑总平面图的图示方法和识读。
3. 掌握建筑平面、立面、剖面、详图的图示方法、识读和绘制。

建筑施工图识读

建筑施工图(简称施工图),表示建筑物的内部布置情况、外部形状以及装修、构造、施工要求等。包括建筑总平面图、建筑平面图、建筑立面图、建筑剖面图及建筑详图。图 11-1 为一房屋的建筑施工图,本章主要介绍这些图样的识图和绘图。

一套完整的施工图,一般是按"先整体后局部、先大体后细部"的顺序绘制的。读图时,也应按先整体后局部,先文字说明后图样,先图形后尺寸的原则依次进行,先识图纸目录和设计说明,再按建筑施工图、结构施工图和设备施工图的顺序进行阅读。对于建筑施工图来说,先平面图、立面图、剖面图,后详图,并将这些图样互相联系并反复多次识读才能完全读懂。

第一节 建筑施工图的基本规定

一 建筑施工图的基本规定

1. 建筑施工图的比例

由于房屋体形较大,施工图常用缩小比例绘制,常用 1:100、1:200 绘制平面图、立面图、剖面图表达房屋内外的总体形状;用 1:50、1:20、…、1:1 绘制某些房间布置、构配件详图和局部构造详图。具体图样比例的选用见表 11-1。建筑施工图如图 11-1 所示。

图样的比例 表 11-1

图名	常用比例	备注
总平面图	1:500,1:1000,1:2000	
平面图、立面图、剖面图	1:50,1:100,1:200	
详图	1:1,1:2,1:5,1:10,1:20,1:30,1:25,1:50	1:25 仅适用于结构构件详图

2. 建筑施工图的线型

为使所绘制的房屋图样重点突出、清晰明了,通常采用粗、中、细等多种线型。在使用 AutoCAD 软件绘制建筑施工图时,主要用到的图层、线型、线宽见表 11-2。

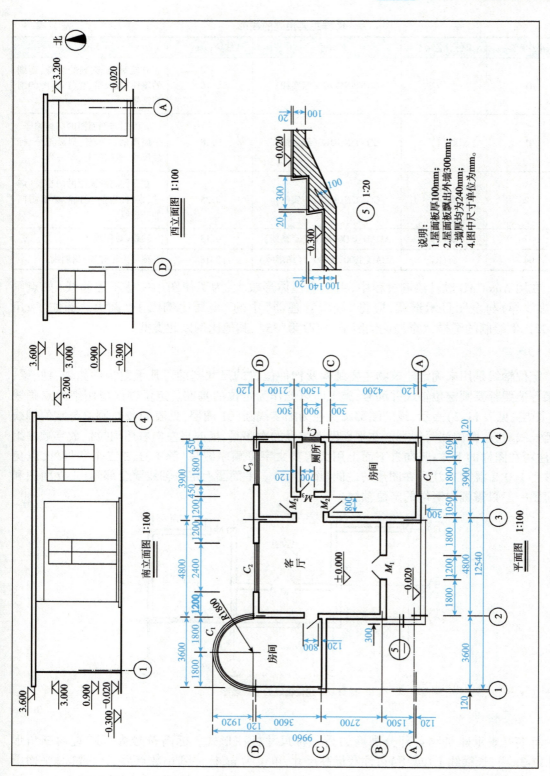

图11-1 建筑施工图

图样主要用到的线形　　　　　表 11-2

图层名称	颜色(色号)	线型	线宽(mm)	用途
0	白(7)	CONTINUOUS(粗实线)	0.70	外轮廓线、剖到的墙身、剖到的墙柱和窗、平、立、剖面图的剖切符号
01	红(1)	CONTINUOUS(细实线)	0.18	立面图与剖面图的门窗格子、平面图的门和窗、剖面符号、标注尺寸、索引符号、程符号
02	青(4)	CONTINUOUS(中实线)	0.35	立面图与剖面图的门窗洞、墙柱、窗台、台阶、勒脚、平面图门的开启线
03	绿(3)	ACAD_ISO04W100(点画线)	0.18	轴线、对称线
04	黄(2)	ACAD_JS002W100 (细虚线)	0.18	不可见轮廓线、图例线

在用 AutoCAD 软件绘制过程中,由于房屋体形较大,为了使图中一些不连续线(如点画线、虚线等)与全图显示谐调,应将"线型管理器"中的"全局比例因子"调大。例如:采用 1∶100 比例绘制的图样,"全局比例因子"应改为"35",其他比例以此类推。

3. 建筑施工图的定位轴线

定位轴线是用来确定建筑物主要结构及构件位置的尺寸基准。凡承重构件如墙、柱、梁、屋架等位置都要画定位轴线并编号,施工时以此作为定位的基准。定位轴线应用细单点画线(03 图层,见表 11-2)表示,线的端部画直径为细实线圆(01 图层,见表 11-2),圆心与定位轴线的延长线对齐,圆内注写编号。在平面图上编号的次序是:横向自左向右用阿拉伯数字顺序编写,注写在图样的下方;竖向自下而上用大写英文字母顺序编写(除 I、O、Z 三个字母外,以免与数字 1、0、2 混淆),注写在图形的左侧(图 11-2)。平面图上定位轴线要全部画出,立面图和剖面图一般只需画出两端的定位轴线。

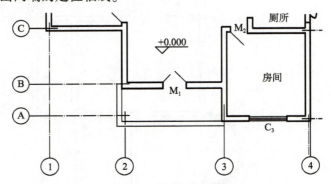

图 11-2　定位轴线的编号顺序

4. 标高注法

标高是表示建筑物各部分高度的另一种尺寸标注形式。标高符号为等腰直角三角形[图 11-3a)],长横线上(或下)可注写标高尺寸,单位为 m,标注到小数点后三位数(总平面图可标注到小数点后两位)。在"01 图层"(红色)绘制标高符号,标高三角形的高度为 3mm,标高数字高度为 3.5mm[图 11-3b)]。零点标高应注写为 ±0.000;正数标高不注写" + ";负数标高应注写" – "。标高符号的尖端指向被注高度,尖端可以向下,也可以向上[图 11-3c)]。总平面图室外地坪标高符号用涂黑的三角形表示[图 11-3d)]。

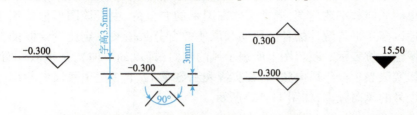

a)基本标高符号　　b)标高符号和文字的字高　　c)标高符号的尖端指向　　d)总平面图的标高符号

图 11-3　标高符号

5. 索引符号与详图符号

图样中某一局部或构配件需要另见详图,应以索引符号索引,并在对应的详图下方绘制详图符号。

建筑工程图的常用符号(上)　　建筑工程图的常用符号(下)

(1)索引符号

详图索引符号用一细实线为引出线,指出要画详图的位置,在线的另一端画一个直径 8 ~ 10mm 的圆(01 图层,红色,细实线)。当索引的详图与被索引的图样在同一张图纸上时,应在索引符号的上半圆内写数字表示该详图的编号,下半画内画一段水平细实线,如图 11-4a)所示。当索引的详图与被索引的图样不在同一张图纸上时,应在索引符号的下半圆内用阿拉伯数字注明该详图所在图纸的编号,如图 11-4b)所示。当索引的详图采用标准图,应在索引符号的水平直径的延长线上加注该标准图集的编号,如图 11-4c)所示。索引符号用于索引剖面详图,还应用粗实线绘制被剖切部位的剖切位置线,引出线所在的一侧为投影方向,如图 11-4d)表示剖切后向上投影。

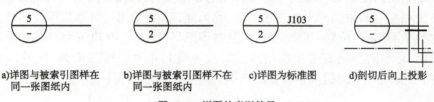

a)详图与被索引图样在　　b)详图与被索引图样不在　　c)详图为标准图　　d)剖切后向上投影
同一张图纸内　　　　　　同一张图纸内

图 11-4　详图的索引符号

(2)详图符号

详图符号的圆直径为一直径为 14mm 的粗实线圆(0 图层,白色)。图 11-5a)表示该详图编号为 5,详图与被索引的图样在同一张图纸上;图 11-5b)表示该详图编号为"5",详图与被索引的图样不在同一张图纸上,而是在图号为"2"的图纸上。

6. 指北针和风玫瑰图

总平面图通常按上北下南方向绘制,根据场地形状或布局,可向左或向右偏转不超过

45°。总平面图应画出指北针或风玫瑰图。

指北针通常放在图纸的右上角,用细实线(01 图层,红色)绘制直径为 24mm 的圆;指针尾部宽度宜为 3mm,指针头部应标注"北"或"N",如图 11-5c)所示。

风玫瑰图也叫风向频率玫瑰图,通常也放在图纸的右上角,由于该图形似玫瑰花朵,故得名。它是根据地区多年平均统计的各个风向和风速的百分数值按一定比例绘制的,一般多用八个或十六个罗盘方位表示。玫瑰图上所表示风的吹向(即风的节向),是指从外面吹向地区中心的方向。粗实线表示全年风向频率,细实线表示冬季 12、1、2 三个月风向频率,虚线表示夏季 6、7、8 三个月的风向频率,如图 11-5d)所示。

a)详图与被索引图样在
同一张图纸内

b)详图与被索引图样不在
同一张图纸内

c)指北针

d)风玫瑰图

图 11-5　详图符号、指北针及风玫瑰图

二、常用建筑材料的图例

为了简化作图,建筑施工图中常用建筑材料的图例。房屋建筑图中,比例小于或等于 1∶50 的平面图和剖面图,砖墙的图例不画斜线;比例小于或等于 1∶100 的平面图和剖面图,钢筋混凝土构件(如柱、梁、板等)的图例可简化为涂黑。

第二节　建筑总平面图

一、建筑总平面图的形成和用途

将在一定范围内的新建、拟建、原有和拆除的建筑物、构筑物连同周围的地形、地物状况用水平投影方法和相应的图例画出的工程图样,称为建筑总平面图,简称总平面图或总图,它表明了建筑物的平面形状、位置、朝向、标高以及与周围环境(如原有建筑物、道路、绿化等)之间的关系。因此,总平面图是新建建筑物施工定位和规划布置场地的依据,也是其他工种(如水、暖、电等)的管线总平面图规划布置的依据。

二、建筑总平面的图示方法

总平面图识读

总平面图所表示的范围较大,一般采用较小的比例。工程实践中,由于有关部门提供的地形图一般为 1∶500 的比例,因此总平面图也常用 1∶500 的比例。

总平面图的图形主要是以图例的形式表示,采用《总图制图标准》(GB/T 50103—2010)的规定,如图中采用的不是标准中的图例,应在总平面图下面加以说明。

应以含有±0.000标高的平面作为总平面图,图中标注的标高应为绝对标高。总平面图中坐标、标高、距离宜以米(m)为单位,并保留至小数点后两位。

三 识读建筑总平面图举例

图11-6为某住宅小区一角的总平面图,选用比例1:500。从图中风玫瑰图与等高线数值可知,该地区全年以东南风和北风为主导风向,该小区的地势是自西北向东南倾斜,并按上北下南方向绘制。

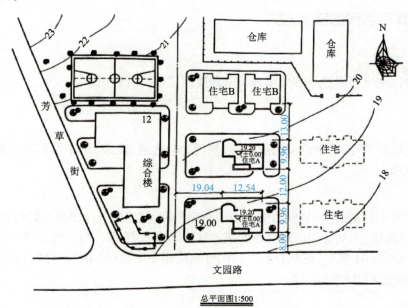

图11-6 某住宅小区一角的总平面图(尺寸单位:m;标高单位:m)

本次新建两栋住宅A(粗实线表示),新建住宅为坐北朝南方向。北面两栋原有住宅B(三层)、西面综合楼、东北角仓库(建有围墙)和西北面篮球场,均为原有建筑(细实线表示),东南面虚线绘制的是计划扩建的住宅外形轮廓。新建住宅南面有名为"文园路"的道路,综合楼南面有一待拆的房屋。

新建住宅室内地坪的标高±0.000相当于绝对标高19.20m,室外地坪标高为18.90m。

由图中的尺寸标注可知,新建住宅A总长12.54m,总宽9.96m。新建住宅的位置可用与原建筑物或到道路中心线的定位尺寸或坐标确定,新建住宅西面离道路中心线为19.04m,南面离道路边线为8m,两幢新建住宅南北间距为12m,新建住宅北南离原有住宅B为13m。

第三节 建筑平面图

假想用一个水平的剖切平面沿门窗洞的位置将房屋剖开,移去上面部分,向水平投影面作正投影所得的水平剖面图称为建筑平面图,简称平面图。建筑平面图反映了建筑物的平面形状、大小和房间布置,包括墙体或柱的位置、厚度和材料,门窗的位置、开启方向等。建筑平面图是施工放线、砌筑墙、柱、门窗安装和室内装修及编制预算的重要依据。

图 11-1 为一单层房屋的建筑施工图。如果是多层建筑，每一楼层对应一个平面图，并在图中注明层数。当房屋各楼层的平面布置相同时，可共用一个平面图，称为标准层平面图或 X-Y 平面图。此外还有屋顶平面图，是房屋顶面的水平投影。底层平面图（又称首层平面图）除表示建筑物的底层形状、大小、房间平面的布置情况、入口、走道、门窗、楼梯等的平面位置和数量以及墙或柱的平面形状和材料外，还应反映房屋的朝向、室外台阶、明沟、散水、花坛等，并注明建筑剖面图的剖切符号。

一 建筑平面图的图示方法

1. 比例

平面图的比例应根据建筑的大小和复杂程度选定，常用的比例为 1∶50、1∶100、1∶200，多用 1∶100。

2. 图例

由于比例较小，平面图中许多构造配件（如门、窗、孔道、花格）均不按真实投影绘制，而用规定的图例表示。

3. 图线

平面图实质上是剖面图，被剖切到的墙柱断面轮廓、剖面图与详图的剖切位置等用粗实线（0 图层，白色）绘制，未剖切到的可见轮廓线如窗台、台阶、楼梯、阳台、尺寸线与尺寸界线、标高符号等用细实线（01 图层，红色）绘制，门的开启线用中实线（02 图层，青色）绘制，定位轴线用细点画线（03 图层，绿色）绘制。

4. 定位轴线

定位轴线确定了房屋各承重构件的定位和布置，也是其他建筑构配件的尺寸基准线，必须按顺序编号标注。

5. 尺寸与标高的标注

平面图的尺寸分为外部尺寸和内部尺寸。外部尺寸一般标注在平面图的下方和左方，分为三道：最外面一道是总尺寸，表示房屋的总长和总宽；中间一道是定位尺寸，表示房屋的开间和进深；最里面一道是细部尺寸，表示门窗洞、窗间墙、墙厚等细部尺寸。内部尺寸表示室内的门窗洞、墙厚、孔洞、柱和固定设备的大小及位置。

注写室内外地面的标高，表明该房屋、地面相对底层地面的零点标高（注写为 ±0.000）的相对高度。

二 识读建筑平面图举例

以图 11-1 的建筑施工图的平面图为例，主要的识读内容如下：

（1）由图可知，平面图的比例为 1∶100。

（2）根据图中指北针可知该房屋为坐北朝南朝向。

建筑平面图识读（上）　建筑平面图识读（下）

(3)该房屋总长12.54m,总宽9.96m,横向有4条轴线,纵向有4条轴线。

(4)该房屋的大门在南面,由大门进入客厅,东西两侧各有一个房间,一个厨房和一个厕所。

(5)图中门用M表示,窗用C表示,并分别用阿拉伯数字编号。编号相同说明门或窗的类型相同,编号不同说明门或窗的类型不同。具体门窗的型号、尺寸可查阅门窗表。例如西侧房间的半弧形窗用C1表示,大门用M1表示。中粗线表示了门的开启方向。

(6)各房间及客厅等地面的标高为±0.000,室外地坪标高比室内低0.200m,正好做两步室外台阶,将室内外联系起来。

(7)有一处详图的剖切符号,反映室外台阶的详细尺寸。

三 绘制平面图举例

以图11-1的平面图为例,在AutoCAD中,绘制过程如下:

1. 绘制定位轴

建筑施工是以轴线为基准定位的,它决定了建筑的承重体系,一般是以柱网或主要墙体为基准进行布置的。参考图11-1平面图的尺寸,用直线命令绘制定位轴网,绘制结果如图11-7所示。

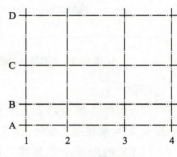

图11-7 墙体柱网

2. 绘制墙体

参见图11-1下方的"说明"可知,墙体厚度均匀,采用多线绘制比较方便。具体步骤如下:

步骤一:设置多线的样式。单击下拉菜单"格式"—"多线样式",打开"多线样式"对话框,单击"新建"按钮,弹出"创建新的多线样式"对话框,新样式名为"四线",单击"继续"按钮,弹出"新建多线样式:四线"对话框,单击选中要修改的图元,将偏移量分别改为"120"和"-120",并勾选"起点"和"端点"为"直线"封口,单击"确定"完成,如图11-8所示。

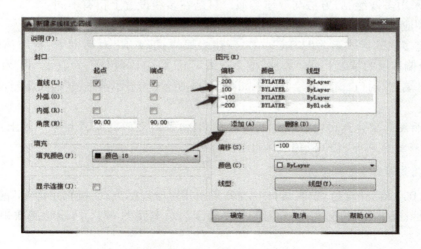

图11-8 "新建多线样式:四线"对话框

步骤二:设置"0"图层(白色)为当前图层。绘制外围墙体。单击下拉菜单"绘图"—"多线",绘制结果如图11-9所示。

步骤三:用"分解"命令将外围墙体、内部墙体进行分解。再用"修剪"命令将内、外墙体重叠部分修剪为如图11-10所示的效果。

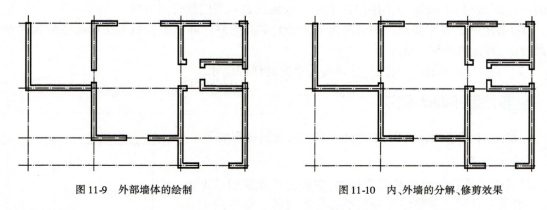

图11-9　外部墙体的绘制　　　　　　　　图11-10　内、外墙的分解、修剪效果

小贴士:

(1)墙体绘制的起点应选择标有尺寸的一端,如定位轴的交点等,并结合"正交模式+给定线长+对象追踪"绘制,注意留出窗洞位置。

(2)有的外围墙体虽然是同一直线方向(水平的或垂直的),也要分几段来画。这样内部墙体的分隔位置更容易确定,只要捕捉各分段的端点即可。例如上文中厕所与厨房的外墙就应分"300"和"2100"两段。

(3)建筑平面图的尺寸标注有的是以墙中定位(中心线与轴线重合),有的是以墙外定位(墙外边线与轴线重合),图11-1采用的是墙中定位,绘制时应特别注意。

3. 绘制窗体

窗体也采用多线绘制,方法与墙体类似。只是在多线设置上稍有不同:

(1)窗体应在"01"图层(红色)中绘制。

(2)新建多线的样式名为"WIN",在"新建多线样式:WIN"对话框中,在墙体的"120"和"-120"两个偏移量的基础上,再"添加"两个直线图元,将偏移量分别为设置"40"和"-40",不选"起点"和"端点"封口,窗体的绘制效果如图11-11所示(为显示清晰,暂时关闭定位轴图层)。

小贴士:

建筑平面图的窗体是由四条线的多线构成,这四条线之间的距离相等。如上例中墙体厚度为240,偏移就分别为"120""40""-40""-120"。

4. 绘制门线、弧形窗和台阶

门线在"02"图层(青色,中实线)中绘制,采用相对极坐标方式,极轴角为45°的斜线、长度等于图样中标注的门洞的宽度,双开门的宽度等于门总宽度的一半,门线绘制效果如图11-12所示。

弧形窗在"01"图层(红色,细实线)中绘制,它是由四个半圆组成,如图11-1标注的"R1800"是指弧形窗中间定位轴线的半径而不是图中任一半圆的半径。因此,经计算,最大圆的半径应在此基础上增加墙体厚度的一半,为"R1920",其余三个圆的半径应分别为"R1840""R1760"和"R1680"。弧形窗的圆心在与"定位轴 D"距离为"120"的一条定位轴上。最后修剪完成绘制,具体的绘制效果及尺寸如图 11-13 所示。

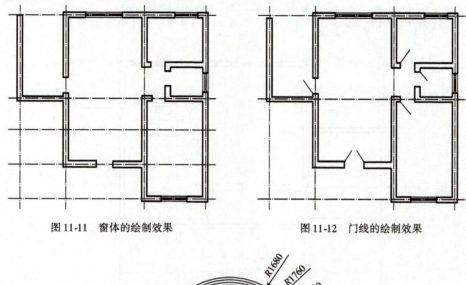

图 11-11　窗体的绘制效果　　　　　图 11-12　门线的绘制效果

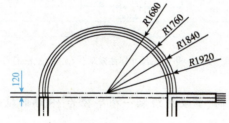

图 11-13　弧形窗的绘效果(尺寸单位:mm)

台阶应在"01"图层(红色),用"直线"命令绘制,注意图 11-1 台阶的标注宽度为 300mm。

5. 标注平面图

建筑图样标注样式可按第二章第二节的内容进行设置,此处不再赘述。

平面图中大部分尺寸都是线性尺寸,因此标注较为简单。设置"标注样式"后,用"线性标注""连续标注"和"基线标注"命令即可完成。

步骤一:设置"01"图层(红色)为当前图层,以采用"建筑标记"的标注样式"diml"为当前样式。

步骤二:单击下拉菜单"标注"→"线性"或"标注"工具栏中的"线性( )",再单击下拉菜单"标注"→"连续"或"标注"工具栏中的"连续( )",最后单击下拉菜单"标注"→"基线"或"标注"工具栏中的"基线( )",标注效果如图 11-14 所示。

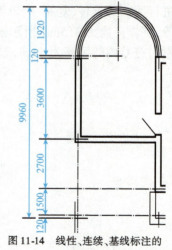

图 11-14　线性、连续、基线标注的效果(尺寸单位:mm)

步骤三:采用"实心闭合"类型箭头的标注样式"dim2"为当前格式,标注阳台半径"R1800",建筑平面图尺寸标注效果如图 11-15 所示。

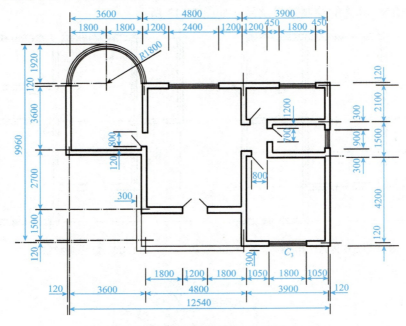

图 11-15　平面图尺寸标注效果(尺寸单位:mm)

小贴士:

(1)标注弧形窗"R1800"时,需要先绘制一个半径为 1800 的辅助圆,待标注完成后再将其删除。

(2)建筑平面图中的标高符号较少,可以与立面图或剖面图的标高一同标注。

以上平面图中还有大量的文字需要注写,可以用"单行文字"或"多行文字"命令录入,并进行适当的旋转、复制、编辑等操作。如"厅""房""厨""厕"及表示门窗的"M_1、C_1""1∶100"等,字样高度为 3.5mm 所示图下方"平面图"字样的字高为 7mm,如图 11-16a)所示;定位轴线索引符号内的字高为 5mm,如图 11-16b)所示。

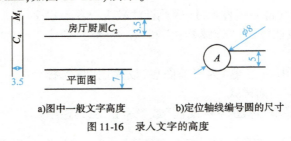

a)图中一般文字高度　　　b)定位轴线编号圆的尺寸

图 11-16　录入文字的高度

第四节　建筑立面图

建筑立面图简称立面图,是建筑物的正投影图,一般建筑的主要入口或比较显著地反映建筑物外貌特征的那一面为正立面图,其余的为背立面图、左侧立面图或右侧立面图,也可以根据建筑的朝向来命名(图 11-1),如南立面图、北立面图、东立面图或西立面图。

建筑立面图的图示方法

1. 比例

立面图常用 1∶50、1∶100、1∶200 的比例,如图 11-1 中南、西立面图采用 1∶100 的比例。

2. 图线

建筑立面的外轮廓线用粗实线(0 图层、白色)绘制,室外地坪线用加粗线(粗实线的 1.4 倍)绘制,门窗、阳台、台阶、窗台、檐口等用中实线(02 图层、青色)绘制,门窗分隔线、局部尺寸、标高用细实线(01 图层、红色)绘制。

3. 尺寸标注

立面图中,不标注水平方向的尺寸,一般只绘制最左、最右两端的定位轴线及编号,以便与建筑平面图对应。应标出室外地坪、室内地面、勒脚、窗台、门窗顶及檐口处的标高,并沿高度方向标注各部分高度尺寸。

二 识读建筑立面图举例

以图 11-1 建筑施工图的立面图为例,主要的识读内容如下:
(1)该房屋朝南的立面为主要立面,大门在南面。
(2)南立面图上两端的轴线为 1 和 4,西立面图上两端的轴线为 D 和 A,其编号与平面图上的编号一致,以便与平面图对照阅读。

建筑立面图识读

(3)南、西立面图外轮廓线用粗实线绘制,室外地坪线用加粗线(粗实线的 1.4 倍)绘制,门窗、阳台、台阶、窗台、檐口等用中实线绘制,门窗分隔线、标高用细实线绘制。
(4)南、西立面图上用标高表示主要部位的高度,由图 11-1 可知,房屋的总高为 3.6m,窗台距地面 0.9m,室外地坪低于室内 0.3m,门前两级台阶到室外地坪 0.28m。

三 绘制立面图举例

1. 绘制南立面图

具体绘制步骤如下:

步骤一:设置"03"图层(绿色)为当前图层,打开"正交""对象捕捉""对象追踪"等辅助工具。在与平面图对齐的适当位置绘制定位轴线"1"和定位轴线"4";再绘制一条标高"±0.000"的辅助线与两定位轴线垂直相交,绘制结果如图 11-17 所示。

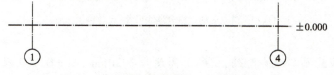

图 11-17 南立面图的定位轴线与 ±0.000"辅助线"

步骤二：设置"0"图层（白色）为当前图层，根据图 11-1 标注的标高、技术说明以及与平面图的对应关系，用"直线"绘制房屋的轮廓线；用"多段线"绘制地坪线，输入"w"，修改多段线的线宽为"85"。绘制结果如图 7-18 所示。

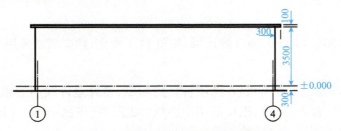

图 11-18　南立面图的外墙轮廓效果（尺寸单位：mm）

步骤三：设置"02"图层（青色）为当前图层，根据图 11-1 标注的标高、技术说明以及与平面图的对应关系，用"直线"绘制房屋的南立面墙的门窗轮廓线，绘制结果如图 11-19a)所示，台阶具体尺寸如图 7-21b)所示。

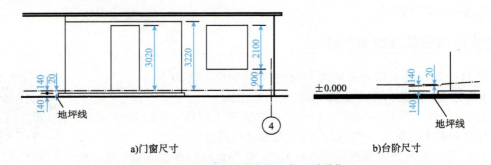

a)门窗尺寸　　　　　　　　　　　　b)台阶尺寸

图 11-19　南立面的门窗与台阶尺寸（尺寸单位：mm）

步骤四：设置"01"图层（红色）为当前图层，绘制门窗的分隔线如图 11-20 所示。

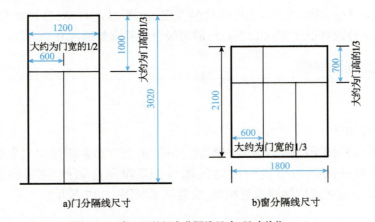

a)门分隔线尺寸　　　　　　　　　　b)窗分隔线尺寸

图 11-20　南立面的门窗分隔线尺寸（尺寸单位：mm）

小贴士：
(1)门的底部应到第二级台阶处，门的总高度为 3020mm，在 ±0.000 以下 20mm 处。
(2)绘制"±0.000"辅助线是为了根据标高计算高度时方便，待绘制完成后应予以删除。

2. 绘制西立面图

具体绘制步骤如下：

步骤一：设置"03"图层（绿色）为当前图层，打开"正交""对象捕捉""对象追踪"等辅助工具。在与平面图对应的适当位置绘制定位轴线"A"和定位轴线"D"。绘制一条与南立面图"+0.000"辅助线平齐的辅助线，并与定位轴"A"和定位轴"D"相交。

步骤二：设置"0"图层（白色）为当前图层，根据图 11-1 标注的标高、技术说明以及与南立面图的对应关系，用"直线"绘制房屋的轮廓线，绘制结果如图 11-21 所示。

步骤三：设置"02"图层（青色）为当前图层，根据图 11-1 标注的标高、技术说明以及与南立面图的对应关系，用"直线"绘制房屋西立面的台阶，台阶尺寸如图 11-22 所示。

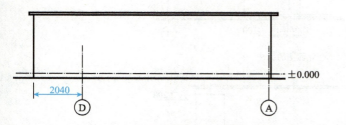

图 11-21 西立面图的外墙轮廓效果（尺寸单位：mm）　　图 11-22 西立面图的台阶尺寸（尺寸单位：mm）

步骤四：设置"02"图层（青色）为当前图层，绘制弧形窗的西立面图。在距定位轴线 D 左侧"120"处绘制与南立面图平齐的弧形窗外轮廓线，如图 11-23a）所示。设置"01"图层（红色）为当前图层，绘制弧形窗的分隔线。在与弧形窗下方的对齐空白绘图区域，绘制一个半径为"1920"辅助圆。将这个圆每隔"22.5"进行等分，再将等分线与圆弧的交点一一向上投影，得到弧形窗的垂直方向的分隔线，如图 11-23b）所示。再在距弧形窗上端"700"处（1/3），绘制水平分隔线。最后修剪、删除辅助线。

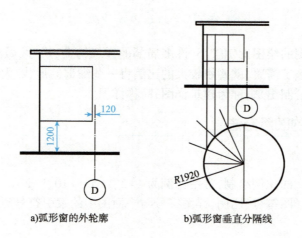

a) 弧形窗的外轮廓　　b) 弧形窗垂直分隔线

图 11-23 西立面图的弧形窗分隔线的画法（尺寸单位：mm）

3. 标注立面图

立面图的尺寸主要是标高以及一些详图中未表示出的局部尺寸,如外墙留洞除注明标高外,还应注出其大小尺寸及定位尺寸。而图 11-1 的南立面图中主要是标高的标注。

按照施工图绘制标高符号,再用"复制""镜像""编辑文字"等命令在南立面图、西立面图和平面图的对应位置插入标高符号。南立面图的标注如图 11-24a)所示,西立面图的标注如图 11-24b)所示。

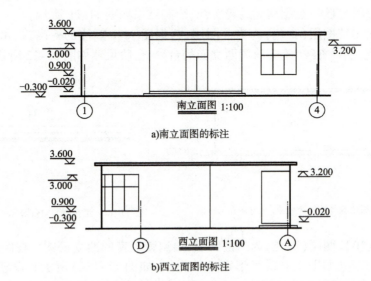

图 11-24　南立面图和西立面图的标注(标高单位:m)

小贴士:
为了使标高的标注位置准确,应使用"对象捕捉"等辅助工具。

第五节　建筑详图

建筑平、立、剖面图的绘图比例较小,许多局部的详细构造、尺寸、做法及施工要求在图上都无法标注。为满足施工需要,就要用较大的比例将一些细部的形状、大小、材料和做法,按正投影图的画法详细地绘制出来,称为建筑详图,简称详图。

一　建筑详图的图示方法

1. 比例与图名

详图一般采用较大的比例绘制,常用比例为 1:2、1:5、1:10、1:20。

详图的图名包括详图符号、比例,详图符号与平面图中的索引符号对应,以便对照查阅。

2. 图线

断面外轮廓线采用粗实线(0 图层,白色)绘制,可见轮廓线为中实线(02 图层,青色)或细实线(01 图层,红色),材料的剖面符号也为细实线。

3. 定位轴线

在详图中一般应画出定位轴线及编号,以便与平、立、剖面图对照。

4. 尺寸与标高的标注

详图要表示所有细节尺寸和重要的标高,并与平、立、剖面图对应。

二 识读建筑详图举例

1. 楼梯剖面详图

以图 11-1 的建筑施工图的门前台阶详图为例,主要的识读内容如下:

建筑详图识读

(1)由图可知,门前台阶详图的比例为"1∶20"。

(2)详图符号 5 表示索引的详图与被索引的图样在同一张图纸上,编号为 5。

(3)由建筑材料图例表可知,图 11-1 的详图表示门前台阶为钢筋混凝土。

(4)详图中尺寸表示了台阶踢面高为 140mm,共两级;梯板厚为 100mm;踏面宽为 300mm;由于踢面上方向前倾斜 20mm,使得踏面宽增大为 320mm。

(5)室外地坪低于室内 0.3m,门前两级台阶顶面低于室内 0.02m。

2. 楼梯平面详图

图 11-25 也是一幅较完整的建筑施工图,与图 11-1 的不同在于它采用平面图、南立面图和 1-1 剖面图的表达方式。

小贴士:

图 11-25 的平面图绘制与图 11-1 大体相似,但又存在一些不同:

(1)图中一些定位轴是以墙外定位(墙外边线与轴线重合)的。

(2)平面图中涂黑的是钢筋混凝土方柱,是主要的承重构件,断面尺寸为 360mm × 360mm,承重柱绘制时外框用"0 图层"(白色),里面用"solid"图案,在"01 图层"(红色)填充。

楼梯的平面图识读如下:

(1)楼梯主要是由楼梯段(简称梯段)、平台和栏板(或栏杆)组成。梯段是联系两个不同标高平面的倾斜构件,上面做有踏步。踏步的水平面称为踏面,铅垂面称为踢面。在图 11-25 中"9×260=2340"表示该梯段每一踏面宽为 260mm,有 9 个踏面,梯段长为 2340mm。

(2)在一梯段的起点处画有一长箭头,并注写"上"或"下"字,表明从该层楼(地)面往上行或下行的方向。图 11-25 表示往下走可到达首层地面。

三 绘制建筑详图举例

1. 绘制、标注台阶详图

图 11-1 详图的比例为 1∶20,可先按平、立面图相同的比例 1∶100 绘制,再将图放大 5 倍。具体绘制步骤如下(注:图中尺寸是绘制的提示尺寸,非标注尺寸):

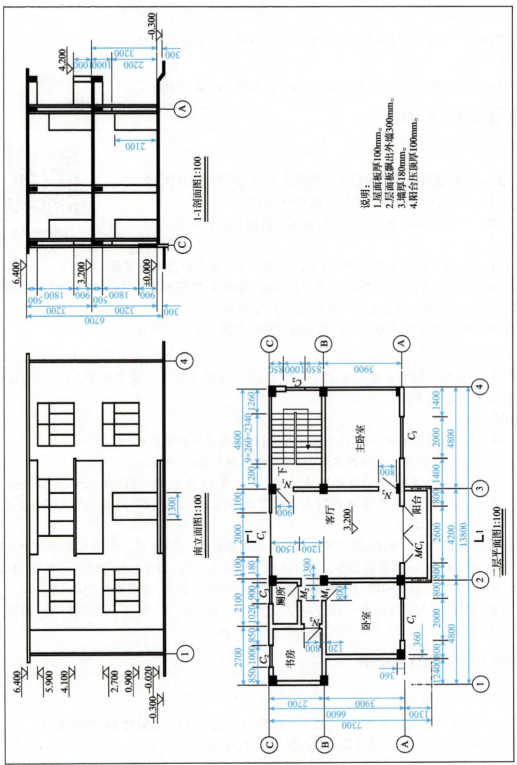

图11-25 建筑施工图（尺寸单位：mm；标高单位：m）

步骤一：设置"0"图层（白色）为当前图层，用"直线"命令绘制台阶面，如图11-26所示。

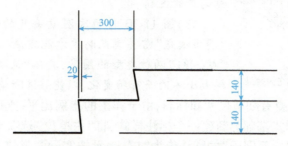

图11-26　详图台阶面的尺寸（尺寸单位：mm）

步骤二：连接A、B两点绘制一条辅助线AB，并将辅助线AB向右下方偏移屋面板的厚度"100"；再将AC、DE向下平移"100"，将平移后的这三条直线延伸直至相交，此三条直线应修改特性为"0"图层（白色，粗实线），绘制结果如图11-27所示。

步骤三：绘制折线将详图的台阶两端封闭，并将台阶面全部向上平移"20"，并修改特性为"01"图层（红色，细实线），绘制结果如图11-28所示。

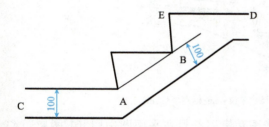

图11-27　详图台阶底部平移的效果（尺寸单位：mm）

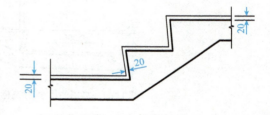

图11-28　详图台阶面向上平移的效果（尺寸单位：mm）

步骤四：将所绘制的图形用"缩放比例"命令将以上图形放大5倍。

步骤五："图案填充"钢筋混凝土。单击下拉菜单"绘图"—"图案填充"，在弹出的"图案填充和渐变色"对话框（图11-29）中，选择"图案"时，打开"填充图案选项板"对话框的"其他预定义"选项卡，单击选取"AR-CONC"类型，并将"比例"值修改为"5"，完成第一次填充。再执行一次"图案填充"命令，选择"图案"为"ANSI"选项卡中的"ANSI31"类型，并将"比例"值修改为"80"，完成第二次填充。经过两次填充的效果如图11-21所示。

图11-29　"图案填充和渐变色"对话框

小贴士：

（1）"图案填充"命令常出现不能执行填充的情况，这往往是由于绘图时未合理使用"对象捕捉"工具而造成被填充区域不封闭或当前窗口中未显示出所有被填充区域以及填充图案太密（比例太小）等原因造成。

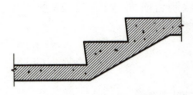

图 11-30　详图两次图案填充的效果

（2）"ANSI31"是单线的，"ANSI32"是双线的，填充时注意两者的区别。

（3）图 11-30 为两次图案填充的效果。钢筋混凝土的"图案填充"需要填充两次才能完成。分别使用"ARCONC""ANSI31"两种类型的图案，具体"比例"的大小一般随着图样大小不同而有所变化，以能够清晰读图为准。

详图的尺寸标注主要有细节尺寸和标高，由于详图的比例比平、立面图大，一般需要在采用"建筑标记"的标注样式基础上新建一个标注样式，将"主单位"选项卡中的"测量单位比例因子"作相应的修改。"比例因子"的默认值为"1"，表示按实际测量值标注尺寸，标注尺寸实际绘图尺寸×比例因子。图 11-1 的详图比例为 1：20，因此将"主单位"选项卡中"测量单位比例因子"改为"20"，并将这个标注样式"置为当前"。

再执行"线性""连续"和"对齐"标注命令，并使用"夹点操作"适当调整自动生成的标注数字的位置，使之美观清晰。将平面图或立面图标注中的"标高"符号进行复制、编辑，完成标高的标注。执行结果如图 11-31 所示。

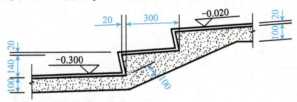

图 11-31　详图的尺寸、标高标注（尺寸单位：mm；标高单位：m）

最后绘制索引符号和详图符号。图 11-1 的详图和索引符号在平面图中用"01 图层"（红色，细实线）绘制，索引符号用于索引剖面详图，还应采用粗实线绘制剖切的位置线。

2. 绘制、标注楼梯平面详图

采用"直线""偏移""修剪"等命令，在"01 图层"（红色）即可完成楼梯的绘制。梯段中表示"上""下"方向直线，用"多段线"绘制，箭头的起点宽度设定为"30"，终点宽度设定为"0"。具体楼梯各部分的尺寸如图 11-32 所示（注意：图中尺寸是绘图的提示尺寸，非标注尺寸）。绘图过程与前文的绘图过程类似，在此不做详细叙述。

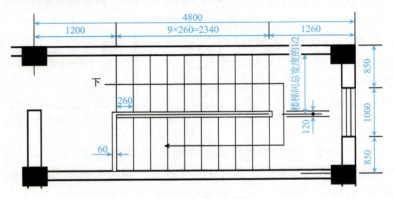

图 11-32　楼梯平面图（尺寸单位：mm）

第六节　建筑剖面图

假想用一个或多个垂直于外墙轴线的铅垂剖切面将建筑物剖开，得到的投影称为建筑剖面图。剖面图用以表示建筑物内部的主要结构形式、分层情况、构造做法、材料及高度等，是与建筑平面图、立面图相互配合的重要图样之一。剖面图的剖切位置应选择平面图上能反映建筑物内部全貌的构造特征或具有代表性的部位，如通过门厅、门窗、楼梯、阳台和高低变化较多的地方。如果是不止一层的建筑，应在首层平面图中标明剖切的位置。剖面图可以用横向剖切，即剖切平面平行于侧立投影面；也可以纵向剖切，即剖切平面平行于正投影面。

一　建筑剖面图的图示方法

1. 比例

剖面图的比例应与平、立面图一致，通常为 1∶50、1∶100、1∶200，多采用 1∶100。

2. 定位轴线

剖面图与立面图一样，一般只绘制两端的定位轴线及其编号，以便与平面图对照。需要时可注出中间的定位轴线。

3. 图线

被剖切到的墙、楼面、屋面、梁的断面轮廓线用粗实线（0 图层，白色）绘制，砖墙一般画图例，钢筋混凝土的楼面、屋面、梁和柱的断面通常涂黑表示，在 AutoCAD 中用"solid"图案填充。当比例为 1∶100 时粉刷层在剖面图中不必画出；当比例为 1∶50 或更大时，粉刷层要用红实线画出。室外地坪线用加粗线（粗实线的 1.4 倍）绘制，门窗洞、阳台、台阶、窗台、楼梯扶手等用中实线（02 图层、青色）绘制，门窗分隔线、尺寸、标高用细实线（01 图层、红色）绘制，定位轴线用细点画线（03 图层，绿色）绘制，具体见表 11-2。

4. 尺寸与标高

剖面图的尺寸和标高与平、立面图相一致。与平面图的尺寸一样，剖面图的尺寸也分为外部尺寸和内部尺寸。外部尺寸一般分为三道：第一道是总高尺寸，表示室外地坪到女儿墙压顶面的高度；第二道是层高尺寸；第三道是细部尺寸，表示门窗洞、窗间墙、墙厚等细部尺寸。内部尺寸表示室内的门、窗、隔断、平台等的高度。

注明室内外地坪的标高，各层楼面的标高、屋面的标高和女儿墙压顶面的标高等。

二　识读建筑剖面图举例

以图 11-25 的 1-1 剖面图为例，主要识读内容如下：

（1）1-1 剖面图的比例为 1∶100。

（2）1-1 剖面图是按图 11-25 二层平面图中 1-1 剖切位置绘制的全剖面图。剖切位置通过客厅、南面二层的阳台和门窗洞，剖切后从左向右进行投影得到横向剖面图，反映了建筑内部全貌的构造特性。

建筑剖面图识读

(3)室内外地坪线用加粗线绘制,地坪线以下部分不画,地梁(或墙体)用折断线隔开,如图 11-25 中 C 轴的位置所示。剖切到的墙体用粗实线绘制,不画图例表示用砖砌成。剖切到楼面、屋面、梁、阳台和女儿墙压顶均涂黑,表示钢筋混凝土。

(4)由 1-1 剖面图两边的细部尺寸可知,首层、二层客厅窗高均为 1800mm,离地 900mm,首层大门高 2200mm,图中还画出了未剖到的可见的门高度为 2100mm,阳台护栏高 1000mm。

(5)由标高尺寸可知,建筑室内外高差 0.3m,首层、二层高度均为 3.2m,总高度为 6.4m。

三 绘制建筑剖面图举例

以图 11-25 建筑施工图中的 1-1 剖面图为例,绘制剖面图的具体过程如下:

步骤一:设置"03"图层(绿色)为当前图层,打开"正交""对象""对象追踪"等辅助工具。在与南立面图对齐的适当位置绘制定位轴线"A"和定位轴线"C"(两定位轴距离为 6600mm),再绘制一条标高为"±0.000"的室内地坪线。

步骤二:根据图 11-25 标注的标高、技术说明以及与平面图的对应关系,用"直线"绘制房屋室内、室外地坪线。绘制结果如图 11-33a)、b)所示。

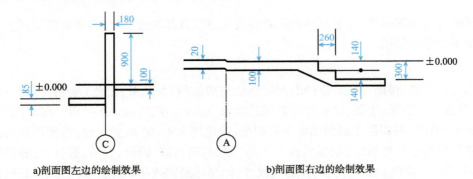

a)剖面图左边的绘制效果　　　　　　b)剖面图右边的绘制效果

图 11-33　1-1 剖面图的室内外地坪线的绘制(尺寸单位:mm)

步骤三:绘制首层窗(01 图层)、门和承重柱(02 图层),楼面隔板(0 图层)。绘制效果如图 11-34 所示。

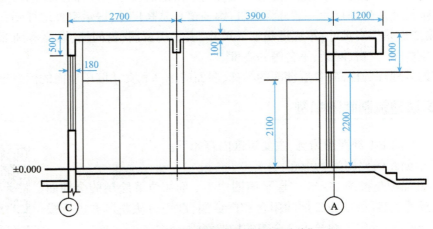

图 11-34　1-1 剖面图首层的绘制效果(尺寸单位:mm)

步骤四:绘制二层窗(01 图层)、门和承重柱(02 图层),楼顶(0 图层)。绘制效果如图 11-35 所示。

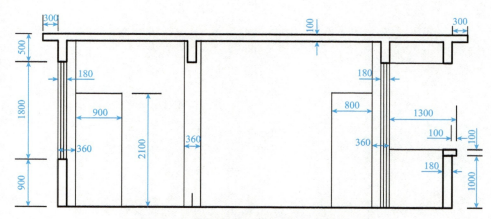

图 11-35　1-1 剖面图二层的绘制效果(尺寸单位:mm)

步骤五:将断面填充"solid"图案(01 图层),填充效果如图 11-36 所示。

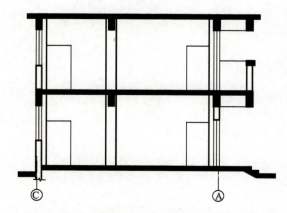

图 11-36　1-1 剖面图的填充效果(尺寸单位:mm)

小贴士:
屋内地坪比屋外第二级台阶高 20mm,由于相差较小,比较容易被忽视。

 复习思考题

1. 建筑施工图的标高标注有哪些注意要点?
2. AutoCAD 软件中标注样式的"测量单位比例因子"应如何调整?
3. 建筑施工图的定位轴线是怎样编排的?

模块五

机械工程图识读

第十二章　机械零件的表达方法

学习指南

为了使图样能完整、清晰地表达零件各部分的结构形状，便于识图和画图，国家标准图样画法[《技术制图　图样画法　视图》(GB/T 17451—1998)、《技术制图　图样画法　剖视图和断面图》(GB/T 17452—1998)、《技术制图　图样画法　剖面区域的表示法》(GB/T 17453—2005)、《机械制图　图样画法　视图》(GB/T 4458.1—2002)和《机械制图　图样画法　剖视图和断面图》(GB/T 4458.6—2002)]规定了绘制机械图样的基本方法和零件形状的表达方法，本章介绍其中常用的一些零件表达方法。

第一节　视　　图

视图就是用正投影法在多面投影中绘制出物体的图形。它主要用来表达物体的外形，必要时才用虚线表达其不可见部分。视图通常有基本视图、向视图、局部视图和斜视图。

向视图、局部视图和斜视图

1. 基本视图

表达形状较为复杂的零件时，仅用主、俯、左三个视图往往不够用，因此，制图标准中规定，以正六面体的六个面为基本投影面，把零件放置在空的正六面体内，将零件分别向六个基本投影面投射，所得的视图称为基本视图，如图 12-1 所示。零件的六个基本视图是由前向后、由上向下、由左向右投射所得主视图、俯视图和左视图，以及由右向左、由下向上、由后向前投射所得右视图、仰视图和后视图。各基本投影面的展开方法如图 12-2 所示，展开后各视图的配置位置如图 12-3 所示。

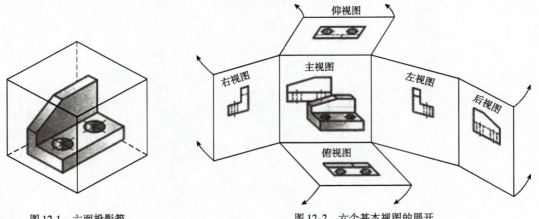

图 12-1　六面投影箱　　　　　　　　图 12-2　六个基本视图的展开

基本视图的配置要注意掌握以下内容：

(1) 投影规律

六个基本视图要保持"长对正、高平齐、宽相等"的投影规律，如主、俯、仰、后视图应长对正，主、左、右、后视图应高平齐，左、右、俯、仰视图应宽相等。

(2) 位置关系

六个基本视图的配置，反映了零件的上下、左右和前后的位置关系，如图 12-3 所示。特别应注意，左、右视图和俯、仰视图靠近主视图的一侧，都反映零件的后面，而远离主视图的外侧，都反映零件的前面。

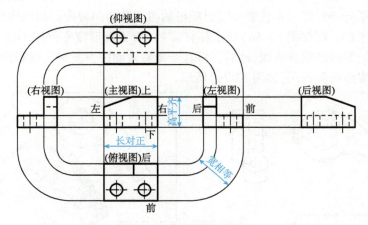

图 12-3　六个基本视图的配置

一般情况下，优先选用主、俯、左视图。

2. 向视图

六个基本视图按如图 12-3 所示配置时，一律不标注视图的名称。如不能按图 12-3 所示配置视图时，则必须在相应视图的投影部位附近，用箭头指明投射方向并注上字母，在对应视图的上方标注"×"（"×"为大写的拉丁字母）。这种位置可自由配置的视图称为向视图，如图 12-4 所示。

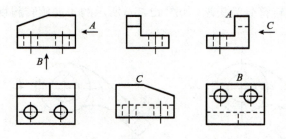

图 12-4　基本视图不按规定配置时的标注方法

为了便于识图，视图一般只画出零件的可见部分，必要时才画出其不可见部分。例如图 12-5 所示零件，为了表达清楚其左右两侧面的形状，采用了三个基本视图，在左、右视图中省略了一些不必要的虚线。

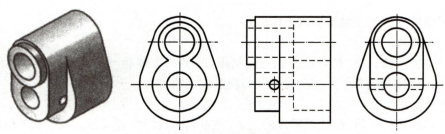

图 12-5　基本视图虚线的省略

3. 斜视图

将零件向不平行于任何基本投影面投射所得的视图称为斜视图。斜视图用来表达零件上倾斜结构的真实形状。例如图 12-6b) 所示压杆零件,为了表示该零件倾斜表面的实形,设置一新投影面平行于零件的倾斜表面,然后以垂直于倾斜表面的方向向新投影面投射,就得到反映零件倾斜表面实形的斜视图,如图 12-7a) 所示。

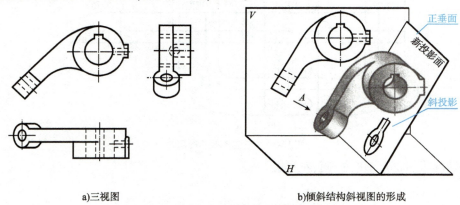

a)三视图　　　　　　　　　　　　b)倾斜结构斜视图的形成

图 12-6　压杆的三视图及斜视图的形成

斜视图画法和标注：

(1)斜视图通常按向视图配置并标注[如图 12-7a)所示的 A 向斜视图],必要时也可配置在其他适当位置。在不致引起误解时,允许将图形旋转,这时用旋转符号表示旋转方向,表示视图名称的"×"写在旋转符号箭头端[如图 12-7b)所示的 A 向旋转斜视图],允许将旋转角度注写在字母之后。

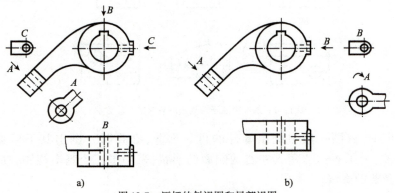

a)　　　　　　　　　　　　　　b)

图 12-7　压杆的斜视图和局部视图

旋转符号的画法和规格如图 12-8 所示。

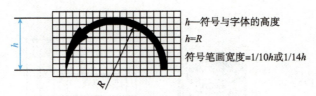

图 12-8　旋转符号的画法和规格

(2)斜视图一般只要求表达出倾斜表面的形状,因此,斜视图的断裂边界以波浪线表示[如图 12-7b)所示的 A 向斜视图]。

4. 局部视图

将零件的某一部分向基本投影面投射所得的视图称为局部视图。它用于表达零件上的局部形状,而又没有必要画出整个基本视图的情况。例如图 12-6a)所示压杆三视图,为了避免画其左侧倾斜部分的非实形图,在俯视图中可假想用波浪线断开,这时俯视图成为只反映大圆筒的 B 向局部视图,此时,还有圆柱筒右侧的凸台形状未表达清楚,将其单独向右侧立面投影,得到 C 向局部视图,如图 12-7a)所示。

局部视图的画法和标注:

(1)局部视图可按基本视图配置[如图 12-7b)所示俯视图],也可以按向视图配置和标注[如图 12-7a)所示的 B、C 向局部视图]。

(2)画局部视图时,视图断裂处边界应以波浪线表示[如图 12-7a)所示 B 向局部视图]。当所表示的局部结构是完整的,且外轮廓线又成封闭时,波浪线可省略不画[如图 12-7a)所示 C 向局部视图]。

用波浪线作为断裂线时,波浪线不应超出断裂机件的轮廓线,应画在机件的实体上,不可画在中空处,图 12-9 用正误对比说明了波浪线的正确画法。

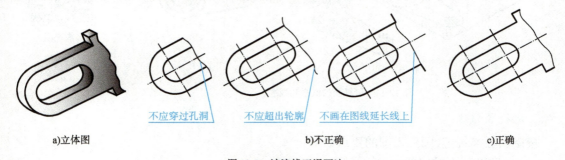

图 12-9　波浪线正误画法

第二节　剖　视　图

视图中,零件的内部形状用虚线来表示,如图 12-10 所示,当零件内部形状较为复杂时,视图上就出现较多虚线,影响图形清晰,给识图、画图和标注尺寸带来困难。为此,国家标准《技术制图　图样画法　剖视图和断面图》(GB/T 17452—1998)和《机械制图　图样画法　剖视图和断面图》(GB/T 4458.6—2002)中给出了物体内部结构及形状表达的方法,即剖视图和断面图。

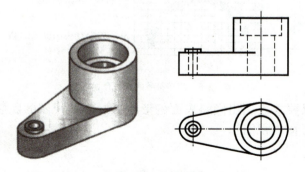

图 12-10　零件的视图

1. 剖视图的概念

假想用剖切面剖开零件,将处在观察者和剖切面之间的部分移去,而将其余部分向投影面投射所得的图形称为剖视图,简称剖视,如图 12-11a)所示。采用剖视后,零件内部不可见轮廓成为可见,用粗实线画出,这样图形清晰,便于识图和画图,如图 12-11b)所示。

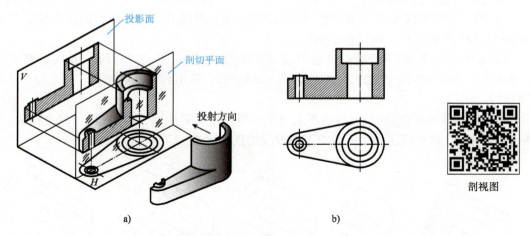

图 12-11　剖视图的概念和画法

剖视图

2. 剖视图画法

按制图标准规定,画剖视图的要点如下:

(1)确定剖切面的位置

为了清晰地表示零件内部真实形状,一般剖切面应平行于相应的投影面,并通过零件孔、槽的轴线或与零件的对称平面相重合,如图 12-11a)所示。

(2)剖视图画法

用粗实线画出零件实体被剖切面剖切后的断面轮廓和剖切面后面零件的可见轮廓。如图 12-12 所示的主视图是图 12-11 零件剖视图中常见的错误表示,注意不应漏画剖切面后面零件的可见轮廓。

剖视图应省略不必要的虚线,如图 12-11b)所示,只有对尚未表示清楚的零件结构形状才画出虚线;或画出虚线对清楚表示零件的结构形状有帮助,而又不影响图形清晰时可画出虚线,如图 12-13 所示。

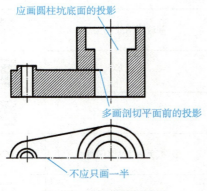

图 12-12　剖视图常见错误

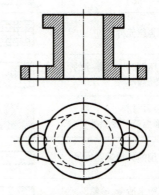

图 12-13　剖视图中虚线的画法

由于零件的剖切是假想的,当一个视图取剖视后,其他视图仍按完整零件的表达需要来绘制。如图 12-12 所示俯视图只画一半是错误的。

(3) 剖面符号画法

剖视图中,剖切面与零件实体相交的截断面图形,称为剖面区域。剖面区域需按规定画出与零件材料相应的剖面符号,如表 12-1 所示。金属材料制成的零件剖面符号,一般应画成与主要轮廓线或剖面区域的对称线成 45°的一组平行细实线,如图 12-14 所示。剖面线之间的距离视剖面区域的大小而异,通常可取 2~4mm;同一零件的各个剖面区域其剖面线画法应一致。

当图形的主要轮廓线或剖面区域的对称线与水平线成 45°或接近 45°时,该图形的剖面线可画成与主要轮廓线或剖面区域的对称线成 30°或 60°的平行线,其倾斜的方向仍与其他图形的剖面线一致,如图 12-15 所示。

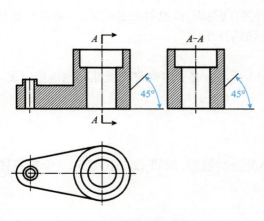

图 12-14　剖视图中的剖面符号画法

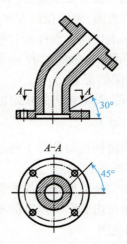

图 12-15　主要轮廓线与水平线成 45°时剖面符号的画法

剖面符号　　　　　　　　　　　　　　　　　　表 12-1

名称	剖面符号	名称	剖面符号
金属材料（已有规定剖面符号者除外）		木质胶合板	
线圈绕组元件		基地周围的泥土	
转子、电枢、变压器和电抗器等的叠钢片		混凝土	
非金属材料（已有规定剖面符号者除外）		钢筋混凝土	
玻璃及供观察用的其他透明材料		格网（筛网、过滤网等）	
塑砂、填沙、粉末冶金、砂轮、陶瓷刀片、硬质合金刀片等		固体材料	
木材 纵剖面		液体材料	
木材 横剖面		气体材料	

（4）剖视图的标注

为了识图时便于找出剖视图与其他视图的投影关系，一般应在相应的视图上用剖切符号表示剖切平面的位置，用箭头表明投射方向，并注上字母，在剖视图正上方注出相应字母"$X\text{-}X$"，如图 12-14、图 12-15 所示的 $A\text{-}A$ 剖视图。

剖切符号用断开的粗实线表示，线宽为 $1\sim1.5d$（d 为粗实线线宽），线长约 5mm，画时应尽可能不与图形的轮廓线相交。

当剖视图按投射关系配置，中间又没有其他图形隔开时，可省略箭头，如图 12-14、图 12-15 所示的 $A\text{-}A$ 剖视图，表示投射方向的箭头均可省略。

当用单一剖切面过零件的对称平面剖切所得的剖视图，按投射关系配置，中间又没有其他图形隔开时，可省略标注，如图视图 12-11b）所示的剖视图。

（5）剖视图的配置

剖视图可按基本视图的规定配置，如图 12-14 所示。必要时允许配置在其他适当位置。

3. 剖视图分类

制图标准将剖视图分为下列三类：

（1）全剖视图

用剖切面完全地剖开零件所得的剖视图称为全剖视图，如图 12-11b）所示。全剖视图应用于外形简单而内部形状复杂的不对称零件。

（2）半剖视图

当零件具有对称平面时，在垂直于对称平面的投影面上投射所得的图，可以以对称中心线为界，一半画成剖视，另一半画成视图，这种剖视图称为半剖视图。半剖视图的剖切方法与全剖视图相同，如图 12-16 所示，仅仅是画图时取走一半。

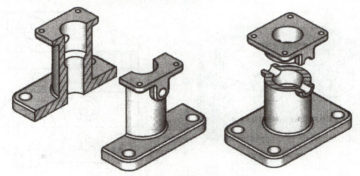

图 12-16　半剖视图的剖切

如图 12-17 所示，半剖视图适用于内外形状都需要表达，且具有对称平面的零件。半剖视图的剖切方法与标注方法与全剖视图相同，如图 12-17 所示配置在主视图位置的半剖视图，符合省略标注的条件，所以不加标注；而俯视图位置的半剖视图，剖切平面不通过零件的对称平面，所以应加标注。

画半剖视图时应注意：

①半剖视图中，剖视和视图的分界线规定画成点画线，如图 12-17 所示，而不是画成粗实线。

②半剖视图中，零件的内部形状已由半个剖视表达清楚，所以，另半个视图中表示内部形状的虚线不必画出，如图 12-17 所示。

③若零件的形状接近于对称，且不对称部分已在其他视图表示清楚时，也可画成半剖视图，如图 12-18 所示。

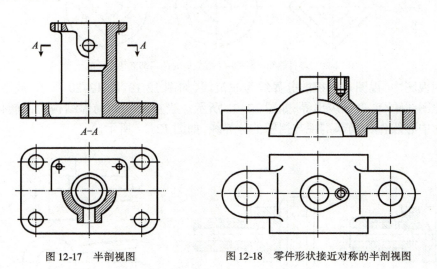

图 12-17　半剖视图　　　　图 12-18　零件形状接近对称的半剖视图

（3）局部剖视图

用剖切面局部地剖开零件所得的剖视图称为局部剖视图：如图 12-19 所示。局部剖视适用于内外形状都需要表达且又不对称的零件,其剖切范围的大小,决定于需要表达的内外形状。

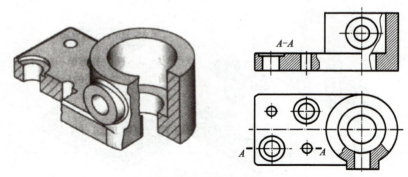

图 12-19　局部剖视图

当对称零件的轮廓线与对称中心线重合时,应画成局部剖视图,如图 12-20 所示,而不应采用半剖视图。

局部剖视图应用的情况较广,但应注意,在同一视图中,不宜多处采用局部剖视图,这样会使图形显得凌乱。

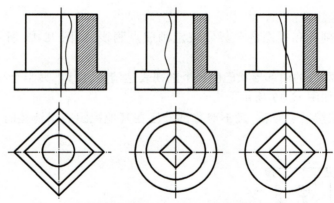

图 12-20　零件棱线与对称中心线重合时的局部剖视图画法

局部剖视图中,视图与剖视的分界线为波浪线,如图 12-19、图 12-20 所示,波浪线不应与图样的其他图线重合,也不应出界,如图 12-21 所示。当被剖切的局部结构为回转体时,允许将该结构的中心线作为局部剖视与视图的分界线,如图 12-22 所示。

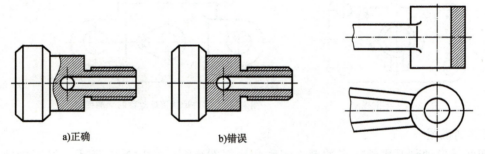

a)正确　　　　　　　b)错误

图 12-21　波浪线不应与轮廓线重合　　　图 12-22　回转体结构以中心线为分界线

局部剖视图的标注方法,如图 12-19 A-A 局部剖视所示。若为单一剖切面,且剖切位置明显时,局部剖视图的标注一般可省略,如图 12-19 所示的其他两处的局部剖视。

4. 剖视图的剖切方法

由于零件的结构形状不同,画剖视图时,可采用不同的剖切方法。可用单一剖切面剖开零件,也可用两个或两个以上剖切面剖开零件,剖切面可以是平面或曲面。剖切面一般平行于基本投影面,但也可倾斜于基本投影面。制图标准规定了不同的剖切方法,上面已介绍了用单一剖切平面剖开零件的方法,下面介绍用倾斜于基本投影面和两个以上剖切平面剖开零件的方法。

(1) 不平行于任何基本投影面的剖切面

用不平行于任何基本投影面的剖切面剖开零件的方法称为斜剖。它用来表达零件倾斜部分的内形,如图 12-23 所示。斜剖获得的剖视图,一般按投射关系配置,并加以标注,如图 12-23b) 所示,在不致引起误解时,允许将图形旋转,这时用旋转符号表示旋转方向,表示视图名称的"X-X"写在旋转符号箭头端,允许将旋转角度注写在字母之后,如图 12-23c) 所示。

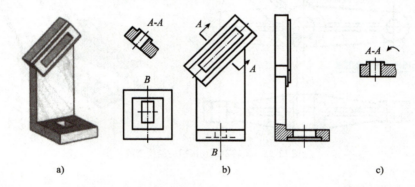

图 12-23 斜剖视图

(2) 两相交剖切面

用两相交的剖切面(交线垂直于某一基本投影面)剖开零件的方法称为旋转剖。它用来表达那些具有明显回转轴线,分布在两相交平面上的内形的零件,如图 12-24 所示。应注意,用这种方法画剖视图时,先假想按剖切位置剖开零件,然后将被倾斜剖切平面剖开的结构及其有关部分旋转到与选定的投影面(如图 12-24 所示的侧面)平行后,一并进行投射。在剖切平面后的其他结构,一般仍按原来位置投射,如图 12-25 所示 A-A 上剖视图中小圆孔画法。另外,当剖切面沿纵向剖切薄壁结构(如图 12-25 所示的肋板)时,不画剖面符号,且用粗实线将其与相邻部分分开,如图 12-25 所示的 A-A 剖视图。

用旋转剖的方法获得的剖视图,必须加以标注,只有当剖视图按投射关系配置,中间又没有其他图形隔开时,才可省略箭头,如图 12-24、图 12-25 所示。

(3) 几个平行的剖切平面

用几个平行的剖切平面剖开零件的方达称为阶梯剖,用来表达零件在几个平行平面不同层次上的内形。如图 12-26 所示为用两个平行剖切平面剖开零件画出的剖视图。

217

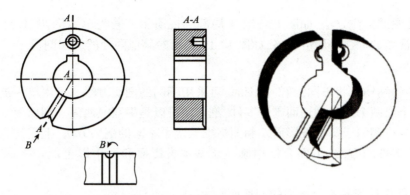

图 12-24 回转体结构以中心线为分界线

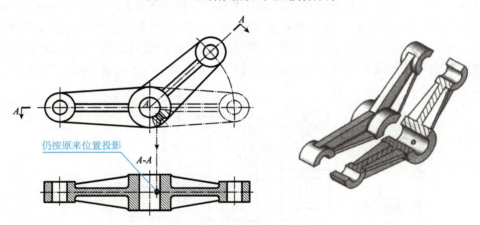

图 12-25 旋转剖剖切面后的结构画法

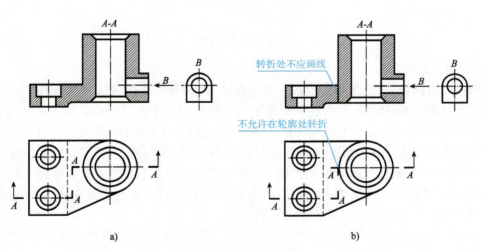

图 12-26 阶梯剖的剖视图

画阶梯剖时应注意：

①剖切平面的转折处，不允许与零件上的轮廓线重合。在剖视图上，不应画出两个平行剖切平面转折处的投影，如图 12-26b) 所示。

②用这种方法画剖视图时,在图形内不应出现不完整的要素,如半个孔、不完整肋板等,仅当两个要素在图形上具有公共对称中心线或轴线时,方可以各画一半,这时应以对称中心线为界,如图 12-27 所示。

用阶梯剖的方法获得的剖视图,必须加以标注,省略箭头的条件同旋转剖,如图 12-26 所示。

(4)组合的剖切面

用组合的剖切平面剖开零件的方法称为复合剖视。它用来表达内形较为复杂,且又不能用上述方法简单集中地表达内形的零件,如图 12-28、图 12-29 所示。

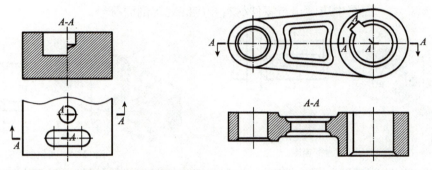

图 12-27 具有公共对称中心线的两要素的阶梯剖画法　　图 12-28 复合剖视图

用复合剖方法获得的剖视图,必须加以标注,当剖视图采用展开画法时,应标注"X-X 展开",如图 12-29 所示。

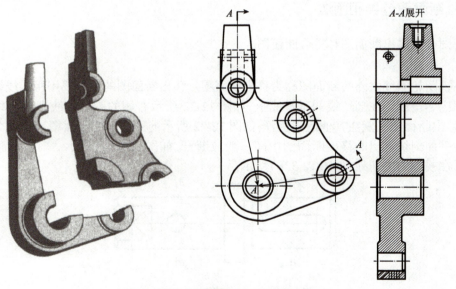

图 12-29 复合剖的展开画法

上述各种剖切方法获得的剖视图,可以是全剖视图(图 12-24 ~ 图 12-26、图 12-28),也可以是半剖视图或局部剖视图。

第三节 断 面 图

一 断面图的概念

假想用剖切平面将零件某处切断,仅画出断面的图形称为断面图(简称断面)。断面图用来表达零件上某一局部的断面形状,如图 12-30 所示表示轴上键槽处的断面形状,如图 12-31 所示表示角钢的断面形状。为了表示截断面的实形,剖切平面一般应垂直于所要表达零件结构的轴线或轮廓线。断面图中应画出与零件材料相应的规定剖面符号。

断面图

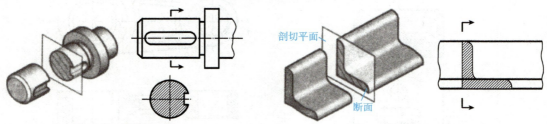

图 12-30　键槽断面图　　　　　　　图 12-31　角钢断面图

将断面图与剖视图进行比较可知,对仅需要表达断面形状的结构,采用断面图比剖视图表达更为简洁、方便。断面图常用于表达轴、杆类零件、变截面零件局部的断面形状,以及零件上肋板、轮辐的断面形状等。

二 断面图分类和画法

断面图分为移出断面图和重合断面图。

1. 移出断面图画法

画在视图轮廓线之外的断面图称为移出断面图。移出断面图的轮廓线用粗实线绘制。移出断面图应尽量配置在剖切线的延长线上,如图 12-32 所示右侧的细点划线即剖切线。必要时,可将移出断面图配置在其他适当位置,如图 12-32 所示的 A-A、B-B 断面图。由两个或多个相交剖切平面剖切得出的移出断面图中间一般应断开,如图 12-33a)所示。对称的移出断面图也可画在视图的中断处,如图 12-33b)所示。

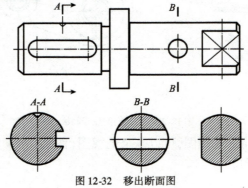

图 12-32　移出断面图

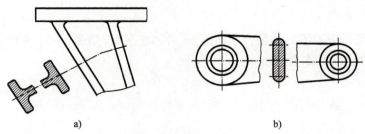

图 12-33　移出断面图

应注意：

(1) 当剖切平面通过回转面形成的孔或凹坑的轴线时，这些结构按剖视绘制，如图 12-32 所示的 A-A、B-B 断面图。

(2) 当剖切平面通过非圆孔导致出现完全分离的两个断面时，则这些结构亦应按剖视绘制，如图 12-34 所示的 A-A 断面图。

2. 重合断面图画法

画在视图轮廓线内的断面图称为重合断面图。重合断面图的轮廓线用细实线绘制。当视图中的轮廓线与重合断面图的图形重叠时，视图中的轮廓线仍应连续画出，不可间断，如图 12-31 所示。重合断面图画成局部时，习惯上不画波浪线，如图 12-35 所示。

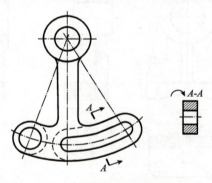

图 12-34　非圆孔移出断面图的画法图

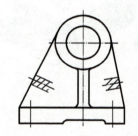

图 12-35　对称重合断面不必标注

三　断面图的标注

1. 移出断面图的标注

移出断面图一般用剖切符号表示剖切位置，用箭头表示投射方向，并注上字母，一律水平书写，在断面图的上方应用相同的字母标出相应的名称"X-X"，如图 12-32 所示的 A-A 断面图。

应注意：

(1) 配置在剖切符号延长线上的不对称移出断面图，可省略字母，如图 12-30 所示。

(2) 不配置在剖切符号延长线上的对称移出断面图以及按投射关系配置的不对称移出断面图，均可省略箭头，如图 12-32 所示的 B-B 断面图。

(3) 配置在剖切符号延长线上的对称移出断面(如图 12-32 所示的右端的移出断面)和配置在视图中断处的对称移出断面图(图 12-33)，均不必标注。

2. 重合断面图的标注

配置在剖切符号上的不对称重合断面图,不必标注字母,如图 12-31 所示。对称的重合断面图,不必标注,如图 12-35 所示。

第四节　简化画法和局部放大图画法

一　简化画法

简化画法是对零件的某些结构图形表达方法进行简化,使图形既清晰又简单易画,下面介绍制图标准规定的一些常用简化画法和其他表达方法。

(1)肋板和轮辐剖切后的画法。对于零件上的肋、轮辐及薄壁等结构,当剖切平面沿纵向剖切时,这些结构不画剖面符号,而用粗实线将它与其邻接部分分开,如图 12-36 所示的 A-A 剖视图中肋的简化画法,以及如图 12-37 所示的剖视图轮辐的简化画法。当剖切平面垂直于肋剖切时,则肋的断面必须画出剖面符号,如图 12-36 所示的 B-B 剖视图。

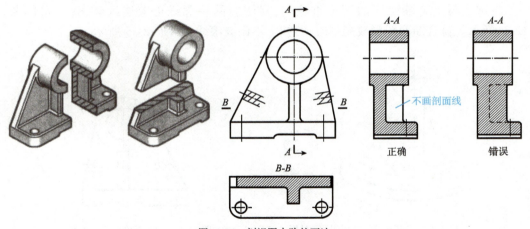

图 12-36　剖视图中肋的画法

(2)当回转体零件上均匀分布的肋、轮辐、孔等结构,不处于剖切平面上时,可将这些结构旋转到剖切平面上画出其剖视图,如图 12-37 所示的轮辐以及如图 12-38 所示的肋板和孔。

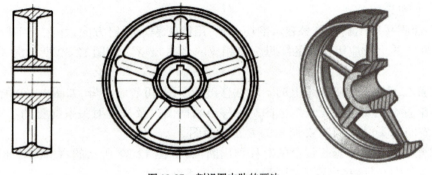

图 12-37　剖视图中肋的画法

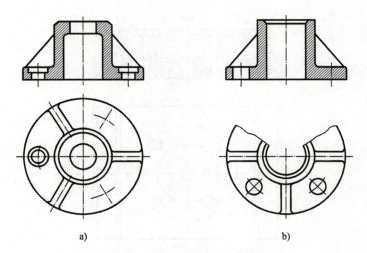

图 12-38　均布肋、孔的简化画法

(3)在不致引起误解时,移出断面图允许省略剖面符号,如图 12-39 所示。

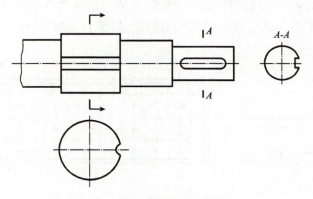

图 12-39　不画剖面符号的移出断面图

(4)在需要表示位于剖切平面前面的零件结构时,这些结构按假想投影的轮廓线(细双点划线)绘制,如图 12-40 所示。

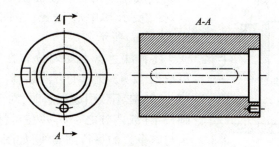

图 12-40　假想画法

(5)必要时,允许在剖视图中再作一次简单的局部剖,采用这种方法表达时,两个剖面的剖面线应同方向、同间隔,但要相互错开,并用引出线标注其名称,如图 12-41 所示。

223

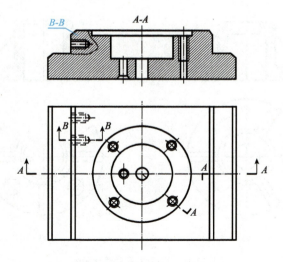

图 12-41 在剖视图中再作一次局部剖

(6)当零件上具有若干相同结构,如齿、槽等,并按一定规律分布时,只需画出几个完整的结构,并采用细实线连接,在图上注明该结构的总数,如图 12-42a)所示。

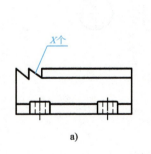

a)

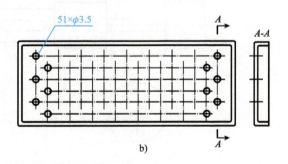

b)

图 12-42 相同结构的简化画法

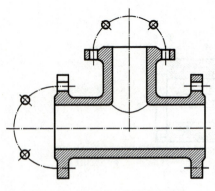

图 12-43 法兰盘上均布孔的画法

当零件上具有若干直径相同且成规律分布的孔(圆孔、沉孔等),可以仅画出一个或几个,其余只需用点划线表示其中心位置,在图上注明孔的总数,如图 12-42b)所示。

零件法兰盘上均匀分布在圆周上直径相同的孔,可按图 12-43 所示的方法绘制。

(7)在不致引起误解时,对于对称零件的视图可只画一半(或四分之一),并在对称中心线的两端画出两条与其垂直的平行细实线,如图 12-44 所示。

(8)零件上对称结构的局部视图,可按图 12-45 所示的方法绘制。

模块五 / 第十二章 机械零件的表达方法

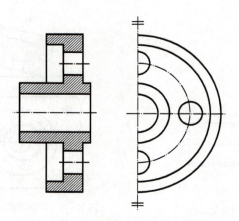

图 12-44 对称零件视图的简化画法

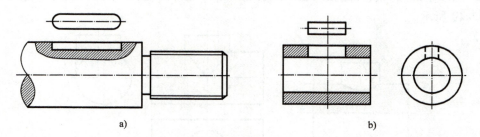

图 12-45 对称局部视图的画法

（9）零件上较小结构所产生的交线，如在一个图形中已表示清楚时，其他图形可简化或省略，如图 12-45、图 12-46a）所示。零件上斜度不大的结构，其投影可按小端画出，如图 12-46b）所示。

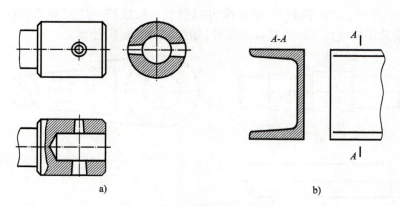

图 12-46 较小结构的简化画法

（10）零件上的滚花、槽沟等网状结构应用粗实线完全或部分地表示出来，并在零件图上注明其具体要求，如图 12-47 所示。

（11）与投影面倾斜角度小于或等于 30° 的圆或圆弧，其投影可用圆或圆弧代替，如图 12-48 所示。

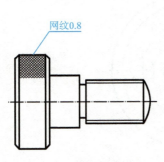
图 12-47 滚花的简化画法

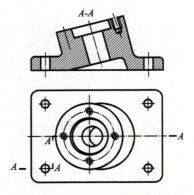
图 12-48 倾斜圆或圆弧的简化画法

（12）图形中的相贯线和过渡线在不致引起误解时允许简化，如用圆弧或直线替代非圆曲线，图 12-49 所示。

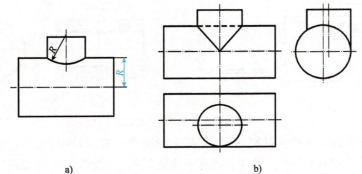
图 12-49 相贯线的简化画法

（13）较长的零件，如轴、连杆等，沿长度方向形状一致或按一定规律变化时，可断开后缩短绘制，断开后的结构应按实际长度标注尺寸，如图 12-50a)、b) 所示。

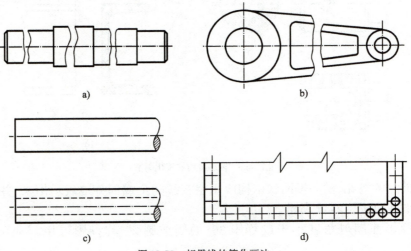
图 12-50 相贯线的简化画法

断裂处的边界线除用波浪线或双点划线绘制外,对于实心和空心圆柱可按图 12-50c)绘制,对于较大的零件,断裂处可用双折线绘制,如图 12-50d)所示。

二 局部放大图画法

将零件的部分结构,用大于原图形所采用的比例画出的图形称为局部放大图。它用来表达视图中表示不清楚或不便标注尺寸的零件细部结构,如图 12-51 所示。

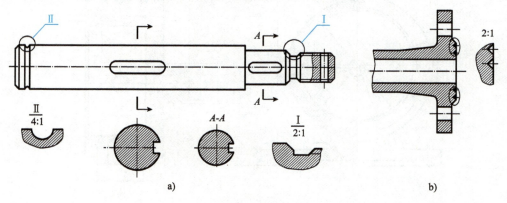

图 12-51 局部放大图

绘制局部放大图时,应用细实线圈出被放大的部位,并尽量配置在被放大部位的附近。当零件上有几个被放大的部位时,必须用罗马数字依次标明被放大的部位,并在局部放大图上方标注出相应的罗马数字和所采用的比例(实际比例,不是与原图的相对比例),如图 12-51a)所示的Ⅰ、Ⅱ局部放大图。当零件上被局部放大的部位仅有一处时,在局部放大图的上方只需标明所采用的比例,如图 12-51b)所示。

第五节 表达方法举例分析

在绘制机械图样时,应根据零件的具体情况而综合运用视图、剖视和断面等各种表达方法。一个零件往往有几种不同的表达方案。在确定表达方案时,还应结合标注尺寸等问题一起考虑。

如图 12-52 所示为一泵体,其表达方法分析如下:

1. 分析零件形状

泵体的上面部分主要由直径不同的两个圆柱体、圆柱形内腔、左右两个凸台以及背后的锥台等组成;下面部分是一个长方形底板,底板上有两个安装孔,中间部分为连接块,它将上下两部分连接起来。

2. 选择主视图

通常选择最能反映零件特征的投射方向作为主视图的投射方向,如图 12-52 箭头所示。

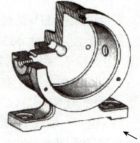

图 12-52 泵体

由于泵体最前面的圆柱直径最大,它遮住了后面直径较小的圆柱,为了表达它的形状和左右两端的螺孔以及底板上的两个安装孔,主视图上应取剖视;但泵体前端的大圆柱及均布的三个螺孔也需表达,考虑到泵体左右是对称的,因而选用了半剖视图以达到内、外结构都能表达的要求,如图12-53所示。

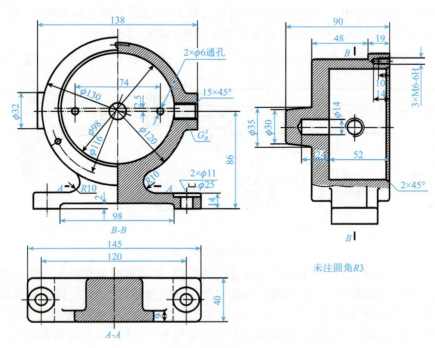

图 12-53　泵体的表达方法(尺寸单位:mm)

3. 选择其他视图

如图12-53所示,选择左视图表示泵体上部沿轴线方向的结构,为了表示内腔形状应取剖视,但若作全剖视图,则由于下面部分都是实心体,没有必要全部剖切,因而采用局部剖视,这样可保留一部分外形,便于识图。

底板及中间连接块和其两边的肋,可在俯视图上取全剖视表达,剖切位置选在图上的 A-A 处较为合适。

4. 利用标注尺寸帮助表达

零件的某些细节结构,还可以利用所标注的尺寸来帮助表达,例如泵体后的圆锥形凸台,在左视图上注上尺寸 $\phi 35$ 及 $\phi 30$ 后,在主视图上就不必再画虚线;又如主视图上尺寸 $2\times\phi 6$ 后面加上"通孔"两字后,就不必另画视图表达该两孔了。

前面章节中介绍了在视图上的尺寸标注,这些标注方法同样适合剖视图。但在剖视图上标注尺寸时,还应注意以下几点:

(1)在同一轴线上的圆柱和圆锥的直径尺寸,一般应尽量注在剖视图上,避免标注在投影为同心圆的视图上,如图12-53所示的左视图上的 $\phi 14$、$\phi 30$、$\phi 35$ 等。但在特殊情况下,当剖视图上标注直径尺寸有困难时,可以注在投影为圆的视图上。如泵体的内腔是一偏心距为

2.5 的圆柱,为了明确表达各部分圆柱的轴线位置,其直径尺寸 φ98、φ120、φ130 等应标注在主视图上。

(2)当采用半剖视后,有些尺寸(如主视图上的直径中 φ120、φ130、φ116 等)不能完整地标注出来,则尺寸线应略超过圆心或对称中心线,此时仅在尺寸线的一端画出箭头。

(3)在剖视图上标注尺寸,应尽量把外形尺寸和内部结构尺寸分开在视图的两侧标注,这样既清晰又便于识图,如在左视图上将外形尺寸 90、48、19 和内形尺寸 52、24 分开标注。为了使图面清晰、查阅方便,一般应尽量将尺寸标注在视图外。但如果将泵体左视图的内形尺寸 52、24 引到视图的下方,则尺寸界线引得过长,且穿过下部不剖部分的图形,这样反而不清晰,因此这时可考虑将尺寸标注在视图内。

(4)如必须在剖面线中标注尺寸数字时,则应在数字处将剖面线断开,如左视图的孔深 24。

第十三章 零件图

学习指南

本章主要介绍零件图的作用与内容、各类零件表达方案、工艺结构以及零件图的尺寸标注方法。

第一节 零件图的作用与内容

一 零件图的作用

机器都是由零件和部件组成。零件设计得合理与否及制造质量的好坏,必然影响零件的使用效果乃至整台机器的性能。因此,零件图要准确地反映设计思想并提出相应的零件质量要求。事实上,在零件的生产过程中,零件图是最重要的技术资料,是制造和检验零件的依据。如图 13-1 所示为铣刀头立体图,其轴的零件图如图 13-2 所示。

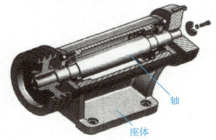

图 13-1 铣刀头立体图

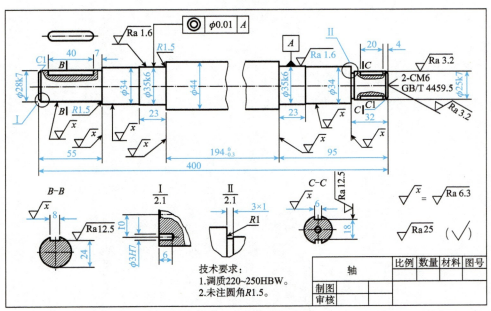

图 13-2 铣刀头轴的零件图

二 零件图的内容

一张完整的零件图应包括一组图形、全部尺寸、技术要求以及标题栏四项内容。

（1）一组图形：用一组图形（包括视图、剖视图、断面图等）把零件各部分的结构形状表达清楚。

（2）全部尺寸：用一组尺寸把零件各部分的形状、大小及其相互位置确定下来。

（3）技术要求：用一些规定的符号、数字、字母和文字注解，说明零件在使用、制造和检验时应达到的技术性能要求（包括表面粗糙度、尺寸公差、几何公差、表面处理和材料热处理的要求等）。

（4）标题栏：在标题栏中填写出零件的名称、材料、图样的编号、比例、制图人与校核人的姓名和日期等。

零件图（一）

零件图（二）

第二节　零件表达方案的选择

零件的表达方案就是用若干个图形（视图、剖视图、断面图……），把零件的内、外结构形状表达出来。一般来说，零件的表达方案不止一个，这就要求对零件进行分析，并结合零件的加工和使用，选择一个较好的表达方案。较好的表达方案应该把零件形状完整、清晰、合理地表达出来，并力求画图简便，读图容易。

要达到上述要求，首先应选择好主视图，然后合理选配其他视图。

一 视图的选择

1. 主视图的选择

主视图是最重要的视图，主视图选择合理与否直接影响整个表达方案是否合理，对画图和识图影响很大。主视图的选择原则如下：

（1）形状特征原则。从形体分析的角度来说，应选择能将零件各组成部分的形状及其相对位置反映得最清楚的方向作为主视图的投射方向，如图13-3所示。

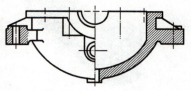

图13-3　主视图的选择-形状特征原则

（2）加工位置原则、工作位置原则和自然放置原则。主视图应尽可能反映零件的加工位置、工作位置或自然放置位置，这是确定零件安放位置的依据。

①零件的加工位置原则：零件在制造过程中，特别是在机械加工时，要把它固定和夹紧在一定位置上进行加工。在选择主视图时，应尽量与零件的加工位置一致，这样画主视图的优点是便于工人识图加工。

对在车床上加工的轴、套、轮和盘等零件，一般应按加工位置画主视图，轴线水平放置，如

图13-2、图13-4所示。

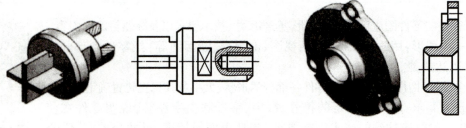

a)轴套类零件　　　　　　　　b)轮盘类零件

图13-4　按加工位置选择主视图

②零件的工作位置原则：零件安装在机器上都有一定的工作位置。主视图与工作位置一致的优点是，便于对照装配图识图和画图。

对于支座、箱体类零件，因其结构形状比较复杂，在加工不同的表面时往往其加工位置也不同，这类零件一般按工作位置画主视图，如图13-5所示。

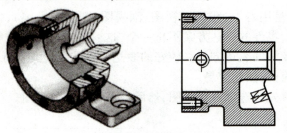

图13-5　按工作位置选择主视图

③零件的自然放置原则：当加工位置各不相同，工作位置不固定时，零件按其自然安放位置画主视图。

对于叉、架等类零件，由于这类零件加工位置不定，通常以自然放置平稳，并综合考虑形状特征原则确定主视图，如图13-6所示。

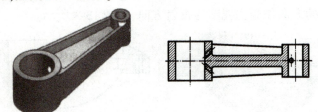

图13-6　按自然放置选择主视图

此外，选择主视图还要考虑其他视图的合理布置，充分利用图纸幅面。

2. 其他视图的选择

(1)以主视图为基础，本着易画、易看、完整、清晰的原则，确定其他图形。

(2)每个视图都有表达重点，各个视图应互相配合、补充而不重复。视图数量不宜过多，以免烦琐、主次不分。

(3)在选择其他视图时，零件的主要结构和主要形状，优先选用基本视图或在基本视图上取剖视的方法表达；次要结构、细节、局部形状采用局部视图、局部放大图、断面图等表达。

（4）优先选用人们习惯的视图，如用左视与右视或俯视与仰视表达相同的内容时，优先选用左视和俯视。

（5）采用局部视图、斜视、斜剖时，尽可能按投影关系就近配置。

（6）图面布局要合理，既要美观、清晰，又要充分利用图幅。

3. 零件表达方案的选择步骤

（1）对零件进行形体、结构分析（包括零件的装配关系及功用）和工艺分析（零件的制造加工方法），分清主要部分和次要部分。

（2）选择主视图。在确定主视图的投射方向后，根据零件的特点，应尽量选择零件的主视图为其工作位置或加工位置。

（3）确定其他视图。确定图形的数量和每个图形的表达方法。先考虑主要部分，用基本视图把主要部分表示出来，再考虑次要部分，用局部视图、局部放大图、断面图等表达次要部分。

（4）全面检查表达方案，并做适当的调整和修改。

需注意的是，上述步骤并不是截然分离的，检查调整常常包含在选择表达方案的过程之中。

二 四类典型零件的表达方案分析

根据零件的结构形状以及在机器中的作用不同，一般可把零件分为轴套类、盘盖类、叉架类和箱体类四类，每一类零件的表达方案都有其各自的特点。

1. 轴套类零件

轴套类零件包括轴、轴套、衬套、阀杆等。轴套类零件在工作中常起着支承或传递动力的作用。这类零件的主要结构由直径大小各异的圆柱、圆锥体共轴线组成，一般轴向长度尺寸大于径向尺寸，局部结构有倒角、倒圆、键槽、退刀槽、中心孔和螺纹孔等。

这类零件的主体通常在车床、磨床上加工，加工时轴线水平放置。所以，零件的表达方案为满足加工时的识图需要，常采用一个轴线水平的主视图（套类零件采用剖视），并配合尺寸标注来表达零件主体结构。孔、槽等一些细小结构常采用局部剖视图、断面图及局部放大图等表达，如图 13-7 所示。对于结构简单而较长的轴段，常采用断开画法，如图 13-2 所示。

2. 轮盘类零件

通常将齿轮、手轮、带轮、端盖、法兰盘等称为轮盘（或盘盖）类零件。图 13-8 所示的盘盖类零件即为这类零件。这类零件在机器中主要起传递动力、支承、轴向定位及密封等作用。轮盘（或盘盖）类零件的主要结构一般为多个同轴回转体或其他平板形，其轴向尺寸较小而径向尺寸较大，或者形状扁平，常带有各种形状的凸缘、均布的圆孔、轮辐或肋等结构。

轮盘类零件主要在车床上加工，选择主视图时，应按照加工位置将轴线水平放置，并采用剖视（或局部剖视）图表达内部结构。尤其对于以回转体为主要结构的零件，通常将非圆视图作为主视图，用其他基本视图，如左视图等来表达端面形状结构，如图 13-8 所示。对于轮辐、肋等结构，其横截面常采用断面图表示。细小结构如小孔、油槽须采用局部放大图表示。

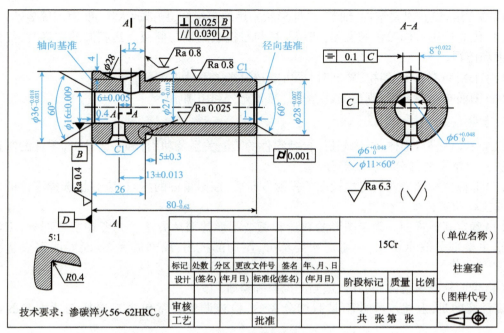

图 13-7 轴套类零件

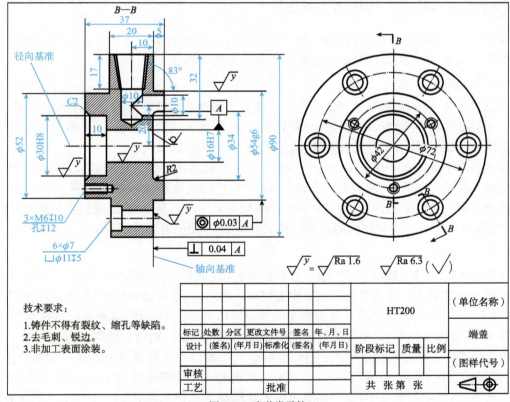

图 13-8 盘盖类零件

3. 叉架类零件

通常把拨叉、连杆、摇臂、托架及支座等零件归纳为叉架类零件。叉架类零件形状各异，零件常大小端不一，有些还有倾斜、弯曲结构，多为锻件和铸造件。

叉架类零件常在车床、铣床等设备上加工，但加工位置不固定，而一些零件的工作位置还是比较明显的，因此，多按形状特征和工作位置来确定主视图。叉架类零件一般采用一个全剖视或局部剖视的基本视图表示内部结构形状，同时选择另一基本视图反映外形结构与相邻结构的表面连接形式，如图 13-9 所示的连杆零件图。叉架类零件的结构形状较复杂，所以视图数量较多。对一些不平行于基本投影面的结构形状，常采用斜视图、斜剖视图和断面图来表示。

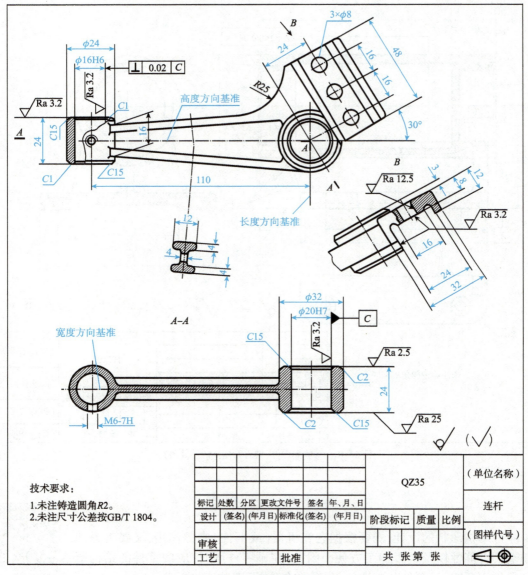

图 13-9 连杆零件图

4. 箱体类零件

通常把机床床身、泵体、变速器的壳体等归纳为箱体类零件，这类零件通常是部件的主体，有较大的空腔，用于支承、包容、保护相关零件。除根据设计要求箱体类零件本身结构形状可能比较复杂外，其上常有形状、大小各异的孔、凸台、肋板、底板等结构。

由于箱体类零件结构都较复杂，且加工工序较多，表达方案不必过多考虑加工位置，一般以形状特征和工作位置来确定主视图。箱体类零件常需三个或三个以上的基本视图，针对外部和内部结构形状的复杂情况，可采用全剖视、半剖视与局部剖视。对局部的内、外部结构形状可采用斜视图、局部视图、局部剖视图和断面图来表示，如图 13-10 所示。

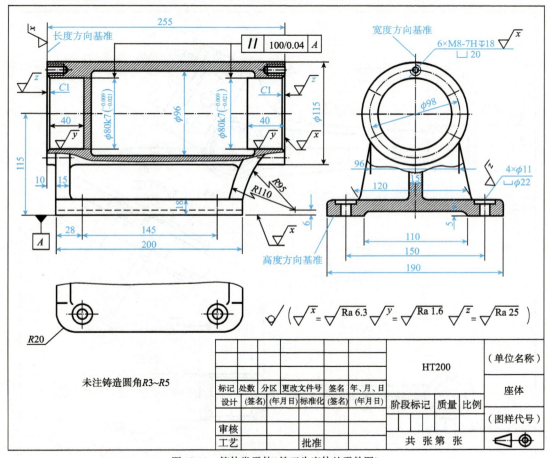

图 13-10 箱体类零件（铣刀头座体的零件图）

第三节 零件的工艺结构

零件结构形状的设计，既要根据它在机器（或部件）中的作用，又要考虑加工制造的可能性以及是否加工方便。因此，在画零件图时，应使零件的结构既能满足使用要求，又要使其制造加工方便、合理，即满足工艺要求。

零件图（一）

机器零件大部分是通过铸造和机械加工来制造的,下面介绍一些铸造和机械加工对零件结构的工艺要求。

一 铸造零件的工艺结构

1. 起模斜度

为了在造型时能将模样顺利地从砂型中取出,铸件应沿着起模方向有一定的斜度,这个斜度称为起模斜度,如图 13-11 所示。

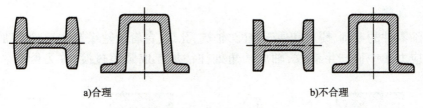

图 13-11　起模斜度

起模斜度的大小通常为 1∶100~1∶20;用角度表示时,木模常为 1°~3°;金属模用手工造型时为 1°~2°,用机械造型时为 0.5°~1°。

铸件的起模斜度(不大于 3°)在零件图上一般不画、不标。必要时,可在技术要求中说明。当需要在图中表达起模斜度时,如在一个视图中已表达清楚,其他视图可按小端画出。

2. 铸造圆角

在铸件各表面相交处应做成光滑过渡即铸造圆角,如图 13-12 所示。有了圆角后既便于起模,又能防止在浇铸金属液时将砂型转角处冲坏,还可以避免铸件在冷却时产生裂纹或缩孔。

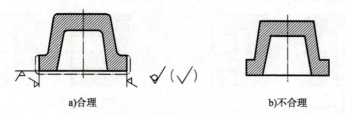

图 13-12　铸造圆角

圆角半径一般取壁厚的 0.2~0.4 倍,在同一铸件上圆角半径的种类应尽可能少。零件图中,铸造圆角应注出。如果一个表面经加工后铸造圆角被切削掉,此时应画成尖角。

3. 铸件壁厚

铸件的壁厚应均匀。铸件在浇注后的冷却过程中,容易因厚薄不均匀而产生裂纹和缩孔。为了避免这种现象出现,铸件各处的壁厚应尽量均匀或逐渐过渡,如图 13-13 所示。

要注意的是,铸件结构宜尽量简单、紧凑,这样可以节省制造铸型工时,减少造型材料消耗,降低成本。

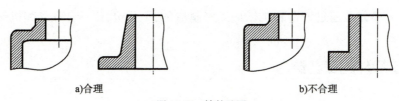

图 13-13 铸件壁厚

二、零件机械加工的工艺结构

1. 倒角和倒圆

为了去除零件的毛刺、锐边和便于装配,轴端、孔口、台肩及轮缘等处,一般都加工成倒角;为了避免因应力集中而产生裂纹,轴肩转角处往往加工成圆角过渡,称为倒圆。如图 13-14 所示。

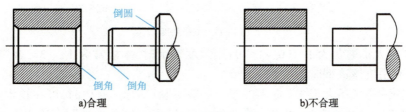

图 13-14 倒角和倒圆

在零件图中,倒角和倒圆应画出并标注。

2. 退刀槽和砂轮越程槽

在切削加工中,特别是在车削螺纹和磨削时,为了容易退出刀具或使砂轮可以稍稍越过加工面,常在加工表面的凸肩处预先加工出退刀槽和砂轮越程槽,如图 13-15 所示。

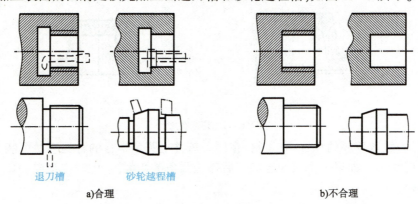

图 13-15 退刀槽和砂轮越程槽

在零件图中,退刀槽和越程槽应画出并标注尺寸。

3. 钻孔结构

钻孔时,要求钻头轴线垂直于被钻孔的端面,以保证钻孔位置准确和避免钻头折断。若要在曲面、斜面上钻孔,应预先把钻孔口表面做成与轴线垂直的凸台、凹坑或平面,如图 13-16a)

所示。

钻不通孔时,在底部有一个120°的锥角,锥孔深度指圆柱部分的深度,不包括锥坑。在阶梯形钻孔的过渡处,也存在锥角为120°的圆台,在零件图中,应画出这个圆锥角。

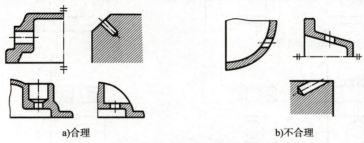

a)合理　　　　　　　　　　b)不合理

图 13-16　退刀槽和砂轮越程槽

4. 键槽

同一轴上的两个键槽应在同侧,便于一次装夹加工。不要因加工键槽而使机件局部过于单薄,致使强度减弱。必要时可增加键槽处的壁厚,如图 13-17 所示。

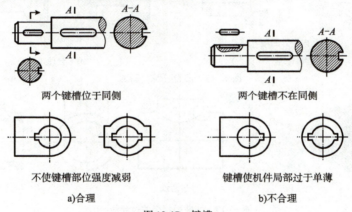

两个键槽位于同侧　　　　　　　两个键槽不在同侧

不使键槽部位强度减弱　　　　　键槽使机件局部过于单薄

a)合理　　　　　　　　　　b)不合理

图 13-17　键槽

5. 凸台、凹槽、凹坑

为了保证零件间接触良好,零件上与其他零件的接触面,一般都要加工。为了减少加工面积,节省材料,降低制造费用,常在铸件上设计出凸台、沉孔(凹坑)、凹槽或凹腔的结构,如图 13-18所示。

三　过渡线画法

由于零件上存在铸造圆角,两形体表面相交时所产生的相贯线不太明显,为了能在识图时区分不同的表面,实际绘图时,仍在两形体相贯线的理论位置用细实线画出交线,这种交线称为过渡线。

过渡线与相贯线的主要区别有两点:一是过渡线用细实线绘制;二是过渡线的端部不与轮廓线相连,留有间隙(画到没有圆角时原相贯线与原曲面轮廓线的理论交点处),如图 13-19 所示。

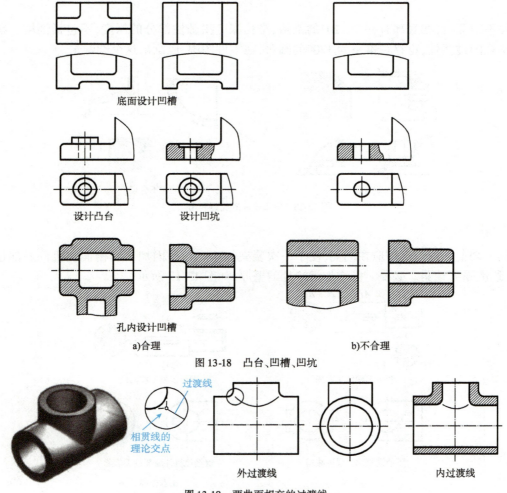

图 13-18 凸台、凹槽、凹坑

图 13-19 两曲面相交的过渡线

下面以具体示例来说明过渡线的画法。

（1）图 13-20 所示为不等径圆柱面相贯、等径圆柱面相贯、圆柱面与圆锥面相接的过渡线的画法。

图 13-20 圆柱面相贯、圆柱面与圆锥面相接的过渡线

（2）图 13-21a）所示为平面与平面有圆角相交时过渡线的画法；图 13-21b）所示为平面与曲面有圆角相交时过渡线的画法。过渡线画在两个面的理论相交处，平面的两侧轮廓线画小

圆弧,其弯曲方向与铸造圆角的弯曲方向一致。

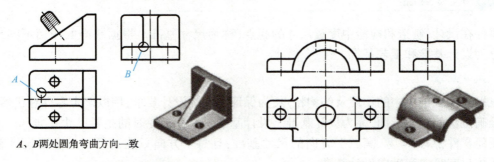

a)平面与平面有圆角相交时过渡线的画法　　b)平面与曲面有圆角相交时过渡线的画法

图 13-21　平面与平面或平面与曲面相交的过渡线

（3）图 13-22a)所示为断面为矩形的板,在有圆角时连接两圆柱面的画法。如果板与圆柱面相切,不画过渡线;如果板与圆柱面相交,则画过渡线。图 13-22b)所示为断面为长圆形的板,在有圆角时连接两圆柱面的画法。如果板与圆柱面相切,过渡线不相交;如果板与圆柱面相交,过渡线不断开。

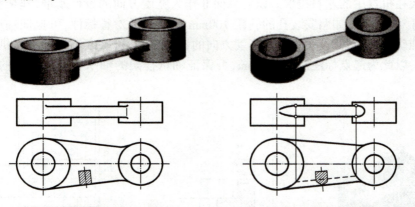

a)断面为矩形的板连接两圆柱面的画法　　b)断面为长圆形的板连接两圆柱面的画法

图 13-22　圆柱面与板状形体相交的过渡线

第四节　零件图的尺寸标注

零件图上的尺寸是零件加工、检验的重要依据。遗漏一个尺寸,零件加工就无法进行;注错一个尺寸,整个零件就可能报废。因此,在绘制零件图时,应高度重视尺寸标注。

零件图尺寸标注的基本要求是:正确、完整、清晰、合理。关于正确、完整、清晰,在之前章节中已经进行过讨论,这里不再重述。所谓合理,即标注的尺寸既要满足设计要求,又要满足工艺要求,也就是说,既要保证零件在机器中的工作性能,又要使加工、测量方便。而要真正做到这一要求,需要设计者具备一定的专业知识和生产实际经验。本节只简单介绍零件尺寸合理性的基本知识。

零件图(一)

一、尺寸基准

零件在设计、制造和检验中度量尺寸的起点,称为尺寸基准。根据基准的作用不同,可把基准分为设计基准和工艺基准。

1. 设计基准

根据零件在机器中的作用及结构特点,为保证零件的设计要求,用以确定零件在机器或部件中准确位置的点、线、面,称为设计基准。设计基准是尺寸标注时的主要尺寸基准。

任何零件都有长、宽、高三个方向的尺寸基准,且每个方向只能选择一个主要设计基准。纯回转体只有径向和轴向设计基准。

常见的设计基准有:零件上主要回转结构的轴线;零件结构的对称中心面;零件的重要支承面、装配面、两零件的重要结合面;零件的主要加工面。

从设计基准出发标注尺寸,可以直接反映设计要求,能体现零件在部件中的功能。图 13-23 所示为一个轴承挂架。在机器中,轴承挂架要准确定位于安装位置才能工作,因此,设计轴承挂架时,尺寸基准必须首先满足这个条件。以安装面Ⅰ作为长度方向的设计基准,可确定轴承挂架在机器中的左右位置。以对称面Ⅱ作为宽度方向的设计基准,挂架宽度方向的尺寸关于面Ⅱ对称标注,如两安装孔的孔距 100mm 关于面Ⅱ对称标注,可保证轴承挂架在机器中的前后准确位置;用安装面Ⅲ作为高度方向的设计基准,可确定轴承挂架在机器中的上、下位置,例如,以此为起点标注尺寸 115mm,可保证轴承挂架的轴承孔在机器中的上、下准确位置。

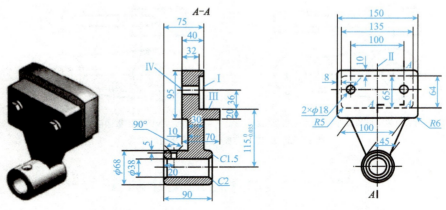

a)轴承挂架安装方法　　　　　　b)轴承挂架设计基准

图 13-23　轴承挂架(尺寸单位:mm)

2. 工艺基准

工艺基准是在加工或测量时,确定零件相对机床、工装或量具位置的面、线或点。

从工艺基准出发标注尺寸,可直接反映工艺要求,便于操作和保证加工、测量质量。如图 13-24 所示阶梯轴,E 面为轴向设计基准,工作时以其进行定位。但是,如果轴向尺寸均以 E 面为起点标注,对加工、测量则不方便。若以右端面为起点标注尺寸,则符合图 13-24b)所示阶梯轴在车床上的加工情况,所以确定右端面为工艺基准,但在两基准之间必须标注一个联系尺寸(如52mm)。

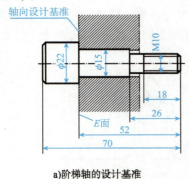

a)阶梯轴的设计基准　　　　b)阶梯轴的加工情况及工艺基准

图 13-24　阶梯轴

在标注尺寸时,如果可能,最好使设计基准和工艺基准重合,这样可减少误差的积累,既满足设计要求,又保证工艺要求。

3. 主要基准和辅助基准

从制造工艺角度来讲,根据零件本身的结构、功能要求,同方向的设计基准、工艺基准不一定是同一个。当同一方向不止一个尺寸基准时,根据基准的重要性可将其分为主要基准和辅助基准。如图 13-23 所示,安装面Ⅰ是长度方向的主要基准,而面Ⅳ就是一个辅助基准,从主要基准标注尺寸 75mm、40mm,从辅助基准标注尺寸 32mm、10mm、70mm。

辅助基准与主要基准之间必须有直接的尺寸联系,图 13-23 中是通过尺寸 40mm 将辅助基准与主要基准相联系起来的。

4. 典型零件的尺寸基准

(1)轴、套类零件设计基准分为径向和轴向两个方向。这类零件的径向尺寸基准是轴线,轴向尺寸基准常选择重要的端面及轴肩。图 13-7 中轴向尺寸基准为柱塞套的左端面。

(2)以回转体为主要结构的轮、盘类零件通常选择通过轴孔的轴线作为径向设计基准,轴向基准通常为重要的端面或接合面。图 13-8 中轴向设计基准为端盖右侧的定位接触面。

(3)叉架类零件的结构较复杂,通常以重要结构的对称中心线、轴线或表面作为尺寸基准。在图 13-9 中,长度方向设计基准是右侧大圆筒轴线,宽度方向尺寸基准为前后对称面。高度方向尺寸基准为左、右两圆筒的上下对称面。

(4)箱体类零件一般要考虑长、宽、高三个方向的设计基准,主要基准也是采用重要结构的对称中心线、轴线、对称平面和较大的加工平面。在图 13-10 中,长度方向设计基准是左端面,宽度方向尺寸基准为前后对称面,高度方向尺寸基准为下底面。

二　合理标注尺寸应注意的问题

1. 主要尺寸和非主要尺寸的标注

直接影响零件使用性能和安装精度的尺寸称为主要尺寸。主要尺寸包括零件的规格性能尺寸、有配合要求的尺寸、确定零件之间相对位置的尺寸、用于连接和安装的尺寸等,它们一般都有较高的精度要求。主要尺寸要直接注出。

如图 13-25 所示的两种标注,表面看似乎一样,但实际上这两种注法的结果不同。从分析该轴承座的设计要求可知,其中心高尺寸 h 是主要尺寸。图 13-25b)所示的错误就是主要尺寸没有从基准直接标注,而是标注尺寸 h_1 和 h_2,使得加工时 h 受 h_1 和 h_2 两个尺寸影响,精度不易保证,也给加工增加了难度。

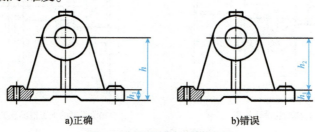

a)正确　　　　　　　　b)错误

图 13-25　主要尺寸直接标注图

仅满足零件的力学性能、结构形状和工艺要求等方面的尺寸称为非主要尺寸。非主要尺寸包括外形轮廓尺寸,无配合要求、工艺要求的尺寸,如退刀槽、凸台、凹坑、倒角等。非主要尺寸一般都不注公差。

2. 不要注成封闭尺寸链

封闭尺寸链是头尾相接,形成一个封闭圈的一组尺寸,每个尺寸称为尺寸链中的一环。

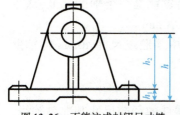

图 13-26　不能注成封闭尺寸链

图 13-26 所示的尺寸 h、h_1 和 h_2 是一封闭尺寸链。这样标注的尺寸,一方面,由于加工时要保证每一个尺寸的精度要求,会增大加工成本;另一方面,任意两个尺寸的误差会累积到另一个尺寸,造成另一个尺寸可能达不到设计要求。例如,h_1 和 h_2 各自的误差可能都在要求范围内,但其误差之和可能会超出 h 的误差,从而使 h 达不到精度要求。因此,在实际标注尺寸时,都是选一个不重要的环不标注,称它为开口环。这时开口环的尺寸误差是其他各环尺寸误差之和,因为它不重要,对设计要求没有影响。

3. 按加工顺序标注尺寸

应按加工顺序标注尺寸,符合加工过程,便于加工和测量,如图 13-27 所示。

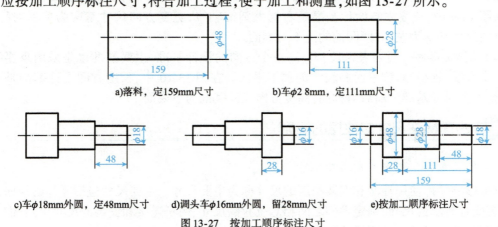

a)落料,定159mm尺寸　　　　b)车ϕ28mm,定111mm尺寸

c)车ϕ18mm外圆,定48mm尺寸　　d)调头车ϕ16mm外圆,留28mm尺寸　　e)按加工顺序标注尺寸

图 13-27　按加工顺序标注尺寸

4. 应考虑测量方便

零件图的尺寸标注,应考虑测量和检验的方便,同时尽量做到使用普通量具就能测量,以减少专用量具的设计和制造。图 13-28a)所示标注正确,因为量具可从零件的具体位置进行测量;图 13-28b)所示标注不正确。图 13-29a)所示标注正确,因为便于从零件的外部进行测量;图 13-29b)所示标注不正确,因为其中的尺寸 l 是一个内部尺寸,不便测量。

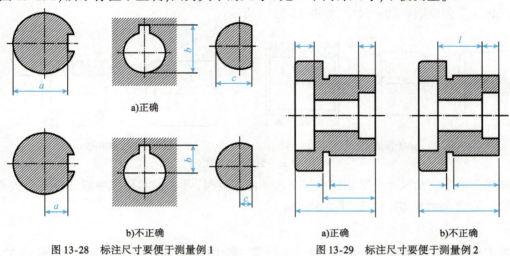

图 13-28 标注尺寸要便于测量例 1　　　图 13-29 标注尺寸要便于测量例 2

5. 加工面和非加工面分开标注

对于铸造、锻造零件,同一方向的加工面和非加工面应各选基准分别标注各自尺寸,并且两个基准之间只允许有一个联系尺寸。如图 13-30a)所示,零件的非加工面间由一组高度尺寸 m_1、m_2、m_3、m_4 相联系;加工面间由另一组高度尺寸 l_1、l_2 相联系;加工基准面与非加工基准面之间的高度尺寸由一个尺寸 h 相联系。图 13-30b)所标注的尺寸是不合理的,因为只有上、下表面是加工面,零件下表面加工后要同时保证 h 尺寸、k 尺寸、n 尺寸,显然不合理。

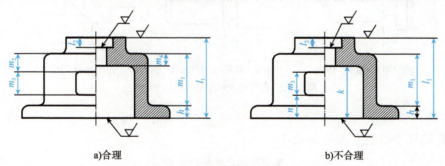

图 13-30 非加工面与加工面的尺寸标注

三 零件上常见结构的尺寸标注

1. 圆角尺寸标注

铸件上的圆角或切削加工的不重要圆角,可在技术要求中或图样空白处用文字说明。当圆角的尺寸全部相同时,可写明:"全部圆角 R×"。若某个圆角尺寸占多数时,这些圆角的尺寸不必——标注,可统一写明:"未注尺寸的铸造圆角为 R×"或"未注圆角为 R×"。如图 13-2 中的文字说明。

2. 倒角尺寸标注

45°的倒角可使用符号 C 表示,标注方法如图 13-31a)所示。倒角也可以是 30°或 60°,但要分开标注倒角度数和轴向尺寸,如图 13-31b)所示。

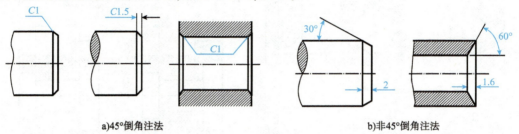

a)45°倒角注法　　　　　　　　　b)非45°倒角注法

图 13-31　倒角尺寸标注

如果图样中倒角尺寸全部相同或某个尺寸占多数时,可在技术要求中或图样空白处作总的说明,如"全部倒角 C1.5"或"其余倒角 C1"。

3. 退刀槽和砂轮越程槽的尺寸标注

退刀槽和砂轮越程槽一般可按"槽宽×槽深"或"槽宽×直径"的形式标注,如图 13-32a)、b)所示[(注意:实际绘图时,图 13-32a)中的尺寸 a 和图 13-32b)中的尺寸 d 不需标出)]。退刀槽宽度直接注出,便于切槽时选择刀具。在图样上,退刀槽和砂轮越程槽常常用局部放大图表示,如图 13-32c)所示。退刀槽和砂轮越程槽的结构和尺寸查阅相关国家标准。

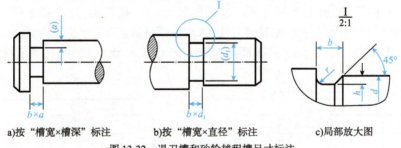

a)按"槽宽×槽深"标注　　　b)按"槽宽×直径"标注　　　c)局部放大图

图 13-32　退刀槽和砂轮越程槽尺寸标注

4. 常见孔的尺寸标注

常见孔的尺寸标注方法见表 13-1。

常见孔的尺寸标注方法　　　　　　　　　表 13-1

类型		旁注法	普通注法	说明
螺孔	通孔	3×M6	3×M6	3×M6	3×M6 表示直径为 6mm 均匀分布的三个螺纹孔。可以旁注,也可以直接注出

续上表

类型		旁注法		普通注法	说明
螺孔	不通孔	3×M6-7H▽10	3×M6-7H▽10	3×M6-7H	螺纹孔深度可与螺纹孔直径连注,也可分开注出
	一般孔	3×M6▽10 孔▽12	3×M6▽10 孔▽12	3×M6	需要注出孔深时,应明确标注孔深尺寸
光孔	一般孔	4×φ5▽10	4×φ5▽10	4×φ5	4×φ5mm 表示直径为 5mm 均匀分布的四个光孔。孔深可与孔径连注,也可以分开注出
	精加工孔	4×φ5$_0^{+0.012}$▽10 钻▽12	4×φ5$_0^{+0.012}$▽10 钻▽12	4×φ5$_0^{+0.012}$▽10	光孔深为 12mm,钻孔后需精加工至 φ5$_0^{+0.012}$mm,深度为 10mm
	锥销孔	锥销孔φ5 配作	锥销孔φ5 配作	锥销孔无普通注法	φ5mm 为与锥销相配的圆锥销小头直径。锥销孔通常是相邻两零件装在一起时加工的
沉孔	锥形沉孔	6×φ7 ∨φ13×90°	6×φ7 ∨φ13×90°	90° φ13 / 6×φ7	"∨"为埋头孔符号。6×φ7表示直径为7mm均匀分布的6个孔
	柱形沉孔	4×φ7 ⊔φ10▽3.5	4×φ7 ⊔φ10▽3.5	φ10 / 4×φ7 / 3.5	"⊔"为锪平孔、沉孔符号。沉孔的小直径为7mm,大直径为10mm,深度为3.5mm,都要标注
	锪平孔	4×φ7 ⊔φ16	4×φ7 ⊔φ16	⊔φ16 / 4×φ7	锪平孔 φ16mm 的深度不需标注,一般锪平到不出现毛坯表面为止

第五节　表面结构

表面结构是指零件表面的几何形貌。零件的表面状况不仅直接影响零件的配合精度、耐磨程度、抗疲劳强度、抗腐蚀性、密封性，还会影响流体运动阻力的大小、导电、导热等性能。因此，零件的表面特征状况直接关系着零件的质量。

国家标准《产品几何技术规范（GPS）　技术产品文件中表面结构的表示法》（GB/T 131—2006）规定了技术产品文件中表面结构的表示法，技术产品文件包括图样、说明书、合同、报告等。同时给出了表面结构标注用图形符号和标注方法。

一　表面结构的评定参数

评定表面结构的主要参数有三个：

(1) 轮廓参数。与标准《产品几何技术规范（GPS）　表面结构　轮廓法　术语定义及表面结构参数》（GB/T 3505—2009）相关的参数：R 轮廓参数（粗糙度轮廓参数）、W 轮廓参数（波纹度轮廓参数）、P 轮廓参数（原始轮廓参数）。

(2) 图形参数。与标准《产品几何技术规范（GPS）　表面结构　轮廓法　图形参数》（GB/T 18618—2009）相关的参数：粗糙度图形参数、波纹度图形参数。

(3) 支承率参数。与标准《产品几何技术规范（GPS）　表面结构　轮廓法　具有复合加工特征的表面　第 2 部分：用线性化的支承率曲线表征高度特性》（GB/T 18778.2—2009）相关的参数：基于线性支撑率曲线参数。与标准《产品几何技术规范（GPS）　表面结构　轮廓法　具有复合加工特征的表面　第 3 部分：用概率支承率曲线表征高度特征》（GB/T 18778.3—2009）相关的参数：基于概率支撑率曲线参数。

关于这些参数的定义请参看相应的国家标准。本节所列举的主要示例是应用最广的 R 轮廓参数（粗糙度轮廓参数）中的轮廓算术平均偏差 R_a 和轮廓最大高度 R_z 在图样上的标注方法。

注：《产品几何技术规范（GPS）　技术产品文件中表面结构的表示法》（GB/T 131—2006）的表面结构标准较《机械制图　表面粗糙度符号、代号及其注法》（GB/T 131—1993）标准从定义到代号都有很大变化，例如，R 轮廓参数的两个参数轮廓算术平均偏差用 Ra 和轮廓最大高度用 Rz。旧标准 GB/T 131—1993 中表面粗糙度的下角标写法，如轮廓算术平均偏差 Ra、轮廓最大高度 Ry、微观不平度十点高度 Rz 不再使用。Rz 不再被认可为标准代号。新的 Rz 为原 Ry 的定义。

1. 表面粗糙度的概念

由于金属塑性、刀痕和加工技术等原因的影响，零件的表面不可能加工到理想的光滑表面。在放大镜或显微镜下面观察，可以看到高低不平的状况，高起的部分称为峰，低凹的部分称为谷，如图 13-33 所示。加工表面上具有的某一定间距的峰、谷所组成的微观几何形状显示零件表面的粗糙程度。

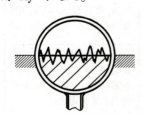

图 13-33　表面粗糙度微观形状

2. R轮廓参数 Ra 和 Rz 的定义

根据《产品几何技术规范(GPS) 表面结构 轮廓法 术语、定义及表面结构参数》(GB/T 3505—2009),Ra 和 Rz 定义如下：

(1) Ra(轮廓算术平均偏差)：在取样长度(用于判别被评定轮廓不规则特征的一段基准线长度)内,轮廓偏距(表面轮廓线上任一点到基准线的距离 Z)绝对值的算术平均值用参数 Ra 表示,如图 13-34 所示。用公式表示为：

$$Ra = \frac{1}{l}\int_0^l |Z(x)| dx \text{ 或 } Ra \approx \frac{1}{n}\sum_{i=1}^{n}|Z_i|$$

(2) Rz(轮廓最大高度)：在一个取样长度内,最大轮廓峰高和最大轮廓谷深之和用参数 Rz 表示,如图 13-34 所示。

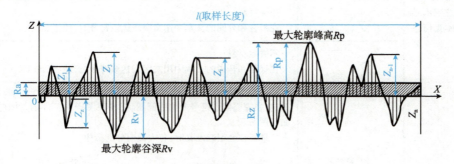

图 13-34 参数 Ra 和 Rz

表面粗糙度参数 Ra、Rz 的数值见表 13-2。

表面粗糙度参数 Ra、Rz 的数值系列 (GB/T 1031—2009)(单位：μm) 表 13-2

轮廓算术平均偏差 Ra				轮廓最大高度 Rz				
0.012	0.2	3.2	50	0.025	0.4	6.3	100	1600
0.025	0.4	6.3	100	0.05	0.8	12.5	200	—
0.05	0.8	12.5	—	0.1	1.6	25	400	—
0.1	1.6	25	—	0.2	3.2	50	800	—

注：在表面粗糙度参数常用的参数范围内(Ra 为 0.025~6.3μm,也为 0.1~25μm),推荐优先选用 Ra。

二、表面结构的符号、代号

1. 表面结构的符号标注

表面结构的图形符号见表 13-3。

标注表面结构的图形符号 (GB/T 131—2006) 表 13-3

名称	图形符号	说明
基本图形符号	✓	基本图形符号仅用于简化代号标注,没有补充说明时不能单独使用。如果基本图形符号与补充的或辅助的说明一起使用,则不需要进一步说明为了获得指定的表面是否应去除材料或不去除材料

续上表

名称		图形符号	说明
扩展图形符号	要求去除材料的图形符号	∀	表示指定表面是用去除材料的方法获得,如通过机械加工获得的表面(如车、铣、刨、磨、抛光等)
	不允许去除材料的图形符号	∀	表示指定表面是用不去除材料方法获得(如铸、锻或保持上道工序形成的表面等)
完整图形符号(要求标注表面结构特征的补充信息时采用)		∀	允许任何工艺。 在报告和合同的文本中用文字表达该符号时,使用 APA
		∀	去除材料。 在报告和合同的文本中用文字表达该符号时,使用 MRR
		∀	不去除材料。 在报告和合同的文本中用文字表达该符号时,使用 NMR
工件轮廓各表面的图形符号			当在图样某个视图上构成封闭轮廓的各表面有相同的表面结构要求时,应在完整图形符号上加一圆圈,标注在图样中工件的封闭轮廓线上,如下图所示。 如果标注会引起歧义时,各表面应分别标注。 a)视图　　　　b)立体图 图 a)的表面结构符号是指对图 b)中封闭轮廓的 1~6 的六个面的共同要求(不包括前后面)

表面结构图形符号的画法如图 13-35 所示,附加标注的尺寸见表 13-4。

图 13-35　表面结构图形符号的画法

表面结构图形符号附加标注的尺寸(单位:mm)　　　　表 13-4

数字和字母高度 h (GB/T 14690—1993)	2.5	3.5	5	7	10	14	20
符号线宽	0.25	0.35	0.5	0.7	1	1.4	2
字母线宽							
高度 H_1	3.5	5	7	10	14	20	28
高度 H_2 (最小值)[①]	7.5	10.5	15	21	30	42	60

注:① H_2 取决于标注内容。

2. 表面结构完整图形符号的组成

为了明确表面结构要求,除了标注表面结构参数代号和数值外,必要时应标注补充要求。补充要求包括传输带、取样长度、评定长度、极限值、加工工艺、表面纹理及方向、加工余量等。但如果表面结构参数标准中规定了默认值,可简化标注,不必注出。

注:由于本节重点讲述的是表面结构的标注,关于传输带、取样长度、评定长度、极限值、加工工艺、表面纹理及方向等,请参考国家标准《产品几何技术规范(GPS) 技术产品文件中表面结构的表示法》(GB/T 131—2006)。

在完整符号中,对表面结构的单一要求和补充要求应注写在图 13-36 所示的指定位置。

图 13-36 所示的位置 $a \sim e$ 的注写内容见表 13-5。

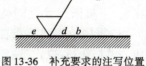

图 13-36 补充要求的注写位置

表面结构补充要求的注写内容   表 13-5

位置	注写内容
a	注写表面结构的单一要求:表面结构参数代号、极限值和传输带或取样长度。为了避免误解,在参数代号和极限值间应插入空格,如 &6.3
b	注写第二个表面结构要求。还可以注写第三个或更多个表面结构要求,此时,图形符号应在垂直方向扩大,以空出足够的空间。扩大图形符号时,a 和 b 的位置随之上移
c	注写加工方法、表面处理、涂层或其他加工工艺要求等,如车、磨、镀等加工表面
d	注写所要求的表面纹理和纹理的方向
e	注写所要求的加工余量,以毫米为单位给出数值

第六节 极限与配合

1. 零件的互换性

同一规格的零件,不经挑选或修配,任取一个,装配到机器上就能满足机器的性能要求,零件的这种性质称为互换性。零件的互换性具有非常重要的意义,使得零件便于大规模专业化生产,提高了产品质量,降低了生产成本,便于机器的维修。

2. 公差概念

在制造零件的过程中,由于机床精度、刀具磨损、测量误差等实际因素的影响,零件的尺寸实际上不可能达到一个绝对理想的固定数值,会出现一定的尺寸误差,如果这个误差在一个合理的范围内,也认为这个零件是合格的,即满足互换性。这个合理的尺寸误差范围,就是零件加工时允许其尺寸的变动量,称为尺寸公差(简称公差)。

公差的大小反映零件的尺寸精度。公差越大,零件的尺寸精度越低,零件易于加工;公差越小,零件的尺寸精度越高,零件越不易加工。

3. 公差的有关术语

(1) 要素。要素是指零件上的几何特征——点、线或面。

(2) 公称尺寸。由图样规范确定的理想形状要素尺寸,称为公称尺寸。公称尺寸常常是设计时所给定的尺寸(图 13-37)。

(3) 实际要素尺寸。零件制成后,通过测量所得的尺寸,称为实际要素尺寸。

(4) 极限尺寸。极限尺寸是指尺寸要素允许的尺寸的两个极端。尺寸要素允许的最大尺寸,称为上极限尺寸;尺寸要素允许的最小尺寸称为下极限尺寸。零件的实际(要素)尺寸只要在上、下极限尺寸之间就算合格。

(5) 零线。零线是指在极限与配合图解中,表示公称尺寸的一条直线,以其为基准确定偏差和公差(图 13-37)。通常,零线沿水平方向绘制,正偏差位于其上,负偏差位于其下。

(6) 偏差。某一尺寸减其公称尺寸所得的代数差,称为偏差。

(7) 极限偏差。极限偏差分为上极限偏差和下极限偏差:上极限偏差——上极限尺寸减其公称尺寸所得的代数差;下极限偏差——下极限尺寸减其公称尺寸所得的代数差。上、下极限偏差可以是正值、负值或零。

国家标准规定,孔的上、下极限偏差代号分别为 ES 和 EI;轴的上、下极限偏差代号分别为 es 和 ei,如图 13-37 所示。

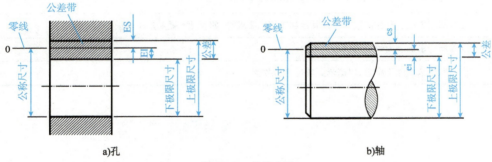

图 13-37 公差术语

(8) 尺寸公差(简称公差)。尺寸公差是指允许尺寸的变动量。

$$尺寸公差 = 上极限尺寸 - 下极限尺寸 = 上极限偏差 - 下极限偏差$$

因为上极限尺寸总是大于下极限尺寸,所以,尺寸公差一定为正值。

【例 13-1】 设计一轴与一个孔配合,它们的公称尺寸均为 $\phi 90$mm,孔的最大尺寸为 $\phi 90.035$mm,最小尺寸为 $\phi 90$mm;轴的最大尺寸为 $\phi 89.988$mm,最小尺寸为 $\phi 89.966$mm。

解:由上面的定义可知,孔的上极限尺寸为 $\phi 90.035$mm,下极限尺寸为 $\phi 90$mm;孔的上极限偏差(ES) = 90.035mm - 90mm = 0.035mm,下极限偏差(EI) = 90mm - 90mm = 0;孔的公差为 0.035mm - 0 = 0.035mm。

轴的上极限尺寸为 $\phi 89.988$mm,下极限尺寸为 $\phi 89.966$mm;轴的上极限偏差(es) = 89.988mm - 90mm = -0.012mm,下极限偏差(ei) = 89.966mm - 90mm = -0.034mm;轴的公差为 -0.012mm - (-0.034)mm = 0.022mm。

(9) 公差带和公差带图。如图 13-38 所示,用零线表示公称尺寸,同时画出代表上极限尺寸和下极限尺寸(或上极限偏差和下极限偏差)的两条直线,这两条直线所限定的区域,称为公差带。常用按一定比例放大的矩形方框表示公差带,其上边界代表上极限偏差,下边界代表下极限偏差;方框的左右长度无实际意义,可根据需要任意确定。

公差带图简单而形象地显示了公称尺寸、极限偏差及公差之间关系:公差带的上下高度,反映公差的大小;上极限偏差(或下极限偏差)确定公差带相对零线的位置,即反映公差相对公称尺寸的位置。

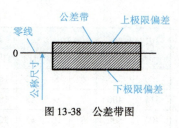

图 13-38 公差带图

公差带图既可用于表示孔的公差带,也可用于表示轴的公差带。

4. 标准公差与基本偏差

从公差带图中可知,在公称尺寸确定后,由公差和极限偏差限定零件的尺寸要求和精度。如在例 13-1 中,轴的实际尺寸由其公称尺寸 $\phi 90$mm、上极限偏差 -0.012mm 及下极限偏差 -0.034mm 限定。可见,极限偏差和公差决定零件的加工精度。

通常来说,对于公称尺寸一定的零件,公差的大小以及公差相对公称尺寸的位置,可由设计者任意确定,但这样很难保证零件的互换性,也不利于大规模生产。由此国家标准规定了标准公差和基本偏差。公差的大小由标准公差决定,公差带相对公称尺寸的位置由基本偏差决定。

(1)标准公差

标准公差是由国家标准规定的确定公差带大小的任一公差。这就要求确定尺寸的精度(即公差的大小)不能随意,只能在标准公差中选择。标准公差把零件的尺寸精度分为 20 个等级(等级代号用符号"IT"和数字组成):IT01、IT0、IT1 ~ IT18,精度从 IT01 至 IT18 依次降低。表 13-6 是公称尺寸至 3150mm、等级从 IT1 至 IT18 的标准公差数值。标准公差等级 IT01 和 IT0 在工业中很少使用,需要时请查阅国家标准《产品几何技术规范(GPS) 线性尺寸公差 ISO 代号体系 第 1 部分:公差、偏差和配合的基础》(GB/T 1800.1—2020)。

公称尺寸至 3150mm 的标准公差数值   表 13-6

公称尺寸 (mm)		标准公差等级																
		IT1	IT2	IT3	IT4	IT5	IT6	IT7	IT8	IT9	IT10	IT11	IT12	IT13	IT14	IT15	IT16	IT17	IT18
大于	至	(mm)										(mm)						
—	3	0.8	1.2	2	3	4	6	10	14	25	40	60	0.1	0.14	0.25	0.4	0.6	1	1.4
3	6	1	1.5	2.5	4	5	8	12	18	30	48	75	0.12	0.18	0.3	0.48	0.75	1.2	1.8
6	10	1	1.5	2.5	4	6	9	15	22	36	58	80	0.15	0.22	0.36	0.58	0.9	1.5	2.2
10	18	1.2	2	3	5	8	11	18	27	43	70	110	0.18	0.27	0.43	0.7	1.1	1.8	2.7
18	30	1.5	2.5	4	6	9	13	21	33	52	84	130	0.21	0.33	0.52	0.84	1.3	2.1	3.3
30	50	1.5	2.5	4	7	11	16	25	39	62	100	160	0.25	0.39	0.62	1	1.6	2.5	3.9
50	80	2	3	5	8	13	19	30	46	74	120	190	0.3	0.46	0.74	1.2	1.9	3	4.5
80	120	2.5	4	6	10	15	22	35	54	87	140	220	0.35	0.54	0.87	1.4	2.2	3.5	5.4
120	180	3.5	5	8	12	18	25	40	63	100	160	250	0.4	0.63	1	1.6	2.5	4	6.3
180	250	4.5	7	10	14	20	29	46	72	115	185	290	0.46	0.72	1.15	1.85	2.9	4.5	7.2

续上表

公称尺寸（mm）		标准公差等级																
		IT1	IT2	IT3	IT4	IT5	IT6	IT7	IT8	IT9	IT10	IT11	IT12	IT13	IT14	IT15	IT16	IT17	IT18
250	315	6	8	12	16	23	32	52	81	130	210	320	0.52	0.81	1.3	2.1	3.2	5.2	8.1
315	400	7	9	13	18	25	36	57	89	140	230	360	0.57	0.89	1.4	2.3	3.6	5.7	8.9
400	500	8	10	15	20	27	40	63	97	155	250	400	0.63	0.97	1.55	2.5	4	6.3	9.7
500	630	9	11	16	22	32	44	70	110	175	280	440	0.7	1.1	1.75	2.8	4.4	7	11
630	800	10	13	18	25	36	50	80	125	200	320	500	0.8	1.25	2	3.2	5	8	12.5
800	1000	11	15	21	28	40	56	90	140	230	360	560	0.9	1.4	2.3	3.6	5.6	9	14
1000	1250	13	18	24	33	47	66	105	165	260	420	660	1.05	1.65	2.6	4.2	6.6	10.5	16.5
1250	1600	15	21	29	39	55	78	125	195	310	500	780	1.25	1.95	3.1	5	7.8	12.5	19.5
1600	2000	18	25	35	46	65	92	150	230	370	600	920	1.5	2.3	3.7	6	9.2	15	23
2000	2500	22	30	41	55	78	110	175	280	440	700	1100	1.75	2.8	4.4	7	11	17.5	28
2500	3150	26	36	50	68	96	135	210	330	540	860	1350	2.1	3.3	5.4	8.6	13.5	21	33

注：1. 公称尺寸>500mm 的 IT1~IT5 的标准公差数值为试行的。
  2. 公称尺寸≤1mm 时，无 IT14~IT18。

从表 13-7 中可看出，当公称尺寸确定时，标准公差等级越高，标准公差值越小，尺寸的精度越高。对于同一标准公差等级（如 IT7），随着尺寸的增大，标准公差值越大，这表明较大零件的加工误差随之增大。

（2）基本偏差

基本偏差是确定公差带相对于零线位置的上极限偏差或下极限偏差，一般指靠近零线的那个偏差。

根据实际需要，国家标准分别对孔和轴各规定了 28 个不同的基本偏差，如图 13-39 所示。图 13-39 中的每一个小图，代表公差带。当公差带在零线上方时，基本偏差为下偏差；当公差带在零线下方时，基本偏差为上偏差；当零线穿过公差带时，距离零线较近的偏差为基本偏差。

从图 13-39 可知：

①基本偏差用拉丁字母（一个或两个）表示。大写字母代表孔，小写字母代表轴。

②轴的基本偏差从 a~h 为上极限偏差，从 j~zc 为下极限偏差。js 的上、下极限偏差对称分布在零线两侧，因此，其上极限偏差为 +IT/2 或下极限偏差为 -IT/2。

③孔的基本偏差从 A~H 为下极限偏差，从 J~ZC 为上极限偏差。JS 的上、下极限偏差分别为 +IT/2 和 -IT/2。

轴和孔的基本偏差数值可查阅国家标准《产品几何技术规范（GPS） 线性尺寸公差 ISO 代号体系 第 1 部分：公差、偏差和配合的基础》（GB/T 1800.1—2020）。

在图 13-39 中，公差带之所以不封口，是因为这里只是说明公差带相对于零线位置，即用基本偏差表示公差带的位置，有靠近零线的偏差就可以了。若要计算轴和孔的另一偏差，可根据轴和孔的基本偏差和标准公差，按以下代数式计算：

轴的另一个偏差（上偏差或下偏差）：$ei = es - IT$ 或 $es = ei + IT$。

孔的另一个偏差（上偏差或下偏差）：$ES = EI + IT$ 或 $EI = ES - IT$。

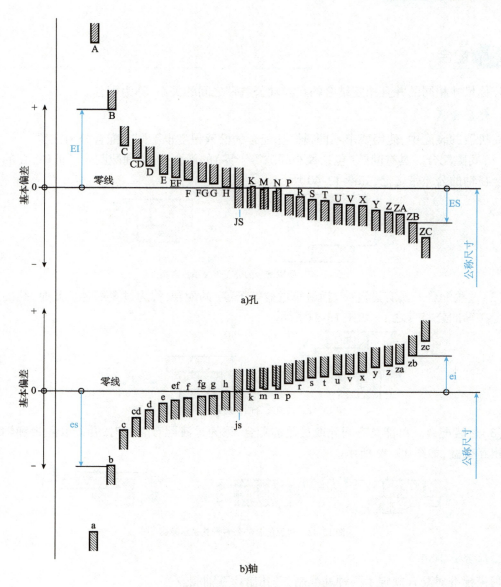

图 13-39　孔、轴基本偏差系列

5. 轴、孔尺寸公差的公差带代号表示

轴或孔的尺寸公差可用公差带代号表示,公差带代号由基本偏差代号中的字母和表示公差等级的数字组成。

【例 13-2】　尺寸 $\phi50H7$ 的含义。

解:$\phi50mm$ 是公称尺寸;H7 是孔的公差带代号,其中,H 是孔的基本偏差代号,7 是公差等级。

【例 13-3】　尺寸 $\phi30f7$ 的含义。

解:$\phi30mm$ 是公称尺寸;f7 是轴的公差带代号,其中,f 是轴的基本偏差代号,7 是公差等级。

二 配合

公称尺寸相同的并且相互结合的孔和轴公差带之间的关系,称为配合。

1. 配合种类

在机器的装配中,使用要求不同,轴、孔配合的松紧程度也不同。配合分为三类。

(1)间隙配合。具有间隙(包括最小间隙等于零)的配合,称为间隙配合。此时,孔的公差带完全在轴的公差带之上,如图13-40所示。

图13-40　间隙配合的公差带关系示意图

(2)过盈配合。具有过盈(包括最小过盈等于零)的配合,称为过盈配合。此时,孔的公差带完全在轴的公差带之下,如图13-41所示。

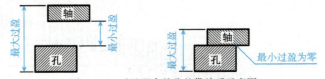

图13-41　过盈配合的公差带关系示意图

(3)过渡配合。可能具有间隙或过盈的配合,称为过渡配合。此时,孔的公差带和轴的公差带相互交叠,如图13-42所示。

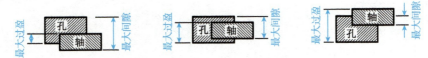

图13-42　过渡配合的公差带关系示意图

2. 配合基准制

国家标准对配合规定了两种基准制:基孔制和基轴制。

(1)基孔制

基本偏差为一定的孔公差带、与不同基本偏差的轴的公差带形成各种配合的一种制度,称为基孔制。基孔制是下极限尺寸与公称尺寸相等,孔的下极限偏差为0(上极限偏差为正值)的配合制。所以,在标注基准孔的尺寸公差时,其基本偏差代号为H。

通俗地讲,基孔制就是在同一公称尺寸的配合中,将孔的公差带位置固定,通过变动轴的公差带,得到各种不同的配合,如图13-43所示。基孔制的孔称为基准孔。

(2)基轴制

基本偏差为一定的轴公差带,与不同基本偏差的孔的公差带形成各种配合的一种制度。基轴制是上极限尺寸与公称尺寸相等,轴的上极限偏差为0(下极限偏差为负值)的配合制。所以,在标注基准轴的尺寸公差时,其基本偏差代号为h。

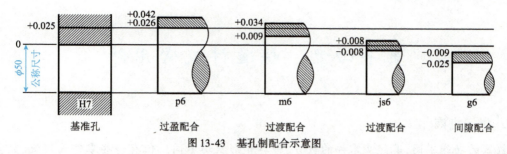

图 13-43 基孔制配合示意图

通俗地讲,基轴制是在同一公称尺寸的配合中,将轴的公差带位置固定,通过变动孔的公差带位置,得到各种不同的配合,如图 13-44 所示。基轴制的轴称为基准轴。

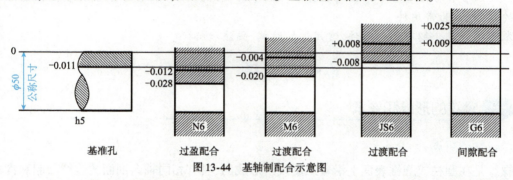

图 13-44 基轴制配合示意图

一般情况下,优先采用基孔制。基轴制仅用于具有明显经济效果的场合和结构设计要求不适合采用基孔制的场合。例如,标准滚动轴承的外圈与轴承座孔配合通常采用基轴制。

3. 常用及优先选用的配合

尽管国家标准规定了 20 个公差等级和 28 个基本偏差,但经过组合得到的公差带还是很多。为便于零件的设计和制造,国家标准规定了优先、常用和一般用途的孔公差带,以及优先、常用和一般用途的轴公差带。同时,当轴、孔配合时,国家标准还规定了基孔制优先、常用配合和基轴制优先、常用配合。关于这些优先、常用和一般用途的公差带,以及优先、常用配合,可查阅国家标准《产品几何技术规范(GPS) 线性尺寸公差 ISO 代号体系 第 1 部分:公差、偏差和配合的基础》(GB/T 1800.1—2020)。

第十四章　标准件及常用件

学习指南

机器的功能不同,其组成零件的数量、种类和形状均不同。但有一些零件被广泛、大量地在各种机器上频繁使用,如螺栓、螺钉、螺母、垫圈、齿轮、弹簧、键和销等,这些被大量使用且结构、尺寸、画法和标记等各个方面都已标准化的零件,称为标准件;有部分重要参数标准化、系列化的零件,称为常用件。

本节将着重介绍有关标准件、常用件的结构、画法和标记。

第一节　螺　　纹

一　螺纹的形成和要素

1. 螺纹的形成

螺纹是在圆柱或圆锥表面上沿着螺旋线所形成的、具有相同轴向剖面的连续凸起和沟槽。螺纹在螺钉、螺栓、螺母和丝杆等零件上起连接或传动作用。在圆柱或圆锥外表面上的螺纹称为外螺纹;在圆柱或圆锥内表面上的螺纹称为内螺纹。内、外螺纹一般成对使用。形成螺纹的加工方法很多,图 14-1a)、b)表示工件在车床上绕轴线做等速回转,刀具沿轴向做等速移动,刀具切入工件一定深度即能切出螺纹。如图 14-2 所示为加工直径较小的内螺纹的一种情况,加工时先钻孔然后用丝锥攻丝得螺纹。

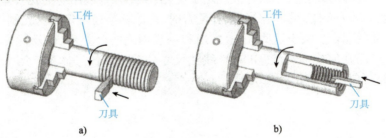

图 14-1　螺纹的加工方法

2. 螺纹的基本要素

(1)牙形。在通过螺纹轴线的剖面上,螺纹的轮廓形状称为螺纹牙形。常见的牙形有三角形、梯形、锯齿形、矩形等。

(2)直径。螺纹的直径有大径、小径和中径三个。与外螺纹牙顶或内螺纹牙底相重合的假想圆柱面的直径 d 或 D 称为大径;与外螺纹牙底或内螺纹牙顶相重合的假想圆柱面的直径 d_1 或 D_1,称为小径;母线通过牙形上沟槽和凸起宽度相等的地方的一个假想圆柱的直径 d_2 或 D_2 称为中径,如图 14-3 所示。

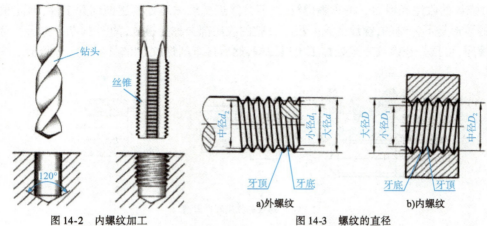

图 14-2 内螺纹加工　　　图 14-3 螺纹的直径

代表螺纹尺寸的直径称为公称直径,一般指螺纹大径的基本尺寸。

(3)线数 n。螺纹有单线和多线之分,沿一条螺旋线形成的螺纹为单线螺纹;沿两条或两条以上螺旋线形成的螺纹为多线螺纹,如图 14-4 所示。

a)单线螺纹　　　　　a)双线螺纹

图 14-4　螺纹的线数、导程与螺距

(4)螺距 P 和导程 P_h。螺纹相邻两牙在中径线上对应两点间的轴向距离称为螺距。同一条螺旋线上相邻两牙在中径线上对应点之间的轴向距离称为导程。单线螺纹的螺距等于导程。多线螺纹的螺距乘以线数等于导程,即 $P_h = n \cdot P$。

a)右旋螺纹　b)左旋螺纹

图 14-5　螺纹的旋向

(5)旋向。螺纹有右旋和左旋之分,顺时针旋转时旋入的螺纹,称为右旋螺纹。逆时针旋转时旋入的螺纹,称为左旋螺纹,如图 14-5 所示。常用的螺纹是右旋螺纹。

紧纹的要素中,牙形、大径和螺距是决定螺纹最基本的要素,通常称为螺纹三要素。内、外螺纹总是成对使用,只有当五个要素都相同时,内、外螺纹才能拧合在一起。

3. 螺纹的工艺结构

(1)螺纹的末端。为了防止螺纹的起始圈损坏和便于装配,通常在螺纹起始处做出一定形式的末端,如倒角、倒圆等,如图 14-6 所示。

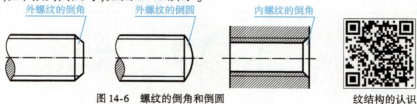

图 14-6　螺纹的倒角和倒圆　　　纹结构的认识

（2）螺纹的收尾和退刀槽。车削螺纹时,刀具接近螺纹末尾处要逐渐离开工件,因此螺纹收尾部分的牙形是不完整的,螺纹的这一段不完整的收尾部分称为螺尾,如图14-7a)所示。为了避免产生螺尾,可预先在螺纹末尾处加工出退刀槽,然后再车削螺纹,如图14-7b)、c)所示。

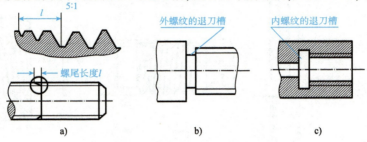

图 14-7　螺纹的收尾和退刀槽

二 螺纹的种类

1. 按螺纹要素是否标准分类

按螺纹要素是否标准将螺纹分为标准螺纹、特殊螺纹和非标准螺纹三种。

（1）标准螺纹。牙形、大径和螺距均符合国家标准的螺纹称为标准螺纹。

（2）特殊螺纹。牙形符合标准、大径或螺距不符合标准的螺纹称为特殊螺纹。

（3）非标准螺纹。牙形不符合标准的螺纹称为非标准螺纹,如方牙螺纹。

2. 按螺纹的用途分类

按螺纹的用途将螺纹分为连接螺纹和传动螺纹两大类。

（1）连接螺纹。连接螺纹的共同特点是牙形皆为三角形,其中普通螺纹的牙形角为60°,管螺纹的牙形角为55°。同一种大径的普通螺纹一般有几种螺距,螺距最大的一种称为粗牙普通螺纹,其余称为细牙普通螺纹。

（2）传动螺纹。传动螺纹是用来传递动力和运动的,常用的是梯形螺纹,其牙形为等腰梯形;有时也用锯齿形螺纹,其牙形为不等腰梯形。

其具体分类详见表14-1。

常用标准螺纹的分类、牙形及其特征代号　　　　　　　表 14-1

螺纹类别		特征代号	内外螺纹旋合后牙形的放大图	说明
连接螺纹	普通螺纹 粗牙普通螺纹	M		是最常用的连接螺纹。细牙螺纹的螺距较粗牙为小,切深较浅,用于细小精密零件或薄壁零件上
	细牙普通螺纹			
	管螺纹 非螺纹密封的管螺纹	G		本身无密封能力,常用于电线管等不需要密封的管路系统。非螺纹密封的管螺纹如另加密封结构后,密封性能很可靠

续上表

螺纹类别		特征代号	内外螺纹旋合后牙形的放大图	说明
连接螺纹	管螺纹 螺纹密封的管螺纹	R_c R_p R		可以是圆锥内螺纹(代号为R_c,锥度1:16)与圆锥外螺纹(代号为R)连接,也可以是圆柱内螺纹(代号为R_p)与圆锥外螺纹连接,其内外螺纹旋合后有密封能力
传动螺纹	梯形螺纹	Tr		可双向传递运动及动力,常用于承受双向力的丝杆传动
传动螺纹	锯齿形螺纹	B		只能传递单向动力,如螺旋压力机的传动丝杆就采用这种螺纹

三 螺纹的规定画法

螺纹通常采用专用的刀具加工而成,且螺纹的真实投影比较复杂,为了简化作图,《机械制图 螺纹及螺纹紧固件表示法》(GB/T 4459.1—1995)对螺纹画法作了规定,综述如下。

1. 单件螺纹的规定画法

(1)可见螺纹的牙顶用粗实线表示,可见螺纹的牙底用细实线表示(当外螺纹画出倒角或倒圆时,应将表示牙底的细实线画入倒角或倒圆部分)。在垂直于螺纹轴线的端视图中,表示牙底细实线圆只画约四分之三圈,此时,螺杆(外螺纹)或螺孔(内螺纹)上倒角的投影(即倒角圆)不应画出,如图14-8、图14-9所示。

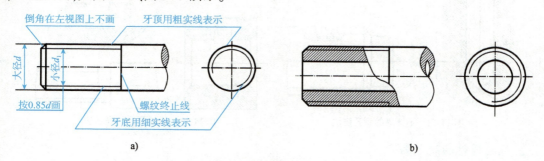

图14-8 外螺纹的规定画法

(2)有效螺纹的终止线(简称螺纹终止线)用粗实线表示。外螺纹终止线画法如图14-8所示,内螺纹终止线画法如图14-9所示。

(3) 在不可见的螺纹中,所有图线均按虚线绘制,如图 14-10 所示。

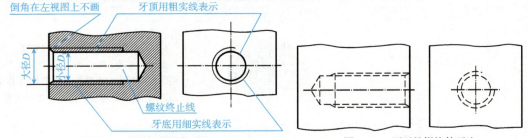

图 14-9 内螺纹的规定画法　　　　图 14-10 不可见螺纹的画法

(4) 无论是外螺纹还是内螺纹,在剖视或断面图中,剖面线都必须画到粗实线,如图 14-9、图 14-11b) 所示。

(5) 螺尾部分一般不必画出,当需要表示螺尾时,螺尾部分的牙底用与轴线呈 30°的细实线绘制,如图 14-11 所示。

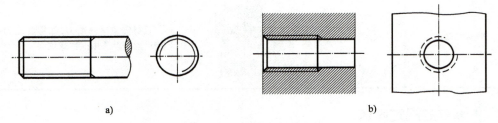

图 14-11 螺尾部分的牙底画法

(6) 绘制不穿通的螺孔时,一般钻孔深度比螺孔深度大 $0.5D$,其中 D 为螺纹的大径。钻孔底部圆锥孔的锥顶角应画成 120°,如图 14-12 所示。

(7) 当需要表示螺纹牙形时,可采用局部剖视或局部放大图表示几个牙形的结构形式,如图 14-13 所示。

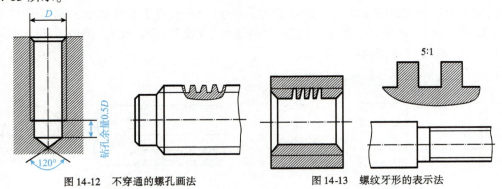

图 14-12 不穿通的螺孔画法　　　　图 14-13 螺纹牙形的表示法

2. 螺纹连接的规定画法

以剖视图表示内、外螺纹的连接时,其旋合部分应按外螺纹的画法绘制,其余部分仍按各自的画法表示,如图 14-14 所示。画图时应注意:表示大、小径的粗实线和细实线应分别对齐,而与倒角的大小无关,通过实心杆件的轴线剖开时按不剖处理,画外形。

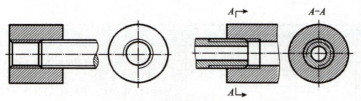

图 14-14 螺纹连接的画法

四 螺纹的标注

因为各种螺纹的画法相同,所以为了区分,还必须在图上进行标注。

1. 标准螺纹的标注格式

螺纹完整的标注格式如下:

| 特征代号 | 公称直径 | × | 螺距或导程(P螺距) | 旋向 | - | 公差带代号 | - | 旋合长度代号 |

标注说明:

(1)特征代号。用拉丁字母表示,具体见表 14-1。

(2)公称直径。除管螺纹为管子的公称直径外,其余指螺纹大径。注意对管螺纹而言,特征代号后边的数字是管尺寸代号,管尺寸代号数值等于管的内径,单位为英寸。

(3)螺距。粗牙普通螺纹和圆柱管螺纹、圆锥管螺纹、圆锥螺纹均不必标注螺距。而细牙螺纹、梯形螺纹、锯齿形螺纹必须标注。多线螺纹应标注"导程(P 螺距)"。

(4)旋向。右旋螺纹不标注旋向,左旋螺纹必须标注旋向代号"LH"。

(5)公差带代号。螺纹的公差带代号是用数字表示螺纹公差等级,用字母表示螺纹公差的基本偏差;公差等级在前,基本偏差在后,外螺纹的基本偏差用小写字母表示,内螺纹的基本偏差用大写字母表示。中径和顶径(指外螺纹大径和内螺纹小径)的公差带代号都要表示出来,中径的公差带代号在前,顶径的公差带代号在后,如果中径公差带代号与顶径公差带代号相同时,则只标注一个代号。

内、外螺纹旋合在一起时,其公差带代号可用斜线分开,左边表示内螺纹公差带代号,右边表示外螺纹公差带代号。例如:M20-6H/5g。

(6)旋合长度代号。旋合长度是指两个相互旋合的螺纹沿螺纹轴线方向相互旋合部分的长度。普通螺纹的旋合长度分为短旋合长度(S)、中等旋合长度(N)和长旋合长度(L)三组,其中 N 省略不标。

2. 标准螺纹标注示例

标准螺纹标注示例见表 14-2。

标准螺纹的标注示例　　　　　　表 14-2

	螺纹类别	标注示例	说明
连接螺纹	粗牙普通螺纹	M10-6H	螺纹的公称直径为 10mm,粗牙螺纹(螺距不标注),右旋(不标注),中径和顶径公差带代号相同,(只标注一个)代号为 6H,中等旋合长度

263

续上表

螺纹类别		标注示例	说明
连接螺纹	细牙普通螺纹	M20×2LH-5g6g-S	螺纹的公称直径为20mm,细牙螺纹,螺距为2mm,左旋螺纹(要标注代号"LH"),中径与顶径的公差带不同,则分别(标注)为5g与6g,短旋合长度(标注"S")
	非螺纹密封的管螺纹	G1A	非螺纹密封的管螺纹,外管螺纹的尺寸代号为1in,中径公差等级A级,管螺纹为右旋
	螺纹密封的管螺纹	Rc3/4 LH	圆锥内螺纹的尺寸代号为3/4in,左旋,公差等级只有一种,省略不标准
传动螺纹	梯形螺纹	Tr40×14(P7)-7e	梯形螺纹的公称直径为40mm,导程14mm,螺距7mm,线数为2,右旋,中径公差带代号为7e,中等旋合长度
	锯齿形螺纹	B32×6-7e	锯齿形螺纹的公称直径为32mm,螺距为6mm,单线,右旋,中径公差带代号为7e,中等旋合长度

普通螺纹、梯形螺纹和锯齿形螺纹在图上以尺寸方式标记,而管螺纹标记一律注在引出线上,引出线应由大径处引出。

管螺纹公差等级代号:外螺纹分A、B两级要标出,内螺纹则不标记。

3.特殊螺纹的标注

特殊螺纹的标注,应在牙形符号前加注"特"字,并标注大径和螺距,如图14-15所示。

4.非标准螺纹的标注

应标出螺纹的大径、小径、螺距和牙形尺寸,如图14-16所示。

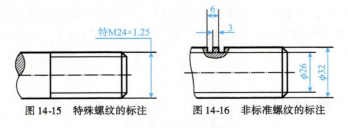

图14-15 特殊螺纹的标注　　图14-16 非标准螺纹的标注

第二节　螺纹紧固件

一　螺纹紧固件

用一对内、外螺纹的连接作用来连接和紧固一些零部件的零件称为螺纹紧固件。常用的螺纹紧固件有螺栓、双头螺柱、螺钉、螺母、垫圈等,均为标准件,如图 14-17 所示。根据规定标记,就能在相应的标准中查出它们的结构和尺寸。

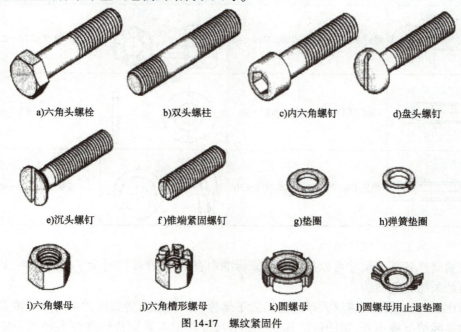

a)六角头螺栓　　b)双头螺柱　　c)内六角螺钉　　d)盘头螺钉

e)沉头螺钉　　f)锥端紧固螺钉　　g)垫圈　　h)弹簧垫圈

i)六角螺母　　j)六角槽形螺母　　k)圆螺母　　l)圆螺母用止退垫圈

图 14-17　螺纹紧固件

1. 螺纹紧固件的标记

常用螺纹紧固件的规定标记有完整标记和简化标记两种标记方法。

例如螺纹公称直径 d = M12,公称长度 l = 80mm,性能等级为 8.8 级,表面氧化的 A 级六角头螺栓。

其完整标记为:螺栓 GB/T 5782—2000 M12 × 80 - 8.8 - A - O。

简化标记为:螺栓 GB/T 5782—2000 M12 × 80。

还可进一步简化为:GB/T 5782 M12 × 80。

表 14-3 是图 14-17 所示的常用螺纹紧固件的视图、主要尺寸及简化标记示例。

表 14-3　常用螺纹紧固件的标记示例

名称及视图	规定标记示例	名称及视图	规定标记示例
开槽盘头螺钉	螺钉 GB/T 67—2016 M10 × 45	螺柱	GB/T 899—88 M12 × 50
内六角圆柱头螺钉	螺钉 GB/T 70.1—2000 M16 × 40	I 型六角螺母	螺母 GB/T 6170—2000 M16

续上表

名称及视图	规定标记示例	名称及视图	规定标记示例
十字槽沉头螺钉	螺钉 GB/T 819.1—2000 M10×45	I型六角开槽螺母	螺母 GB/T 6178—2000 M16
开槽锥端紧定螺钉	螺钉 GB/T 71—2000 M12×40	平垫圈	垫圈 GB/T 97.1—85.16
六角头螺栓	螺栓 GB/T 5782—2000 M12×50	弹簧垫圈	垫圈 GB/T 93—87.20

2. 常用螺纹紧固件的比例画法

螺纹紧固件各部分尺寸可以从相应国家标准中查出,但在绘图时为了提高效率,却大多不必查表而是采用比例画法。

所谓比例画法就是当螺纹大径选定后除了螺栓、螺柱、螺钉等紧固件的有效长度要根据被连接件的实际情况确定外,紧固件的其他各部分尺寸都取与紧固件的螺纹大径成一定比例的数值来作图的方法。

(1) 六角螺母

六角螺母各部分尺寸及其表面交线(用圆弧近似表示),都以螺纹大径 d 的比例关系画出,如图 14-18a) 所示。

(2) 六角螺栓

六角螺栓头部除厚度为 $0.7d$ 外,其余尺寸的比例关系和画法与六角螺母相同,其他部分与螺纹大径 d 的比例关系如图 14-18b) 所示。

(3) 垫圈

垫圈各部分尺寸按与它相配的螺纹紧固件的大径 d 的比例关系画出,如图 14-18c) 所示。

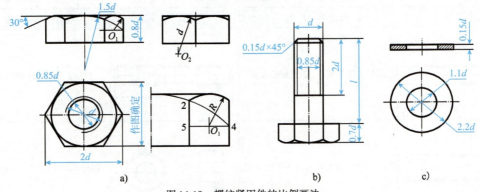

图 14-18 螺纹紧固件的比例画法

二、螺纹紧固件的装配画法

常见的螺纹连接形式有螺栓连接、双头螺柱连接和螺钉连接等,如图 14-19 所示。在画螺纹紧固件的装配画法时,常采用比例画法或简化画法。

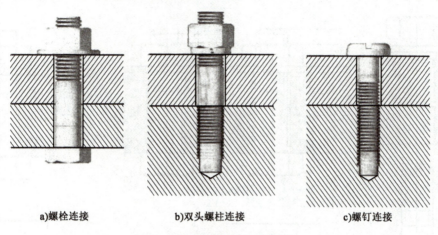

a) 螺栓连接　　　　b) 双头螺柱连接　　　　c) 螺钉连接

图 14-19　螺纹紧固件的连接形式

螺纹紧固件的装配画法应遵守下面一些基本规定:
(1) 两零件的接触表面画一条线,不接触表面画两条线。
(2) 两零件邻接时,不同零件的剖面线方向应相反,或方向相同而间隔不等。
(3) 对于紧固件和实心零件(如螺钉、螺栓、螺母、垫圈、螺柱、键、销、球及轴等),若剖切平面通过它们的轴线时,则这些零件按不剖绘制,仍画外形,必要时,可采用局部剖视。

1. 螺栓连接

螺栓是用来连接不太厚并能钻成通孔的零件。如图 14-19a) 所示为螺栓连接的示意图。

如图 14-20a) 所示为螺栓连接前的情况,在被连接的零件上钻成比螺栓大径略大的通孔,连接时,先将螺栓穿过被连接件上的通孔,一般以螺栓的头部抵住被连接板的下端,然后在螺栓上部套上垫圈,以增加支承面积和防止损伤零件的表面,最后用螺母拧紧。如图 14-20b) 所示为用螺栓连接两块板的装配画法,也可采用如图 14-20c) 所示的简化画法。

确定螺栓长度 l 时,可按下式计算:
$$l = \delta_1 + \delta_2 + h + m + a \tag{14-1}$$

式中: δ_1、δ_2 ——被连接件厚度;
　　　h ——垫圈厚度;
　　　m ——螺母厚度;
　　　a ——螺栓顶端露出螺母的高度(一般可按 $0.2d \sim 0.3d$ 取值)。

根据上式算出的螺栓长度 l 值,查螺栓长度 l 的系列值,选择接近的标准数值。

2. 双头螺柱连接

双头螺柱连接常用于被连接件之一较厚且不宜钻成通孔的场合,图 14-21b) 为双头螺柱连接的示意图。在一个较厚的被连接零件上制有螺孔,将双头螺柱的旋入端完全旋入这个螺孔里,而另一端(紧固端)则穿过另一被连接零件的通孔,然后套上垫圈,再用螺母拧紧,即为双头螺柱连接。双头螺柱的两端都有螺纹,用于旋入被连接零件螺孔的一端,称为旋入端;用来拧紧螺母的另一端称为紧固端。

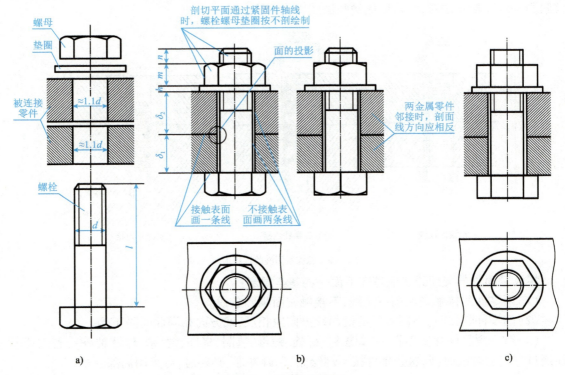

图14-20 螺栓连接的画法

双头螺柱旋入端的长度 b_m 由带螺孔的被连接件的材料而定,对于钢、青铜零件取 $b_m = d$ [《双头螺柱 $b_m = 1d$》(GB/T 897—1988)];铸铁零件取 $b_m = 1.25d$ [《双头螺柱 $b_m = 1.25d$》(GB/T 898—1988)];材料强度介于铸铁和铝之间的零件取 $b_m = 1.5d$ [《双头螺柱 $b_m = 1.5d$》(GB/T 899—1988)];铝合金、非金属材料零件取 $b_m = 2d$ [《双头螺柱 $b_m = 2d$》(GB/T 900—1988)]。

双头螺柱连接的画法如图14-21所示。为了确保旋入端全部旋入,机件上的螺孔深度应大于旋入端的螺纹长度 b_m,螺孔深度取 $b_m + 0.5D$,钻孔深度取 $b_m + D$。画图时,注意双头螺柱旋入端的螺纹终止线应画成与被连接件的接触表面相重合,表示完全旋入。图14-21c)为画双头螺柱连接时常见的错误。

双头螺柱的形式、尺寸可查阅附录。其规格尺寸为螺纹直径 d 和有效长度 l。确定长度 l 时,可按下式计算(图14-21):

$$l = \delta + h + m + a \tag{14-2}$$

式中:δ——被连接件厚度;
  h——垫圈厚度;
  m——螺母厚度;

a——螺栓顶端露出螺母的高度,一般可按$(0.2\sim0.3)d$取值。

根据上式算出的 l 值,查附录表中螺柱的有效长度 l 的系列值,选择接近的标准数值。

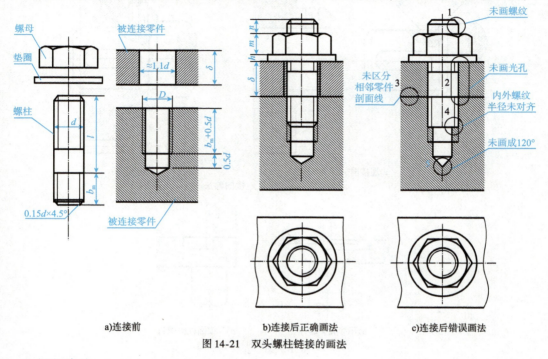

a) 连接前　　　　b) 连接后正确画法　　　　c) 连接后错误画法

图 14-21　双头螺柱链接的画法

3. 螺钉连接

螺钉按用途可分为连接螺钉和紧定螺钉两种。前者用来连接零件,后者主要用来固定零件。连接螺钉用于连接不经常拆卸,并且受力不大的零件。一般在较厚的被连接件上加工出螺孔,然后把螺钉穿过另一被连接件的通孔旋进螺孔来连接两零件,如图 14-18 所示。紧定螺钉用来固定两个零件的相对位置,使它们不产生相对运动。

螺纹连接方法

(1) 紧定螺钉

如图 14-22 所示为紧定螺钉连接轴和齿轮的画法,用一个开槽锥端紧定螺钉旋入轮毂的螺孔,使螺钉端部的 90°锥顶角与轴上的 90°锥坑压紧,从而固定了轴和齿轮的轴向位置。

(2) 连接螺钉

连接螺钉的一端为螺纹,另一端为头部,常见的连接螺钉有开槽圆柱头螺钉、开槽沉头螺钉、开槽盘头螺钉、内六角圆柱头螺钉等。螺钉的各部分尺寸可查阅附录。其规格尺寸为螺纹直径 d 和螺钉长度 l。绘图时一般采用比例画法,如图 14-23a)、b) 所示分别为开槽沉头螺钉和开槽圆柱头螺钉头部的比例画法。

如图 14-24 所示为连接螺钉的装配图画法。螺钉的长度可按下式确定:

$$l = 8 + b_m \tag{14-3}$$

式中:8——光孔零件的厚度;

b_m——螺钉旋入深度(其确定方法与双头螺柱相同,可根据零件材料查阅有关手册确定)。

根据上式算出的长度查附录中相应螺钉长度 l 的系列值,选择接近的标准长度。

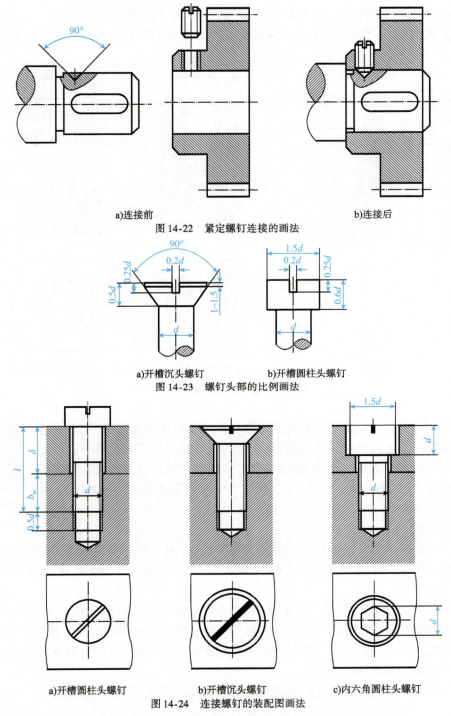

a)连接前 b)连接后
图 14-22 紧定螺钉连接的画法

a)开槽沉头螺钉 b)开槽圆柱头螺钉
图 14-23 螺钉头部的比例画法

a)开槽圆柱头螺钉 b)开槽沉头螺钉 c)内六角圆柱头螺钉
图 14-24 连接螺钉的装配图画法

螺钉连接情况与双头螺柱旋入端的画法相似,所不同的是螺钉的螺纹终止线应画在两零件接触面以上。螺钉头部槽口在反映螺钉轴线的视图上,应画成垂直于投影面;在垂直于轴线的端视图上,则应画成与水平线倾斜45°,如图 14-24a)所示;如果在图上槽口小于 2mm 时,螺钉槽口的投影也可涂黑表示,如图 9-24b)所示。在装配图中,不穿通的螺纹孔可不画出钻孔深度,仅按有效螺纹部分的深度(不包括螺尾)画出,如图 14-24b)、c)所示。

第三节 键 和 销

一 键

键是在机器上用来连接轴与轴上的传动件(齿轮、皮带轮等)的一种连接件,起到传递扭矩的作用。它的一部分被安装在轴的键槽内,另一凸出部分则嵌入轮毂槽内,使两个零件一起转动,如图 14-25 所示。

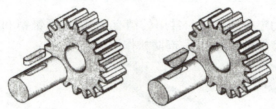

图 14-25 键连接

键是标准件,它的种类很多,常用的有普通平键、半圆键、钩头楔键等,如图 14-26 所示。

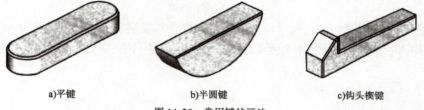

a)平键　　　　　　　b)半圆键　　　　　　　c)钩头楔键
图 14-26 常用键的画法

其中普通平键应用最广,按形状的不同可分为 A 型(圆头)、B 型(方头)和 C 型(单圆头)3 种,其形状如图 14-27 所示。在标记时,A 型平键省略 A 字,而 B 型、C 型应写出 B 或 C 字。

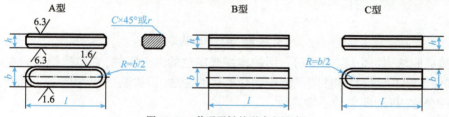

图 14-27 普通平键的形式和尺寸

例如 $b = 18\text{mm}$, $h = 11\text{mm}$, $l = 100\text{mm}$ 的圆头平键,则应标记为:GB/T 1096 键 $18 \times 11 \times 100$。常用普通平键的尺寸和键槽的剖面尺寸,可按轴径查阅附录,轴和轮毂的键槽尺寸注法如图 14-28a)、b)所示。如图 14-28c)所示为普通平键联结,普通平键的两侧面是工作面,在装配图中,键的两侧面与轮毂、轴的键槽两侧面配合,键的底面与轴的键槽底面接触,所以画一条线;而键的顶面与轮载上键槽的底面之间应有间隙,为非接触面,因此要画两条线。按国家标准规定,键沿纵向剖切时,不画剖面线,如图 14-28c)所示。

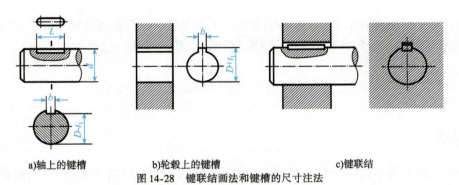

a)轴上的键槽　　　　b)轮毂上的键槽　　　　c)键联结

图 14-28　键联结画法和键槽的尺寸注法

二 销

销通常用于零件间的定位或连接。常用的销有圆柱销、圆锥销和开口销,如图 14-29 所示。其中开口销常与槽型螺母配合使用,起防松作用。

a)圆锥销　　　　b)圆柱销　　　　c)开口销

图 14-29　常用的销

销也是标准件,它们的型式、尺寸可查阅相关标准。其规格尺寸为公称直径 d 和公称长度 l。例如公称直径 $d=6$mm、公称长度 $l=30$mm、材料为钢、不经淬火、不经表面处理的圆柱销应标记为:

销 GB/T 119.1 6m 6×30

其形式如图 14-30 所示。

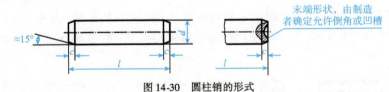

图 14-30　圆柱销的形式

销连接的画法,如图 14-31 所示。用销连接或定位的两个零件,它们的销孔应在装配时一起加工,如图 14-32 所示为零件图上圆锥销孔的尺寸注法,圆锥孔的尺寸应引出标注,$\phi 4$ 是所配圆锥销的公称直径,即它的小端直径。

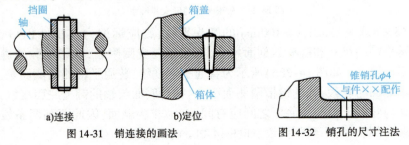

a)连接　　　　b)定位

图 14-31　销连接的画法　　　　图 14-32　销孔的尺寸注法

第四节 齿 轮

齿轮是机械传动中应用最为广泛的传动件。齿轮传动可以达到变速、换向等目的。齿轮的参数中只有模数、压力角已经标准化,因此,它属于常用件。

按其传动情况,齿轮传动可分为 3 大类:

(1) 圆柱齿轮。用于两平行轴线间传动,如图 14-33a)所示。
(2) 锥齿轮。用于两相交轴线间(通常相交成 90°)传动,如图 14-33b)所示。
(3) 蜗轮与蜗杆。用于两垂直交叉轴线间传动,如图 14-33c)所示。

a)圆柱齿轮　　　b)锥齿轮　　　c)蜗杆与蜗轮

图 14-33　常见的齿轮传动

圆柱齿轮的轮齿有直齿、斜齿和人字齿 3 种。本节主要介绍直齿圆柱齿轮的几何要素名称、代号、尺寸计算及规定画法。

一 几何要素名称及其代号

1. 节圆直径 d' 及分度圆直径 d

如图 14-34a)所示,连心线 O_1O_2 上两相切的圆称为节圆,其代号为 d_1' 和 d_2'。分度圆是设计、制造齿轮时计算各部分尺寸所依据的圆,也是分齿的圆。其直径用 d 表示。两标准齿轮正确啮合时,节圆直径 d' 与分度圆直径 d 相重合。

2. 分度圆齿距 p、齿厚 s、槽宽 e

分度圆上相邻两齿齿廓对应点间的弧长称为齿距,用 p 表示;一个轮齿在分度圆上齿廓间的弧长称齿厚,用 s 表示;一个齿槽在分度圆上槽间的弧长称槽宽,用 e 表示。在标准齿轮中,$s = e$,$p = s + e$。

3. 齿数和模数 m

用 z 表示齿轮的齿数,则分度圆周长 $= \pi d = zp$,故 $d = \dfrac{p}{\pi} z$。取 $m = \dfrac{p}{\pi}$,故 $d = mz$。

式中,m 称为齿轮的模数。两啮合齿轮的齿距必须相同,即模数 m 必须相同。

模数 m 是设计、制造齿轮的重要参数。模数增大,则齿距 p 也增大,即齿厚 s 增大,因而齿轮承载能力也增大。制造齿轮时,齿轮刀具也是根据模数而定的。为了便于设计和加工,模数的数值已系列化(标准化)。设计者只有选用标准数值,才能用系列齿轮刀具加工齿轮。模数的标准系列见表 14-4。

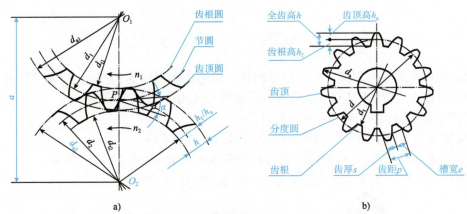

图 14-34 啮合的圆柱齿轮示意图及圆柱齿轮各部分名称

标准模数系列（GB/T 1357—1987）（单位：mm） 表 14-4

第一系列	1 1.25 1.5 2 2.5 3 4 5 6 8 10 12 16 20 25 32 40 50
第二系列	1.75 2.25 2.75 (3.25) 3.5 (3.75) 4.5 5.5 (6.5) 7 9 (11) 14 18 22 28 36 45

注：优先采用第一系列，括号内模数值尽可能不用。

4. 压力角 α

如图 14-34a) 所示，在节点 P 处，齿廓曲线的公法线与两节圆的内公切线之间的夹角，称为压力角。我国标准齿轮的压力角为 20°。两相互啮合的齿轮必须模数 m 和压力角 α 都相同，才能啮合。

5. 传动比 i

主动齿轮转速 n_1(r/min) 与从动齿轮转速 n_2(r/min) 之比。由于转速与齿数成反比，因此传动比亦等于从动齿轮齿数 z_2 与主动齿轮齿数 z_1 之比，即 $i = n_1/n_2 = z_2/z_1$。

二、直齿圆柱齿轮尺寸计算

主要参数 m 及齿数 z 确定后，标准直齿圆柱齿轮的几何尺寸可按表 14-5 所列公式计算。

标准直齿圆柱齿轮的计算公式 表 14-5

名称及代号	公式	名称及代号	公式
模数 m	$m = p/\pi$（根据设计需要而定）	齿顶圆直径 d_a	$d_{a1} = m(z_1 + 2)$ $d_{a2} = m(z_2 + 2)$
压力角 α	$\alpha = 20°$	齿根圆直径 d_f	$d_{f1} = m(z_1 - 2.5)$ $d_{f2} = (z_2 - 2.5)$
分度圆直径 d	$d_1 = mz_1, d_2 = mz_2$	齿距 p	$p = \pi m$
齿顶高 h_a	$h_a = m$	中心距 a	$a = (d_1 + d_2)/2 = m(z_1 + z_2)/2$
齿根高 h_f	$h_f = 1.25m$	传动比 i	$i = n_1/n_2 = z_2/z_1$
全齿高 h	$h = h_a + h_f = 2.25m$		

三、圆柱齿轮的规定画法

1. 单个直齿圆柱齿轮的规定画法（GB/T 4459.2—2003）

（1）齿顶圆和齿顶线用粗实线绘制，如图 14-35a) 所示。

（2）分度圆和分度线用细点划线绘制，如图14-35a）所示。

（3）齿根圆和齿根线在外形视图中用细实线绘制，也可省略不画，如图14-35a）所示。

（4）通常，齿轮用过齿轮轴线剖切的剖视图来表示。规定轮齿按不剖绘制，其齿根线画成粗实线，如图14-35b）所示。当需要表示斜齿与人字齿的齿线形状时，可用3条与齿线方向一致的细实线表示，如图14-35c）、d）所示。

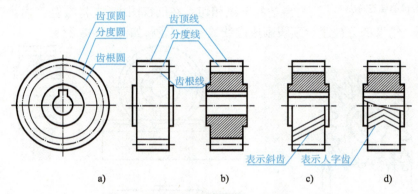

图 14-35　齿顶圆和齿顶线绘制

2. 圆柱齿轮的啮合画法

（1）在投影为圆的视图中，两相啮合齿轮的节圆必须相切，啮合区内的齿顶圆仍用粗实线绘制，如图14-36a）所示，也可以省略不画，如图14-36b）所示。

（2）在平行轴线的剖视图中，两齿轮的节线重合。可设想两啮合轮齿中有一个为可见，按轮齿不剖的规定画出；而另一轮齿部分被遮挡则齿顶线画成虚线或省略不画，如图14-36a）所示。必须注意：两齿轮在啮合区存在0.25m的径向间隙，如图14-37所示。

（3）在平行轴线的外形视图中，啮合区的齿顶线、齿根线不需画出，节线用粗实线绘制，如图14-36c）、d）所示。

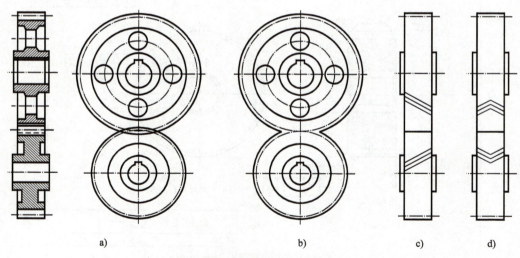

图 14-36　圆柱齿轮的啮合画法

3. 齿轮与齿条啮合的画法

当齿轮的直径无限大时，齿轮就成为齿条。此时，齿顶圆、分度圆、齿根圆和齿廓曲线都成为直线。

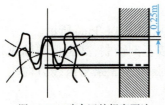

图 14-37 啮合区的规定画法

齿轮和齿条啮合时，齿轮旋转，齿条做直线运动。齿轮和齿条啮合的画法与两圆柱齿轮啮合的画法基本相同，这时齿轮的节圆与齿条的节线相切。在剖视图中，应将啮合区内齿顶线之一画成粗实线，另一轮齿部分被遮齿顶线画成虚线或省略不画，如图 14-38 所示。

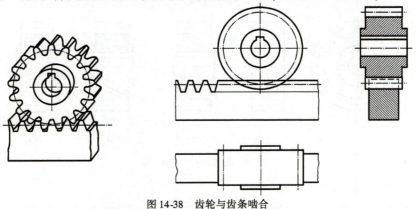

图 14-38 齿轮与齿条啮合

四 直齿圆柱齿轮的零件图

如图 14-39 所示是一个圆柱齿轮的零件图。它包括一组视图、一组完整的尺寸、必要的技术要求和制造齿轮所需要的基本参数、标题栏等内容。标注时，因齿根圆直径一般加工时由其他参数控制，故可以不标注。模数、齿数等齿轮参数要列表说明。

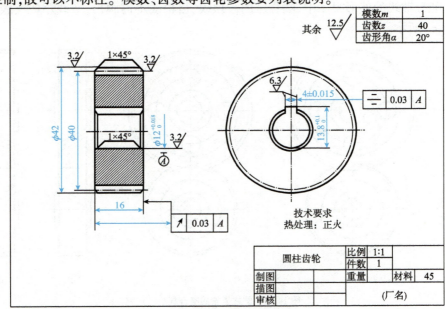

图 14-39 齿轮零件图

第五节 滚动轴承

滚动轴承是用来支承轴的部件,它具有摩擦阻力小,结构紧凑,旋转精度高等特点,是应用极为广泛的标准件。

一 滚动轴承的结构及其画法

滚动轴承的种类很多,但它们的结构大致相同,一般由外圈、内圈、滚动体及保持架组成,如图14-40所示。在一般情况下,外圈的外表面与机座的孔相配合,固定不动,而内圈的内孔与轴颈相配合,随轴转动。

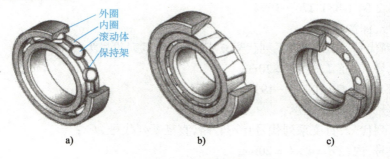

图14-40 滚动轴承

按承受载荷的性质,滚动轴承可分为3类:
(1)向心轴承。主要承受径向载荷,如深沟球轴承。
(2)推力轴承。只能承受轴向载荷,如推力球轴承。
(3)向心推力轴承。同时承受径向及轴向载荷,如圆锥滚子轴承。

滚动轴承是标准件,一般不画零件图。在装配图中,也不必完全按其真实形状画出,而是根据轴承代号查出外径 D、内径 d、宽度 B 等有关的尺寸,决定出轴承的实际轮廓,然后,在此轮廓内按照规定绘图。当需要较详细地表达滚动轴承的主要结构时,可将轴承的一半按规定画法绘制,而另一半按通用画法绘制;如果只需要形象地表示滚动轴承的结构特征时,可采用特征画法。

滚动轴承

二 滚动轴承的代号

滚动轴承的代号由以下3部分组成:
前置代号　基本代号　后置代号

基本代号是滚动轴承代号的基础,用以表示滚动轴承的基本类型、结构和尺寸;前置、后置代号是轴承在结构形状、尺寸、公差、技术要求等有改变时,在其基本代号左右添加的补充代号。基本代号的排列顺序如下:
类型代号　尺寸系列代号　内径代号

(1)类型代号
类型代号中"5"表示推力球轴承,"6"表示深沟球轴承,"3"表示圆锥滚子轴承。

（2）尺寸系列代号

尺寸系列代号由滚动轴承的宽（高）度系列代号和直径系列代号组合而成，它反映了同种轴承在内圈孔径相同时内外圈的宽度、厚度的不同及滚动体大小不同。因此，尺寸系列代号不同的轴承，其外廓尺寸不同，承载能力也不同。除圆锥滚子轴承外，其余各类轴承宽度系列代号"0"均省略不标出。

（3）内径代号

表示滚动轴承的公称内径，它们的含义是：当 10mm < d < 495mm，代号数字 < 04 时，即 00、01、02、03 分别表示内径为 10mm、12mm、15mm、17mm；代号数字为 04 ~ 99 时，代号数字乘以 5，即为轴承内径。

下面举例说明滚动轴承代号标记：

滚动轴承6 <u>2</u> <u>04</u> GB/T 276—1994

<u>6</u>：类型代号，深沟球轴承；

<u>2</u>：尺寸系列代号，(02) 宽度系列代号 0 省略，直径系列代号为 2；

<u>04</u>：内径代号，内径 $d = 4 \times 5 = 20$mm。

滚动轴承3 <u>02</u> <u>04</u> GB/T 297—1994

<u>3</u>：类型代号，圆锥滚子轴承；

<u>02</u>：尺寸系列代号，宽度系列代号 0 不省略，直径系列代号为 2；

<u>04</u>：内径代号，内径 $d = 4 \times 5 = 20$mm。

滚动轴承5 <u>12</u> <u>03</u> GB/T 301—1995

<u>5</u>：类型代号，推力球轴承；

<u>12</u>：尺寸系列代号，宽度系列代号 1，直径系列代号为 2；

<u>03</u>：内径代号，内径 17mm。

第六节 弹 簧

弹簧是一种标准件，可用来减震、夹紧、复位及测力等。弹簧的特点是：去掉外力后，弹簧能立即恢复原状。弹簧种类很多，常用的螺旋弹簧按受力情况可分为压缩弹簧、拉伸弹簧和扭转弹簧三种，如图 14-41 所示。本节主要介绍圆柱螺旋压缩弹簧的画法。

一 圆柱螺旋压缩弹簧的参数及尺寸计算

为使压缩弹簧的端面与轴线垂直，在工作时受力均匀，工作稳定可靠，在制造时将两端的几圈并紧、磨平，这几圈仅起支承或固定作用，称为支承圈。两端的支承圈总数有 1.5 圈、2 圈及 2.5 圈三种，常见为 2.5 圈，即每端各有 $1\frac{1}{4}$ 圈支承圈。除支承圈外，中间保持相等节距的圈称为有效圈，有效圈数是计算弹簧刚度时的圈数。有效圈数与支承圈数之和称为总圈数。目前部分弹簧参数已标准化，设计时选用即可。画图时，圆柱螺旋压缩弹簧按标准选取以下参数，如图 14-42 所示。

a)压缩弹簧　　　　　　b)拉伸弹簧　　　　　　c)扭转弹簧

图 14-41　常用圆柱螺旋弹簧

(1) 簧丝直径 d：制造弹簧的钢丝直径。
(2) 弹簧中径 D：弹簧的平均直径。
(3) 节距 t：相邻两有效圈截面中心线的轴向距离。
(4) 有效圈数 n。
(5) 支承圈数 n_2（一般取 $n_2 = 2.5$ 圈）。

弹簧的其他尺寸均可由上述参数计算而得：

(6) 弹簧外径 $D_2 = D + d$（装配时如以外径定位，图上标注 D_2）。
(7) 弹簧内径 $D_1 = D - d$（如以内径定位，则标注 D_1）。
(8) 总圈数 $n_1 = n + n_2$。
(9) 自由高度（弹簧无负荷时的高度）$H_0 = nt + (n_2 - 0.5)d$。
(10) 簧丝展开长度 $L \approx n_1 \sqrt{(\pi D)^2 + t^2}$。

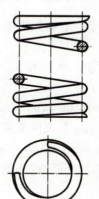 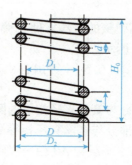

图 14-42　圆柱螺旋压缩弹簧的画法

二　圆柱螺旋压缩弹簧的规定画法（GB/T 4459.14—2003）

(1) 在平行弹簧轴线的投影面的视图中，各圈的轮廓均画成直线，如图 14-42 所示。
(2) 左旋弹簧允许画成右旋，但不论画成右旋还是左旋，均需注出"左旋"。

(3)有效圈数大于 4 圈,可只画两端的 1~2 圈,而省略中间各圈。同时,图形的长度也可适当缩短,如图 14-42 所示。

(4)不论支承圈数多少,均可按如图 14-42 所示绘制,支撑圈数在技术要求中另加说明。

(5)在装配图中,当弹簧中间各圈采用省略画法时,弹簧后面被挡住的结构一般不画,可见部分只画到弹簧钢丝的剖面轮廓或中心线处,如图 14-43a)、b)所示。

(6)在装配图中,螺旋弹簧被剖切时,簧丝直径小于 2mm 的剖面可以用涂黑表示。当簧丝直径小于 1mm 时,可采用示意画法,如图 14-43c)所示。

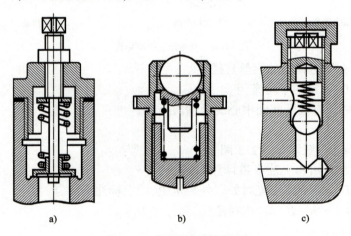

图 14-43　装配图中弹簧的画法

三　圆柱螺旋压缩弹簧的作图步骤

已知圆柱螺旋压缩弹簧的簧丝直径 d、弹簧中径 D、节距 t、有效圈数 n、支承圈数 n_2、右旋,其作图步骤如图 14-44 所示。

(1)由 $H_0 = nt + (n_2 - 0.5)d$ 算出自由高度 H_0。用中径 D 和 H_0 画出长方形 $ABCD$,如图 14-44 所示。

(2)画出支承圈部分与簧丝直径相等的圆和半圆,如图 14-44b)所示。

(3)画出有效圈数部分与簧丝直径相等的圆。先在 CD 上根据节距 t 画出圆 2 和 3;然后从 1、2 和 3、4 的中点作水平线与 AB 相交,画出圆 5 和 6,如图 14-44c)所示。

(4)按右旋方向作簧丝断面的公切线,画出簧丝断面的剖面线,如图 14-44d)所示。

四　螺旋压缩弹簧的标记

弹簧的标记由名称、型式、尺寸、标准编号、材料牌号以及表面处理组成,标记形式如下:

弹簧代号　类型　$d \times D \times H_0$ - 精度代号　旋向代号　标准号　材料牌号 - 表面处理

其中螺旋压缩弹簧代号为"Y";型式代号为"A"或"B";2 级精度制造应注明"2",3 级不标注;左旋应注明"左",右旋不标注;表面处理一般不标注。如要求镀锌、镀铬、磷化等金属镀层及化学处理时,应在标记中注明。

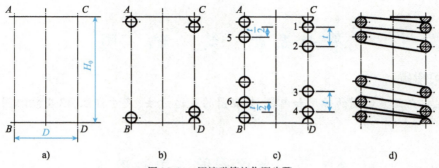

图 14-44　压缩弹簧的作图步骤

例如，A 型螺旋压缩弹簧，材料直径 1.2mm，弹簧中径 8mm，自由高度 40mm，刚度、外径、自由高度的精度为 2 级，材料为碳素弹簧钢丝 B 级，表面镀锌处理的左旋弹簧的标记为：

YA 1.2×8×40-2 左 GB/2089—1994 B 级-D-Zn

五　螺旋压缩弹簧的零件图

如图 14-45 所示是一个圆柱螺旋压缩弹簧的零件图。弹簧的参数应直接标注在图形上，若直接标注有困难时，可以在技术要求中说明；在零件图上方用图解表示弹簧的负荷与长度之间的变化关系。螺旋压缩弹簧的机械性能曲线画成直线（为粗实线），其中：P_1 为弹簧的预加负荷，P_2 为弹簧的最大负荷，P_3 为弹簧的允许极限负荷。

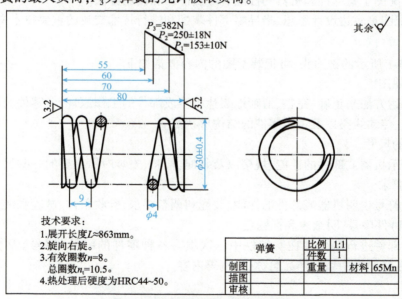

图 14-45　圆柱螺旋压缩弹簧的零件图

第十五章 装 配 图

学习指南

本章主要介绍装配图的作用和内容，装配图的表达方法、尺寸标注，以及装配图的识读和绘制等。

第一节 装配图的作用和内容

表示机器或部件的工作原理、零件的连接方式、装配关系以及主要零件主要结构的图样称为装配图。一般把表达整台机器的图样称为总装配图；而把表达其部件的图样称为部件装配图。如图 13-2 所示的就是机床上的一个部件铣刀头，其装配图如图 15-1 所示。

1. 装配图的作用

装配图是了解机器结构、分析机器工作原理和功能的技术文件，也是制定工艺规程，进行机器装配、检验、安装和维修的依据。

机器或部件在设计和生产过程中，一般先按设计要求绘制装配图，然后根据装配图完成零件设计并绘制零件图，进而制造出相应的零件，再按装配图把零件装配成机器或部件，使用者也往往通过装配图了解部件和机器的性能、作用、原理和使用方法。

因此，装配图是表达设计思想、指导零部件装配和进行技术交流的重要技术文件。

2. 装配图的内容

根据图 15-1 所示的铣刀头，可把装配图的内容概括如下：

(1) 一组视图

用各种表达方法来正确、完整、清晰地表达机器或部件的工作原理、各零件的装配关系、零件的连接方式、传动线路以及主要零件的结构形状等。

(2) 必要的尺寸

标注出表示机器或部件的性能、规格以及装配、检验、安装时所必要的一些尺寸。

(3) 技术要求

用文字或符号说明机器或部件的性能、装配和调整要求、验收条件、试验和使用规则等。

(4) 零(组)件序号，明细表和标题栏

对各种零部件进行编号并在明细栏中依次填写各种零件的编号(序号)及相应名称、数量、材料等。在标题栏中填写产品名称、比例等内容。

第二节 装配图的表达方法

在第 3 节关于机件的各种表达方法既可用于零件图的表达，也适用于装配图的表达。但也有它们的不同点，装配图需要表达的是部件或机器的总体情况，而零件图仅表达零件的结构形状。针对装配图的特点，为了清晰简便地表达出部件或机器的结构，国家标准《机械制图》(GB/T 4459.1～GB/T 4459.9)对画装配图提出了一些规定画法和特殊的表达方法。

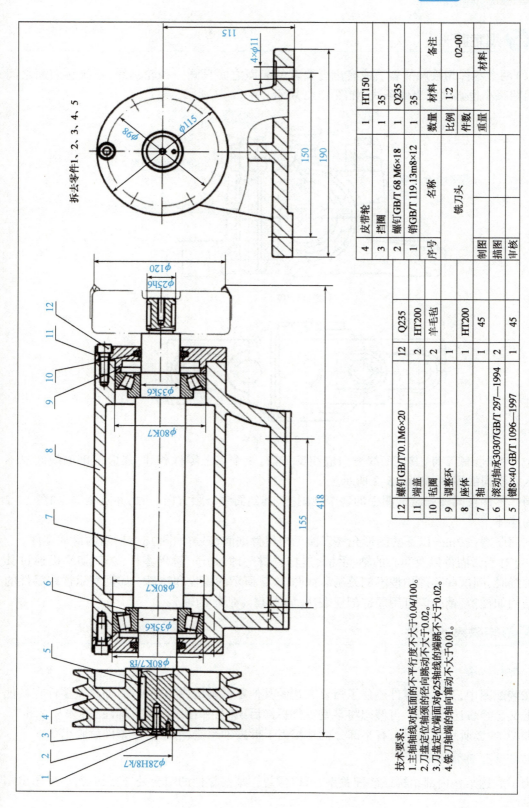

图15-1 铣刀头装配图

一 规定画法

(1) 两个零件相接触的表面或有配合要求的表面之间只画一条轮廓线,不接触表面之间即使间隙很小也必须画出两条线,如图 15-2 所示。

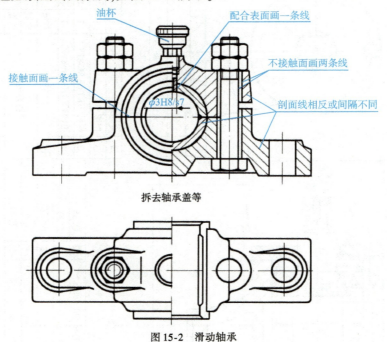

图 15-2 滑动轴承

(2) 两个相邻零件,其剖面线方向应相反,若有 3 个以上零件相邻,还应使剖面线间隔不等来区别不同的零件,如图 15-2 所示。

同一零件在同一张装配图中的各个视图上,其剖面线必须方向一致,间隔相等,如图 15-2 所示的座体。

剖面厚度在 2mm 以下的图形允许以涂黑来代替剖面符号,如图 15-3 所示的薄片零件。

(3) 对于紧固件以及实心的轴、手柄、连杆、拉杆、球、钩子、键等零件,若剖切平面通过其基本轴线时,则这些零件均按不剖绘制。如图 15-2 所示的螺栓和螺母。如需表示这些零件的某些结构如键槽、销孔等可用局部剖视表达,如图 15-1 所示的轴。

二 特殊表达方法

1. 拆卸画法

在装配图中,当某些零件遮住了需要表达的其他零件结构或装配关系,而这些零件在其他视图上又已经表达清楚时,可假想将某些零件拆卸后绘制,并在视图上方标注"拆去××等"。

如图 15-2 所示俯视图上右半部分就是相当于拆去轴承盖、上轴衬等零件后画出。

2. 沿结合面剖切画法

为了表达某些内部结构或装配关系,可以假想在某些零件的结合处进行剖切,然后画出相应的剖视图。此时零件的结合面不画剖画线,被剖断的其他零件应画剖面线,如图 15-3 所示的 *A-A* 剖视。

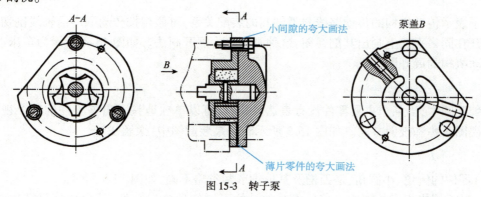

图 15-3　转子泵

3. 假想画法

(1) 在装配图中当需要表示某些零件的运动范围或极限位置时,可用双点画线画出该运动零件在极限位置的外形轮廓图,如图 15-4 所示的手柄位置。

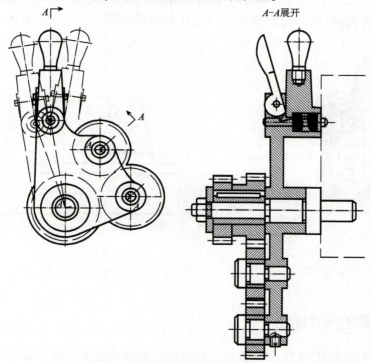

图 15-4　假想画法和展开画法

(2) 在装配图中,当需要表达本部件与相邻部件的装配关系时,可用双点画线画出相邻部分的轮廓线。如图 15-3 所示的主视图中用双点画线表示转子泵的相邻零件。

4. 夸大画法

在装配图中,如绘制直径或厚度小于 2mm 的孔或薄片以及较小的斜度和锥度,允许该部分不按比例而夸大画出,如图 15-3 所示的垫片的夸大画法。

5. 展开画法

为了表示传动机构的传动路线和零件间的装配关系,可假想按传动顺序沿轴线剖切,然后依次展开在同一平面上画出其剖视图,这种画法称为展开画法。如图 15-4 所示为车床上三星齿轮传动机构的展开图。

6. 零件的单独表达画法

在装配图中,当某个主要零件没有表达清楚时,可以单独地只画出该零件的某个视图,但应标明视图名称和投射方向。如图 15-3 所示转子泵装配图中"泵盖 B"。

7. 简化画法

(1) 零件的倒角、小圆角、退刀槽及其他细节常省略不画,如图 15-5 所示。

(2) 对于规格相同的螺纹连接件或其他结构可详细地画出一处,其余各处只需用细点画线表示出其中心所在位置,如图 15-5 所示。

(3) 在装配图中,当剖切平面通过某些标准产品的组合件,或该组合件已在其他图样中表达清楚时,可以只画出其外形图,如图 15-2 所示的油杯。

(4) 对于滚动轴承,在剖视图中可以一边用规定画法画出,另一边用通用画法表示,如图 15-5 所示。

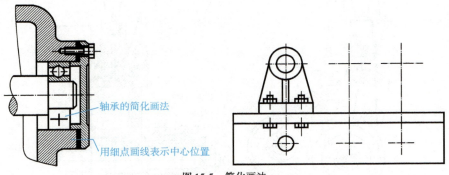

图 15-5　简化画法

第三节　装配图的尺寸标注及技术要求

一　装配图的尺寸标注

装配图与零件图的作用不一样,因此对尺寸标注的要求也不一样。零件图是加工制造零件的主要依据,要求零件图上的尺寸必须完整,而装配图主要是表达产品装配关系的图样,因此不需标注各组成部分的所有尺寸,一般只需标出如下几种类型的尺寸。

1. 性能(规格)尺寸

它是决定产品工作能力的尺寸,是设计时要确定的尺寸,也是选用产品的主要依据。如图 15-1 中所示的 $\phi 25h6$ 和 115 两尺寸,是设计和选用铣刀头的重要参数。

2. 装配尺寸

表示机器或部件上有关零件间装配关系的尺寸。一般有下列三类：

(1) 配合尺寸

所有零件间对配合性质有特别要求的尺寸，它表示了零件间的配合性质和相对运动情况。如图 15-1 所示的端盖与座体的配合尺寸 $\phi 80K7/f8$、皮带轮与轴的配合尺寸 $\phi 28H8/k7$、滚动轴承与轴的配合尺寸 $\phi 35k6$、滚动轴承与座体的配合尺寸 $\phi 80K7$ 等。

(2) 相对位置尺寸

表示装配时需要保证的零件间较重要的距离、间隙等尺寸。如图 15-1 所示的中心高 115。

(3) 装配时加工尺寸

如有些零件装配在一起后才能进行加工，此时装配图上要标注装配时的加工尺寸。

3. 安装尺寸

机器（部件）安装到机座或其他部件上时涉及的尺寸。包括安装面大小，安装孔的定形、定位尺寸。如图 15-1 所示的 155、150、$4 \times \phi 11$。

4. 外形尺寸

产品外形的总长、宽、高。这些尺寸通常是包装、运输和安装等过程中所需要的。如图 15-1 所示的铣刀头的总长、总宽分别为 418、190，而总高等于 $115 + \phi 115/2$。

5. 其他重要尺寸

个别对产品的工作或主要零件的结构有重要影响的尺寸。

以上几类尺寸在同一张装配图上不一定齐全。另外各类尺寸之间并非截然无关，实际上某些尺寸往往同时兼有不同的作用。

二 装配图的技术要求

除图形中已用代号表达的技术要求以外，机器（部件）在包装、运输、安装、调试和使用过程中应满足的一些技术要求及注意事项等，通常注写在标题栏、明细栏的上方或左边空白处。

第四节 装配图中的零、部件序号和明细栏

为了便于识图、装配、图样管理以及做好生产准备工作，必须对每个不同的零件或组件进行编号，这种编号称为零件的序号，同时要编制相应的明细栏（表）。

一 零、部件的序号

1. 标注序号的方法

指引线应从零件的可见轮廓内引出，用细实线绘制，并在轮廓内的一端画一小圆点，在外面的一端画一短水平线或圆（细实线），序号的字高比该装配图中所注尺寸数字高度大一号或两号；也可以不画水平线或圆，但序号的字高比该装配图中所注尺寸数字高度大一号或两号，如图 15-6a) 所示。同一装配图中编注序号的形式应一致。

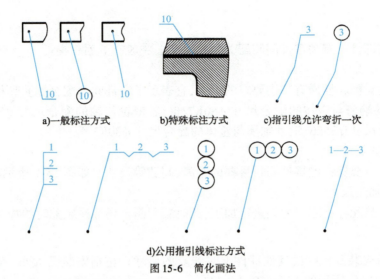

图 15-6 简化画法

对于涂黑的剖面,可用箭头指向其轮廓线,如图 15-6b)所示。

2. 零件序号标注的一些规定

(1)装配图中相同的各组成部分(零件和部件)只应有一个序号。

(2)指引线相互不能相交,当通过有剖面线的区域时,指引线不应与剖面线平行。必要时指引线允许画成折线,但只允许弯折一次,如图 15-6c)所示。

(3)对于一组紧固件以及装配关系清楚的零件组,可以采用公共指引线,如图 15-6d)所示。

(4)零件和部件的序号应标注在视图外面。装配图中序号应按水平或垂直方向排列整齐。序号应按顺时针或逆时针方向顺序排列。在整个图上无法连续时,可只在每个水平或垂直方向顺序排列。

(5)视图中零部件的序号应与明细栏中的序号一致。

二 明细栏

明细栏是装配图中所有零件(部件)的详细目录,具体内容和格式参见第一章"图幅"中有关内容。在填写明细栏时应注意:

(1)明细栏画在标题栏上方,如位置不够,可在标题栏左边接着绘制。

(2)零件序号按从小到大的顺序由下而上填写,以便添加漏画的零件。

(3)对于标准件,应在零件名称一栏填写规定标记。

如果明细栏直接写在装配图中标题栏上方有困难,也可以在另外的纸上单独编写,称为明细表,在明细表中,零件及组件的序号要自上而下填写。

第五节 装配结构合理性

装配结构的合理性

在设计和绘制装配图的过程中,为了保证装配方面的质量要求,方便装配、拆卸,应仔细考虑机器或部件的加工和装配的合理性。常见合理与不合理的装配结构见表 15-1。

模块五 / 第十五章 装配图

常见装配结构　　　　　　　　　　　　　　　　表 15-1

不合理	合理	说明
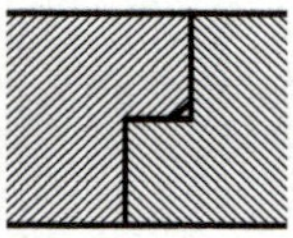		两个零件在同一个方向上只能有一对接触面
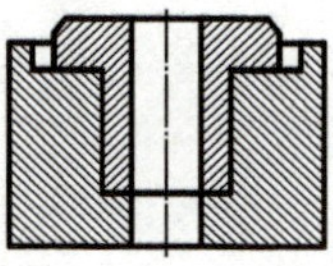	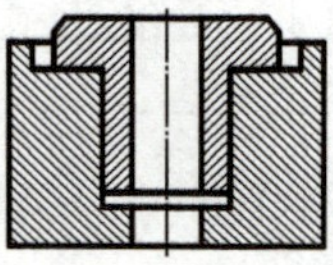	
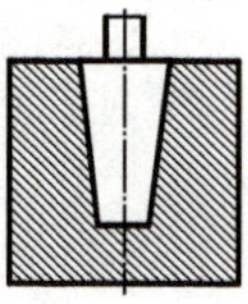	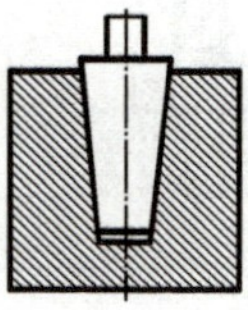	锥面配合能同时确定轴向和径向的位置，当锥孔不通时，锥体顶部与锥孔底部之间必须留有间隙
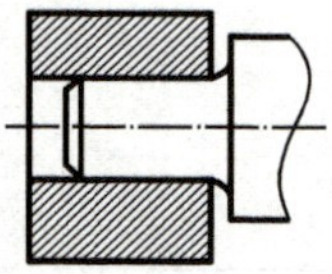	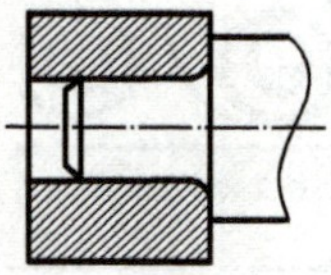	两零件接触面的转角处应做出倒角、倒圆或凹槽，不应都做成直角或相同的圆角
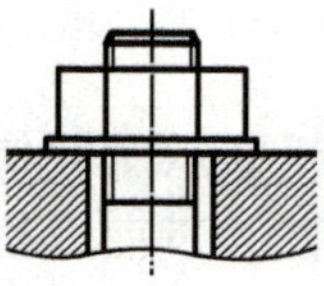	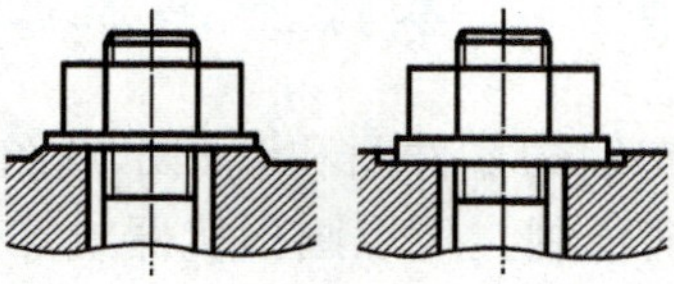	在被连接零件上做出沉孔或凸台，以保证零件间接触良好并可减少加工面
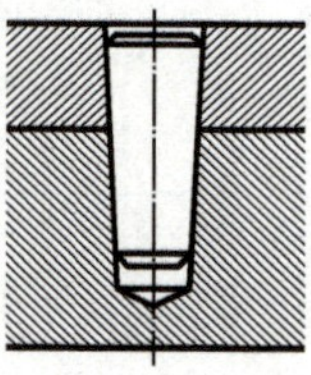	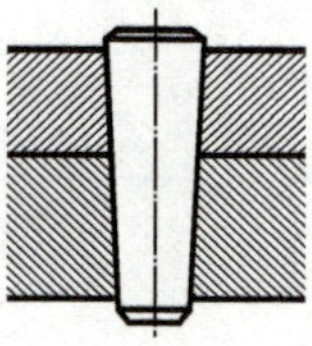	为便于加工和拆卸，销孔最好做成通孔
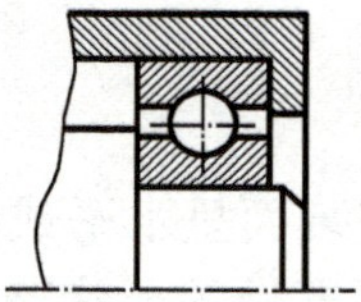	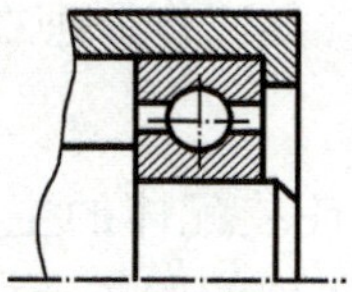	滚动轴承在以轴肩或孔肩定位时，其高度应小于轴承内圈或外圈的厚度，以便拆卸

续上表

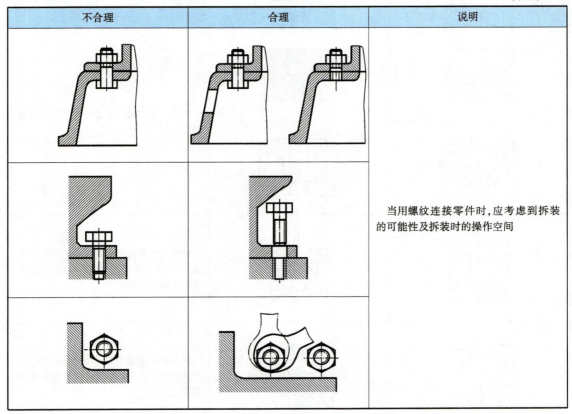

第六节　由零件图画装配图

机器或部件由零件组成,根据它们的零件图和装配示意图(以简单线条示意性地画出部件或机器的图样,一般在部件测绘时绘制),可以画出机器或部件的装配图。下面以铣刀头为例说明装配图的画法和步骤,铣刀头主要零件的零件图,除轴、端盖、座体在前面画出外,其他主要零件的零件图见图 15-7。

一　开始画图之前考虑的问题

1. 分析部件的装配示意图

了解零件间的相对位置和连接关系,了解部件的工作原理。

铣刀头的装配示意图如图 15-8 所示。其工作原理在之前已说明。

2. 选择主视图

一般将部件或机器按工作位置放正,使装配体的主要轴线、主要安装面呈水平或铅垂位置。选择最能反映部件或机器工作原理、零件间的主要装配关系及主要零件的形状特征等的视图作为主视图。

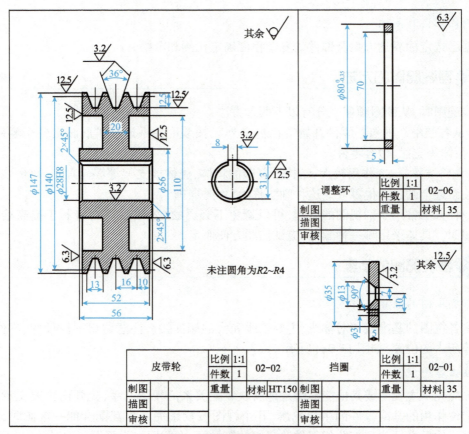

图 15-7　铣刀头的其他主要零件图

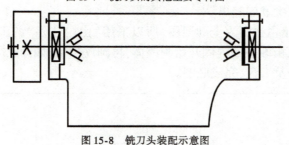

图 15-8　铣刀头装配示意图

3. 选择其他视图

根据已选定的主视图,选择其他视图,以补充主视图未表达清楚的部分。其他视图选择的原则是:在表达清楚的前提下,视图数量应尽量少,方便识图和画图。

机器上都存在一些装配干线,为了清楚表示这些装配关系,一般都通过这些装配干线(轴线)选取剖切平面,画出剖视图来表达。铣刀头工作时一般呈水平位置,这样放置有利于反映铣刀头的工作状态,也可以较好地反映其整体形状特征。主视图的投射方向垂直装配干线(轴的轴线),并将主视图画成通过轴的轴线的全剖视图,基本上表示了铣刀头装配干线上零件间的装配关系、运动的传递和工作原理。为了反映座体结构形状,选用了局部剖的左视图。

4. 确定比例和图幅

根据已选定的表达方案及部件的复杂程度确定比例和图幅。

二 画装配图的方法

画装配图时,从画图顺序来分有以下两种方法:

(1) 从各装配线的核心零件开始,"由内向外",按装配关系逐层扩展画出各个零件,最后画壳体、箱体等支撑、包容零件。

(2) 先将支撑、包容作用较大,结构较复杂的箱体、壳体或支架等零件画出,再按装配干线和装配关系逐个画出其他零件。这种画法称为"由外向内"。

第一种方法常用于剖视图的绘制,可以避免不必要的"先画后擦",有利于提高绘图效率和清洁图面。具体采用哪一种画法,应视作图方便而定。

三 画装配图的步骤

1. 布置视图的位置

画出各视图的基准线如对称线、主要轴线和大的端面线。注意留出标注尺寸、零件序号、明细栏等所占的位置,如图 15-9a) 所示。

2. 画出各个视图

一般应先从主视图或其他能够清楚地反映装配关系的视图入手,先画出主要支承零件或起主要定位作用的基准零件的主要轮廓,几个视图按投影关系相互配合能一起画时,则一起画。画完一件后必须找到与此相邻件及它们的接触面,由此面作为画下一件时的定位面,再按装配关系一件接一件依次顺序画出。

对铣刀头来说,由于主视图为全剖视图,所以采用"由内往外"的画法。先画轴、轴承、端盖,如图 15-9a) 所示;再由端盖的内侧开始画座体,再画皮带轮,如图 15-9b) 所示;最后画出挡圈、螺钉、键、销、调整垫及刀盘,完成底图。

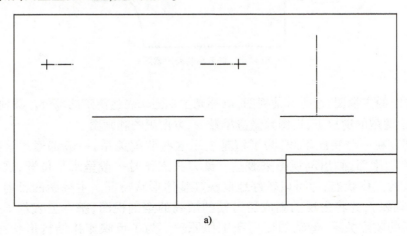

a)

图 15-9

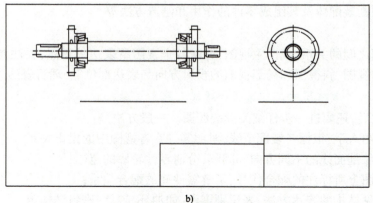

b)

图 15-9　装配图绘图步骤

3. 检查、描深完成全图

底图画完后,要进行复核和修改,确认无误后再进行加深、画剖面线、标注尺寸、编零件序号、填写标题栏、明细栏、技术要求,完成全图,如图 15-10 所示。

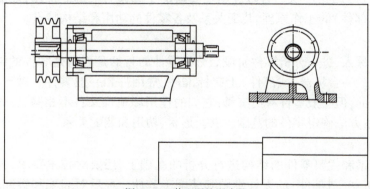

图 15-10　装配图绘图步骤

第七节　读装配图和拆画零件图

在生产过程中,从机器的设计到制造、技术交流、使用和维修,都需要读装配图,因此能熟练地读懂装配图是工程技术人员应掌握的一项基本功。

读装配图的要求:
(1) 了解机器或部件的性能、功能和工作原理;
(2) 了解零件间的装配关系及零件的拆装顺序;
(3) 了解各零件的主要结构形状和作用;
(4) 了解其他系统,如润滑系统、防漏系统的原理和构造。

读装配图

一　读装配图的方法和步骤

1. 概括了解

从标题栏和明细栏可以了解装配体的名称,各零(部)件的名称、数量和材料等,从这些信息中就能初步判断装配体及其组成零件的作用和制造方法等。

2. 表达分析

分析各视图之间的关系,找出主视图,弄清各个视图所表达的重点,要注意找出剖视图的剖切位置以及向视图、斜视图和局部视图的投射方向和表达部位等,理解表达意图。

3. 深入了解部件或机器的工作原理和装配关系

概括了解之后,还要进一步仔细阅读装配图。一般方法是:

(1)从主视图入手,根据各装配干线,对照零件在各视图中的投影关系;

(2)由各零件剖面线的不同方向和间隔,分清零件轮廓的范围;

(3)由装配图上所标注的配合代号,了解零件间的配合关系;

(4)根据常见结构的表达方法,来识别零件,如油环、轴承、密封结构等;

(5)根据零件序号对照明细栏,找出零件数量、材料、规格,帮助了解零件作用和确定零件在装配图中的位置和范围。

(6)利用一般零件结构有对称性的特点以及相互连接两零件的接触面应大致相同的特点,帮助想象零件的结构形状。有时甚至还要借助于阅读有关的零件图,才能彻底读懂装配图,了解机器(或部件)的工作原理、装配关系及各零件的功用和结构特点。

4. 分析零件

随着识图的深入,进入分析零件阶段。分析零件的目的是弄清楚零件的结构形状和各件间的装配关系。一台机器(或部件)上有标准件、常用件和一般零件。对于标准件、常用件一般是容易弄懂的,但一般零件有简有繁,它们的作用和地位又各不相同,应先从主要零件开始分析,运用上述方法确定零件的范围、结构、形状、功用和装配关系。

5. 归纳总结

在对装配关系和主要零件的结构进行分析的基础上,还要对技术要求、全部尺寸进行研究,进一步了解机器(或部件)的设计意图和装配工艺性。最后对装配和拆卸顺序、运动是怎样在零件间传递的、系统是怎样润滑和密封的进行归纳总结。

二 由装配图拆画零件图

由装配图拆画零件图是设计工作中的一个重要环节,是机器生产制造前的准备工作。由装配图拆画零件图的过程简称为拆图。拆图应在读懂装配图的基础上进行。一般步骤如下:

由装配图拆画零件图

1. 分离零件,确定零件的结构形状

(1)读懂装配图,分析所拆零件的作用和结构,从各零件中分离出来,确定该零件的投影轮廓。

(2)补齐装配图中被其他零件遮挡的轮廓线,想象零件的结构形状。

(3)对于装配图中简化了的工艺结构如倒角、退刀槽等要补画出来。

2. 确定零件的表达方案

对零件视图的选择应按零件本身的结构形状特点而定,不一定要与装配图中的表达方法一样。一般来讲,大的主要零件如箱体类零件的主视图多与装配图中的位置和投影方向的选

择一致；而轴套类零件的主视图一股应按加工位置放置，即轴线水平放置确定主视图。

3. 确定并标注零件的尺寸

根据部件的工作性能和使用要求，分析零件各部分尺寸的作用及其对部件的影响，首先确定主要尺寸和选择尺寸基准。而具体的尺寸大小可根据不同情况分别处理。对装配图中已注明的尺寸，按所标注的尺寸和公差带代号（或偏差值）直接注在零件图上。

与标准件或标准结构有关的尺寸（如螺纹、销孔、键槽等）可从明细栏及相应标准中查到，有些尺寸需要计算确定（如齿轮的分度圆、齿顶圆等）。

其他结构尺寸在装配图中标注得很少，可从图上直接按比例量取，一般取整数。

4. 确定零件的技术要求

零件的技术要求除在装配图上已标出的（如极限与配合）可直接应用到零件图上外，其他的技术要求，如表面粗糙度、形位公差等，要根据零件的作用通过查表或参照类似产品确定。

5. 标题栏

标题栏中所填写的零件名称、材料和数量等要与装配图明细栏中的内容一致。

三 读装配图举例

【例 15-1】 读联动夹持杆接头装配图，如图 15-11 所示。

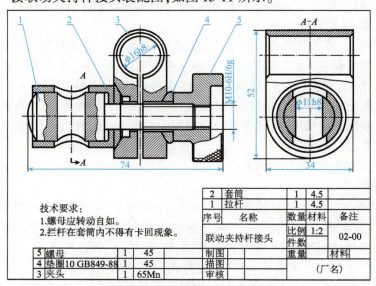

图 15-11 联动夹持杆接头装配图

(1) 概括了解

由标题栏中的名称可知：联动夹持杆接头是检验用夹具中的一个通用标准部件，用来连接检测用仪表的表杆。从明细栏可知：该部件由四个非标准零件和一个标准零件组成。

(2) 分析视图，了解零件的装配关系、连接方式

联动夹持杆接头装配图采用两个视图，其中主视图采用局部剖视，可以清晰地表达各组成零件的装配连接关系和工作原理；左视图采用 A—A 剖视及上部的局部剖视，进一步反映左方和上方两处夹持部位的结构和夹头零件的内、外形状。

(3) 了解零、部件的作用及工作原理

分析主视图可知,当检验时,在拉杆 1 左方的上下通孔 φ11H8 和夹头 3 上部的前后通孔 φ16H8 中分别装入与之配合的表杆;然后旋紧螺母 5,收紧夹头 3 的缝隙就可夹持上部圆柱孔内的表杆。与此同时,拉杆 1 沿轴向向右移动,改变了它与套筒 2 上下通孔的同轴位置,就可夹持拉杆左方通孔内的表杆。

由于套筒 2 以锥面与夹头 3 左面的锥孔相接触。垫圈 4 的球面和夹头 3 右面的锥坑相接触,这些零件的轴向位置是固定不动的。只有拉杆 1 以右端的螺纹与螺母 5 连接,而使拉杆 1 可沿轴向移动。

(4) 分析、读懂零件的结构形状,并拆画零件图

下面以夹头 3 为例,分析其结构形状并画出零件图。

从装配图的主视图中,根据剖面线方向及相邻零件的关系分离出表达夹头的主视图部分。而在左视图中,根据投影关系及剖面线的方向,除去相邻零件(件 2 套筒和件 1 拉杆)的图线,得到相应的左视图部分。分离出的夹头的主要视图如图 15-12a)所示。

从图 15-12a)可以看出夹头的上部是一个轴线垂直正面的半圆柱体,其上有一个同轴线的前后贯通的圆柱孔;而下部是一个轴线垂直侧面的半圆柱体,其上有一个同轴线阶梯孔,两侧孔口外壁处都有圆锥形沉孔;夹头的中间为长方体,长方体的左右侧面与上部圆柱面相切,与下部两端平齐,前后侧面与下部圆柱面相切,而与上部端面平齐。从上部前后贯通孔的下部开始开有一条缝隙,从而形成左右两夹板。

根据以上分析,已经了解了夹头的结构形状。下面画出它的零件图。从图 15-12 中分离出来的夹头的视图轮廓还不是一幅完整的图形。根据前面的分析,可补画出图中所缺少的图线,如图 15-12b)所示。最后根据夹头结构形状,选择表达方案,标注尺寸和技术要求。其零件图的表达与装配图相同;尺寸标注除了装配图中的 16H8、52、34 外,其他尺寸根据零件图尺寸标注的要求从装配图中量取;技术要求除装配图中的配合要求外,参照同类零件注写。完整的零件图,如图 15-12c)所示。

【例 15-2】 读汽缸装配图(图 15-13)。

(1) 概括了解

由标题栏、明细表以及其他有关专业知识可知:汽缸是由一定压力的气体推动活塞使活塞杆做直线运动,从而带动与之相连的工作装置进行工作的。该汽缸共由 13 种零件组成,其中 4 种为标准件,其余为非标准件,主要零件是缸体、缸盖、活塞、活塞杆等。

(2) 分析视图,了解零件的装配关系、连接方式

汽缸装配图采用两个基本视图,两个局部视图和一个斜视图。其中主视图为沿汽缸主线(主装配线)的旋转剖视图。此图基本上清楚地表达了各零件装配关系和连接方式,即可以看出缸体 5 通过螺钉 12 分别与前盖 3 和后盖 11 相连形成一封闭的圆柱形空腔。在空腔中活塞杆 1 通过螺母 10 与活塞 8 连接在一起。左视图主要表达了汽缸的形状特征及连接螺钉的分布情况。C 向和 D 向局部视图分别反映了安装槽的形状;B 向斜视图主要反映了进气口(出口)的形状。

(3) 了解零、部件的作用及工作原理

从主视图中可以看出:当压缩空气从左侧缸盖 3 的气口进入,活塞 8 就会带动活塞杆 1 向右移动,同时空气从后盖的气口排出。这里 7 号零件(密封圈)密封活塞左右两侧高低压腔,

而 4 号(垫片)和 2 号(密封圈)零件密封活塞左右两侧。活塞杆 1 与活塞通过 9 号零件和 10 号零件连接,而活塞杆通过螺纹孔 M12×1.5-7H 与工作装置(图中没有画出)相连,从而将活塞杆的运动传递给工作装置。

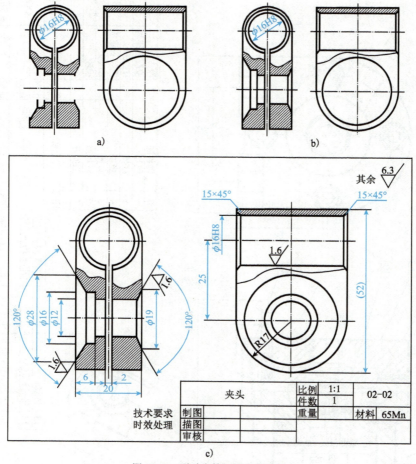

图 15-12 联动夹持杆接头装配图

(4)分析零件的结构形状,拆画零件图

下面以缸盖 3 为例,分析其结构形状并画出零件图。

从汽缸装配图的主视图中,根据剖面线方向及相邻零件的关系分离出表达缸盖的部分,同时要注意与左视图的投影关系。而在左视图中,除去螺钉 12 和活塞杆 1 的部分就是缸盖的外形特征。分离出的缸盖的主视图和左视图如图 15-13 所述。由此可以看出缸盖的主要形状为一上圆下方的结构,左右各有一个圆柱凸台,中间为通孔,左下方前后各有一连接底板,底板上有连接用的半圆头长槽,形状如局部视图 C 所示,前上方有一气体通路(注意主视图的剖切平面),其入口加工有管螺纹以便与外部管道相连,另外为了形成此通路,在缸盖外部有一些凸起,具体形状如局部视图 B 所示。

根据以上分析,已经了解了缸盖的形状结构。虽然名称为缸盖,但它更符合箱体类零件的特征,故其主视图与装配图类似,除主视图外,同样还有左视图以及 B 向斜视图和 C 向局部视图。

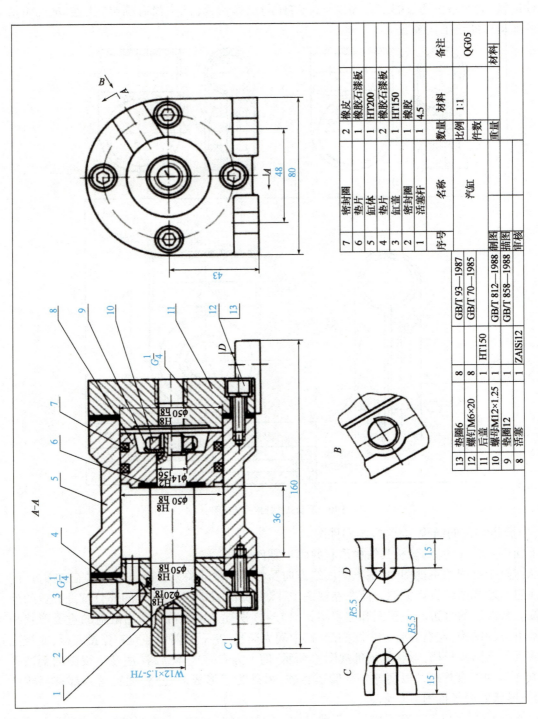

图15-13 汽缸

如图 15-14 所示,分离出来的缸盖的视图轮廓还不是一幅完整的图形。根据前面的分析,可补画出图中所缺少的图线。最后按零件图的要求标注完整的尺寸、技术要求等形成缸盖完整的零件图,如图 15-15 所示。

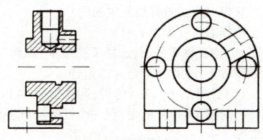

图 15-14 隔离出汽缸盖

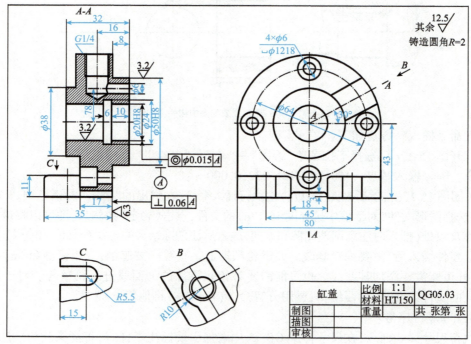

图 15-15 汽缸盖零件图

第八节 用 AutoCAD 画装配图

用 AutoCAD 画装配图当然可以按手工绘制装配图的方法,在屏幕上直接绘制出装配图。这种方法简单实用,但效率不高。如果我们有了零件图,可以用"带基点复制"和插入命令(Insert)用已有的零件图拼绘装配图,下面以图 15-16 所示的键联结图为例进行说明。

(1)注意拼装时统一各零件的绘图比例(与所需的装配图一致)。
(2)冻结或删除零件图上标注的尺寸。
(3)打开轴零件图[图 15-17a],以此图为主要零件图,删除局部视图,然后另存为装配图。

299

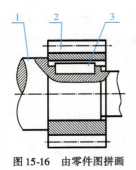

图15-16 由零件图拼画装配图

(4)打开齿轮零件图[图15-17b)],选择下拉菜单"编辑""带基点复制",系统提示：

copybase 指定基点：B

选择对象：(选择齿轮主视图)

选择对象：(回车)

(5)回到轴零件图,选择下拉菜单"编辑"-"粘贴",将齿轮主视图粘贴到轴上,注意 B 点与 A 点重合。

(6)针对图15-17c)的键,同理重复(4)(5)完成装配图的拼绘。当然针对图15-17c)的键(仅一个视图且与装配图中一样无须修改)可

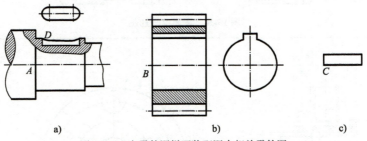

图15-17 由零件图拼画装配图中相关零件图

以用插入命令插入。方法如下：

①打开图15-17c),选择下拉菜单"绘图"—"块"—"基点"。系统提示：

命令：_base 输入基点 <450.290,421.232,0.000>：C

②关闭图15-17c),然后在图15-17a)中执行插入命令,在弹出的"插入"对话框中。点击"浏览",从"选择图形文件"对话框中选择图15-17c)的文件,点击"确定"按钮后,即可以将键的图形插入轴的 D 点处(插入时注意调整比例和方向,插入后注意冻结尺寸标注和其他无关层)。

轴上零件插入后,需要编辑修改。如齿轮和轴上某些线段被遮挡,应用修剪(trim)命令修剪掉;另外可能需要添加某些线。也可能需要对相邻零件的剖面线进行调整等。对于用插入命令插入的文件或块,如果要编辑,要用分解命令(Explore)将他们分解。

(7)编写零件序号：

①执行尺寸样式命令,在尺寸样式 GB-35 中增加引线标注子样式,将箭头改为"小点",大小改为1,文字高度改为5。

②执行"快速引线"命令(Qleader),在对话框中进行如下设置："注释"标签中选中"多行文字",不选择"提示输入宽度";在"附着"标签中选中"最后一行加下划线",确定退出设置回到命令行：

指定第一个引线点或[设置(S)] <设置>：(轴零件轮廓内点一点)

指定下一点：(轴零件轮廓外点一点)

指定下一点：(回车)

输入注释文字的第一行 <多行文字(m)>：1

输入注释文字的下一行：(回车)

③重复执行"快速引线"命令(Qleader),但无须再设置,直接指定引线点标注序号。

第十六章 焊 接 图

✂ 学习指南

焊接是将需要连接的金属零件在连接处通过局部加热或加压使其连接起来。焊接是一种不可拆连接。焊接具有施工简单、连接可靠等优点,其应用十分广泛。

焊接图是供焊接加工时所用的图样,除了把焊接件的结构表达清楚以外,还必须把焊接的有关内容表示清楚,如焊接接头形式、焊缝形式、焊缝尺寸、焊接方法等。本章仅介绍国家标准有关焊缝的符号及其标注的规定。

第一节 焊缝的种类和规定画法

常见的焊接接头有对接、T形接、角接和搭接等四种,如图16-1所示。

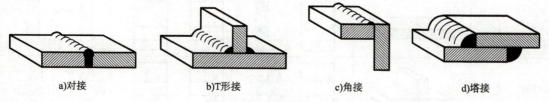

a)对接　　　　b)T形接　　　　c)角接　　　　d)塔接

图16-1 常用焊接的接头形式

工件经焊接后所形成的接缝称为焊缝。在技术图样中,一般按表16-1中的焊缝符号表示焊缝。如需在图样中简易地绘制焊缝时,可用视图、剖视图或断面图表示,也可用轴测图示意地表示。焊缝的规定画法,如图16-2所示。

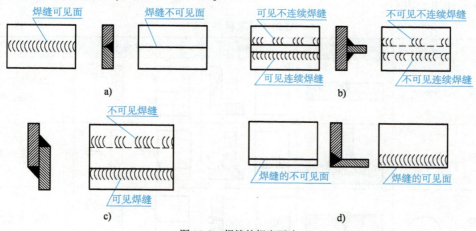

图16-2 焊缝的规定画法

301

第二节　焊缝符号

焊缝符号一般由基本符号与指引线组成,必要时还可以加上辅助符号、补充符号和焊缝尺寸符号。

1. 基本符号

基本符号是表示焊缝横截面形状的符号,常用焊接的基本符号、图示法及标注方法示例见表 16-1。

焊缝符号及标注方法　　　　　　　　　　　　　　　　　　　表 16-1

名称	符号	示意图	图示法	标注法
I 形焊缝	∥		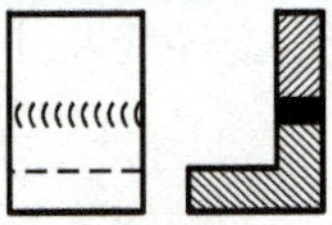	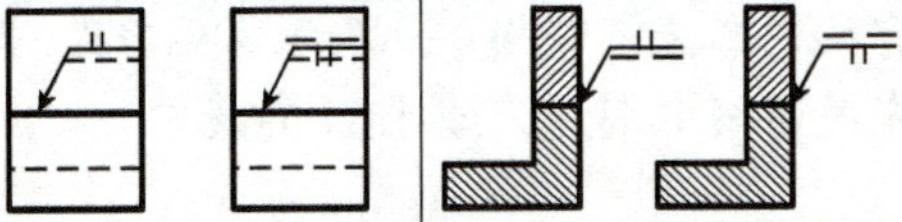
V 形焊缝	∨		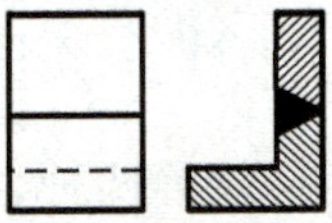	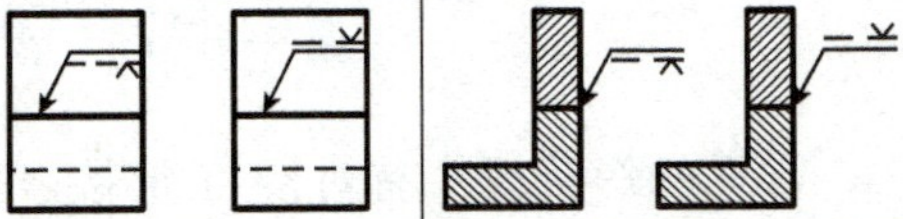
单边 V 形焊缝	⋁		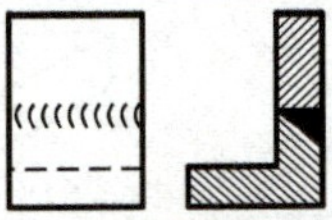	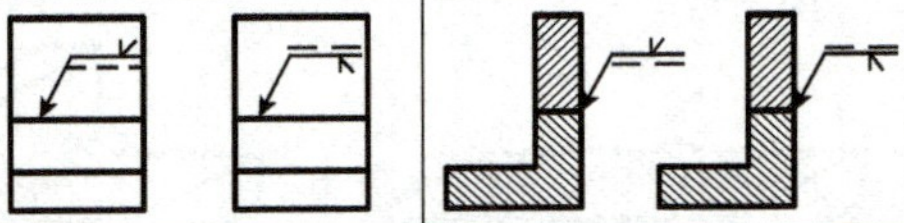
角焊缝	▷		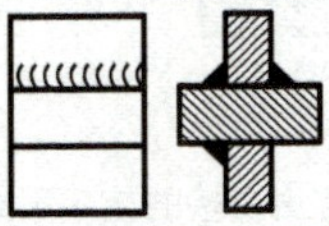	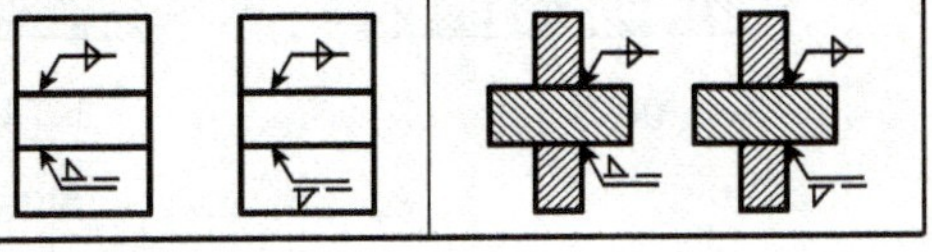

2. 辅助符号

辅助符号是表示焊缝表面形状特征的符号,见表 16-2,不需要确切地说明焊缝表面形状时,可以不加注此符号。

辅助符号及标注方法　　　　　　　　　　　　　　　　　　　表 16-2

名称	符号	示意图	图示法	标注法	说明
平面符号	—		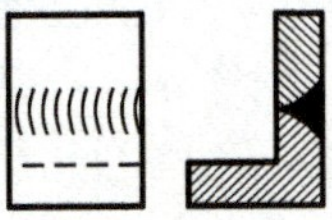	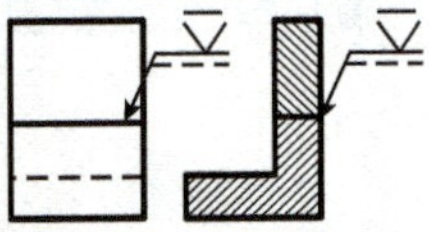	焊缝表面平齐（一般通过加工）
凹面符号	⌣	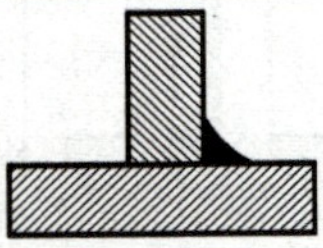	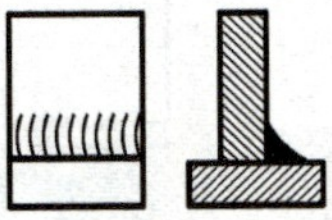	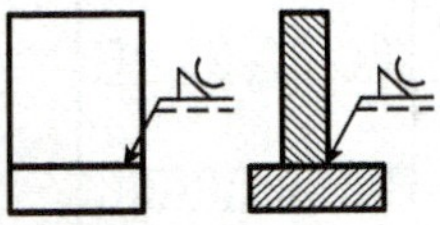	焊缝表面凹陷
凸面符号	⌢		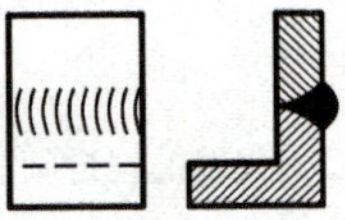	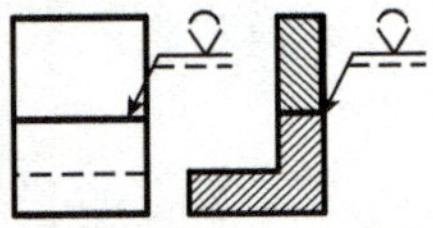	焊缝表面凸起

3. 补充符号

补充符号是为了补充说明焊缝的斜特征而采用的符号,见表 16-3。

补充符号及标注　　　　　　　　　　　　　　　　表 16-3

名称	符号	示意图	标注法	说明
带垫板符号	▭			表示 V 形焊缝的背面底部有垫板
三面焊缝符号	⊐			工件三面带有焊缝,焊接方法为手工电弧焊
周围焊缝符号	○			表示在现场沿工件周围施焊
现场符号	▶		见上图	表示在现场或工地上进行焊接
尾部符号	＜		见上图	标注焊接方法等内容

4. 指引线

指引线由带箭头的箭头线和两条基准线(一条为细实线,一条为虚线)两部分组成,如图 16-3 所示。

虚线可画在细实线的上侧或下侧,基准线一般与标题栏的长边相平行,必要时,也可与标题栏的长边相垂直。箭头指向有关焊缝处,必要时允许箭头线折弯一次。当需要说明焊接方法时,可在基准线末端增加尾部符号,参见表 16-3。

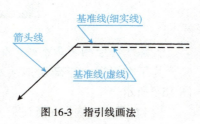

图 16-3　指引线画法

5. 焊缝尺寸符号

焊缝尺寸一般不标注,设计或生产需要注明焊缝尺寸时才标注,常用焊缝尺寸符号见表 16-4。

焊缝尺寸符号 表16-4

符号	名称	符号	名称	符号	名称	符号	名称
δ	工件厚度	c	焊缝宽度	h	余高	e	焊缝间距
α	坡口角度	R	根部半径	β	坡口面角度	n	焊缝段数
b	根部间隙	K	焊角尺寸	S	焊缝有效厚度	N	相同焊缝数量
p	钝边	H	坡口深度	l	焊缝长度		

第三节　焊接方法的表示

焊接方法很多，常用的有电弧焊、电渣焊、点焊和钎焊等，焊接方法可用文字在技术要求中注明，也可用数字代号直接注写在尾部符号中，常用焊接方法及代号见表16-5。

焊接方法及代号 表16-5

代号	焊接方法	代号	焊接方法
1	电弧焊	15	等离子弧焊
111	手弧焊	4	压焊
12	埋弧焊	43	锻焊
3	气焊	21	点焊
311	氧-乙炔焊	91	硬钎焊
72	电渣焊	94	软钎焊

第四节　焊缝的标注方法

1. 箭头线与焊缝位置关系

箭头线相对焊缝的位置一般没有特殊要求，箭头线可以标注在焊缝一侧，也可以标注在没有焊缝一侧，见图16-4及表16-1。

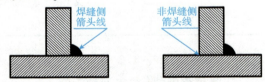

图16-4　箭头线位置

2. 基本符号相对基准线的位置

为了在图样中能确切地表示焊缝位置，标准中规定了基本符号相对基准线的位置，如图16-5所示。

（1）如果焊缝接头在箭头侧，则将基准符号标注在基准线的细实线一侧，如图16-5a）所示。
（2）如果焊缝接头不在箭头侧，则将基本符号标注在基准线的虚线一侧，如图16-5b）所示。
（3）标注对称焊缝及双面焊缝时，可不画虚线，如图16-5c）所示。

3. 焊缝尺寸符号及数据的标注

焊缝尺寸符号及数据的标注原则如图16-6所示。

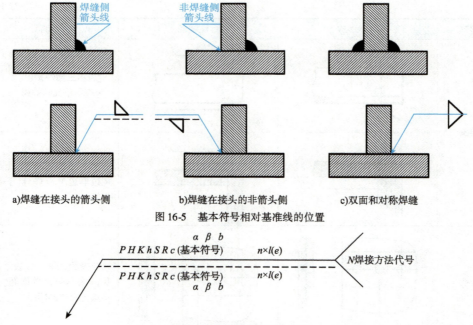

a) 焊缝在接头的箭头侧　　b) 焊缝在接头的非箭头侧　　c) 双面和对称焊缝

图 16-5　基本符号相对基准线的位置

图 16-6　焊缝尺寸的标注原则

（1）焊缝横截面上的尺寸标注在基本符号的左侧。
（2）焊缝长度方向的尺寸标注在基本符号的右侧。
（3）坡口角度 α、坡口面角度 β、根部间隙 b 标注在基本符号的上侧或下侧。
（4）相同焊缝数量及焊接方法代号标注在尾部。
（5）当需要标注的尺寸数据较多又不易分辨时，可在数据前面增加相应的尺寸符号。

第五节　常见焊缝的标注示例

常见焊缝的标注示例见表 16-6。

焊缝的标注示例　　　　　　　　　　　　　表 16-6

接头形式	焊缝形式	标注示例	说明
对接接头	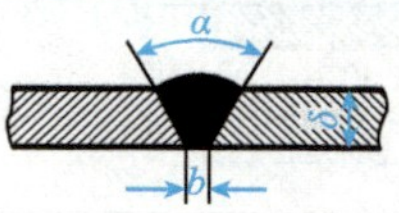	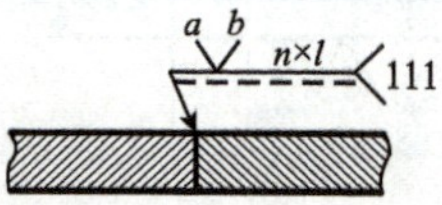	111 表示用手工电弧焊，V 形坡口，坡口角度为 α，根部间隙为 b，有 n 段焊缝，焊缝长度为 l
T 形接头	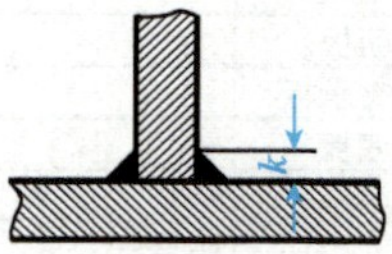	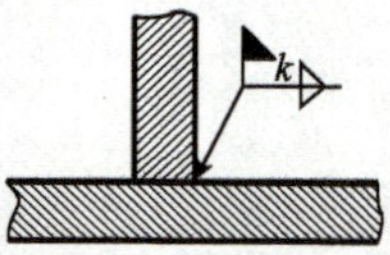	▶ 表示在现场装配时进行焊接； ▷ 表示双面角焊缝，焊角尺寸为 k
	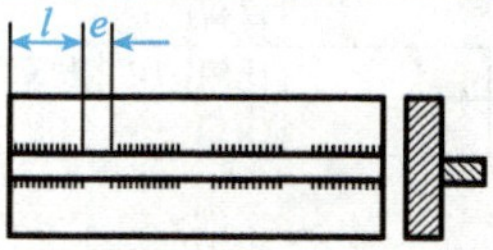	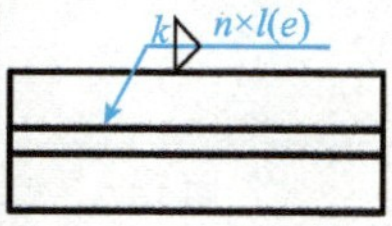	▷ $n \times l(e)$ 表示有 n 段断续双面角焊缝，l 表示焊缝长度，e 表示断续焊缝的间距

续上表

接头形式	焊缝形式	标注示例	说明
角接接头			⌐ 表示三面焊接；△ 表示单面角焊缝
角接接头			⌐ 表示双面焊缝，上面为带钝边单边V形焊缝，下面为角焊缝
搭接接头			○表示点焊缝，d 表示焊点直径，e 表示焊点的间距，a 表示焊点至板边的间距

第六节 焊接图示例

支座焊接图如图16-7所示。

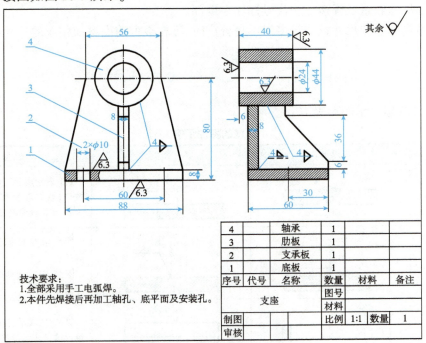

图16-7 支座焊接图

模块六

城市轨道交通工程图识读

第十七章 轨道交通线路工程图

学习指南

轨道交通线路工程图是轨道工程制图与识图最核心的内容之一,本章概要介绍城市轨道交通线路的分类及组成,主要介绍高程投影原理和平面高程投影、路线平、纵、横断面图以及轨道结构图的识图。

第一节 城市轨道交通线路概述

一、城市轨道交通线路的分类

《城市轨道交通线路概述》

线路按空间位置,可分为地下线路、地面线路和高架线路。地下铁道的线路在城市中心地区宜设在地下,在其他地区条件许可时可设在高架桥或地面上。在同一条轨道交通线路上,可采用上述三种不同的空间布置方式。线路按其在运营中的作用分为正线、辅助线、车场线等。

1. 正线

地铁正线载客运营线路贯穿所有车站、区间。设计为双线且列车单向右侧行车。行车速度高、密度大,对线路标准要求高,因此要求以 50kg/m 以上类型钢轨铺设。

2. 辅助线

辅助线是指为空载列车进行折返、停放、检查、转线及出入段作业所运行的线路,包括折返线、渡线、停车线、车辆段出入线和联络线等。辅助线是轨道交通系统的重要组成部分,直接关系到系统运营组织的效率。

3. 车场线

车场线是指车辆基地内的各种作业线,如图 17-1 所示。

图 17-1 车辆基地线路

二 城市轨道交通线路的组成

线路由轨道、路基和桥隧组成。

轨道是城市轨道交通运营设备的基础,它直接承受列车荷载,并引导列车运行,因此轨道的各个组成部分必须具有足够的强度和稳定性,能够承受来自列车的纵向和横向的位移推力,保证列车按照规定的速度、方向不间断地运行。轨道具有耐久性及适量的弹性,以确保列车安全、平稳、快速运行并确保乘客舒适性;城市轨道交通均采用电力牵引,故要求轨道结构具有良好的绝缘性以减少杂散电流;轨道应采用相应的减振轨道结构,达到减振、降噪的要求。

轨道由钢轨、轨枕、联结零件、道床、防爬设备和道岔组成,如图 17-2 所示。

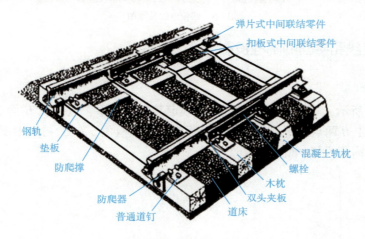

图 17-2　轨道的组成

第二节　高程投影原理和平面高程投影

在工程设计和施工中,常常需要绘制反映地形地貌的地形图,以便解决相关的工程问题。由于地面形状往往比较复杂,长度方向和高度方向尺寸相差较大,如仍采用正投影法则难以表达清楚,且作图困难。图 17-3a)所示是四棱台的两面投影图,若采用高程投影图标注出其上、下底面的高程数值 2.000 和 0.000,只用一个水平投影就可以完全确定这个四棱台,如图 17-3b)所示。

《高程投影原理和平面高程投影》

因此,在工程实践中,常采用画水平面投影并标注高度表示形体形状的高程投影法表示地形面。高程投影是单面正投影,即标出高程的形体的水平视图。

高程投影以水平投影面 H 为投影面,称为基准面(在工程图中一般采用与测量一致的基准面)。

高程就是空间点到基准面 H 的距离。一般规定: H 面的高程为零, H 面上方点的高程为正值;下方点的高程为负值,高程的单位为米(m),在图上一般不需注明。

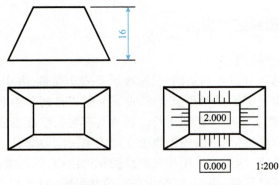

a)两面投影图　　　　　　　　b)高程投影图

图 17-3　四棱台的投影图

一　点、直线和平面的高程投影

1. 点的高程投影

如图 17-4a)所示,以水平面 H 为基准面,规定其高程为零。点 A 在 H 面上方 5m,点 B 在 H 面下方 3m,在 A、B 两点水平投影的右下角标注其高程数值 5、-3,再加上图示比例尺,就得到了 A、B 两点的高程投影,如图 17-4b)所示。

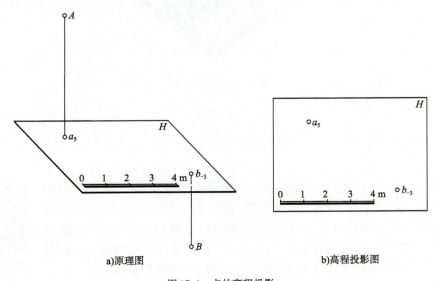

a)原理图　　　　　　　　　　　　　　b)高程投影图

图 17-4　点的高程投影

2. 直线的高程投影

直线的空间位置可由直线上的两点或直线上的一点及直线的方向来确定,相应直线的高程投影也有两种表示方法,如图 17-5 所示。

(1)用直线上两点的高程和直线的水平投影表示,如图 17-5a)所示。

(2)用直线上一点的高程和直线的方向来表示,直线的方向规定用坡度和箭头表示,箭头指向下坡方向,如图 17-5b)所示。

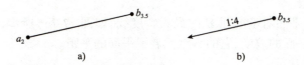

图 17-5 高层投影的表示法

直线的坡度和平距,如图 17-6 所示。

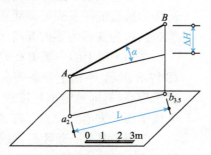

图 17-6 直线的坡度和平距

坡度:直线上任意两点的高度差与它们间的水平距离之比。

即:

$$坡度\ i = 高差\ \Delta H / 水平距离\ L = \tan\alpha$$

平距:直线上任意两点的水平距离与它们间的高度差之比。

即:

$$平距\ l = 水平投影长度\ L / 高度差\ \Delta H = \cot\alpha$$

由此可见,平距与坡度互为倒数,它们均可反映直线对 H 面的倾斜程度。坡度越大,平距越小;反之,坡度越小,平距越大。

3. 平面的高程投影

(1) 平面的等高线和坡度线

① 平面上的等高线

平面被一组水平面截割,得到一组水平线即为平面上的等高线,平面的等高线是一组互相平行的直线。如果等高距相同,则等高线间有相同的间隔。如图 17-7a) 中的直线 0、1、2、3、4。它们是平面 P 上一组相互平行的直线,其投影也相互平行;当相邻等高线的高差相等时,其水平距离也相等,如图 17-7b) 所示,图中相邻等高线的高差为 1m,它们的水平距离即为平距 l。

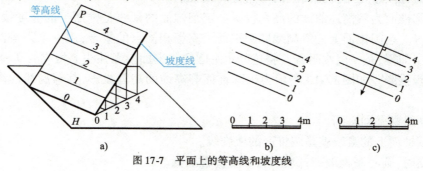

图 17-7 平面上的等高线和坡度线

② 平面上的坡度线

平面的坡度线，即平面对基准面 H 的最大斜度线，如图 17-7c) 所示，它与等高线相垂直。坡度线的坡度代表了平面的坡度，它的平距代表了平面的平距。

(2) 平面的表示方法

在高程投影中，平面常采用以下几种方法表示。

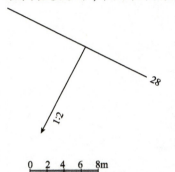

图 17-8 用一条等高线和坡度表示平面

① 等高线表示法。在实际应用中，一般采用高差相等、高程为整数的一系列等高线表示平面，并把基准在 H 面的等高线作为高程为零的等高线，如图 17-7 所示。

② 用平面上的一条等高线和平面的坡度表示平面。如图 17-8 所示，平面上一条等高线的高程为 28，因坡度线垂直于等高线，即可定出坡度线方向，由于平面的坡度已知，则该平面的方向和位置可确定。

③ 用平面上一条倾斜直线和平面的坡度表示平面。如图 17-9a) 所示，平面上一条斜直线 AB 的高程投影和平面的坡度 $i=1:2$，图中 a_5、b_8 的箭头只表示平面向直线的一侧倾斜，并非代表平面的坡度线方向，坡度线的准确方向需作出平面的等高线后方可确定，故用细虚线表示。图 17-9b) 所示为等高线的作法。

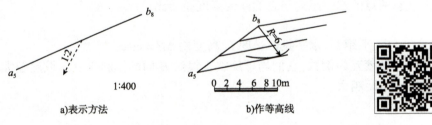

a) 表示方法　　　　b) 作等高线

图 17-9 用非等高线和坡度倾向的方法表示平面

动画：等高线原理

二、曲面和地形面的高程投影

1. 正圆锥面的高程投影

曲面的高程投影是用投影面上的一组等高线表示。

现以正圆锥面为例简述曲面的高程投影。正圆锥面的素线是锥面上的坡度线，所有素线的坡度都相等。正圆锥面上的等高线即圆锥面上高程相同点的集合，用一系列等高差水平面与圆锥面相交即得，是一组水平圆。将这些水平圆向水平面投影并注上相应的高程，即可得到圆锥面的高程投影。如图 17-10 所示为正圆锥面等高线的高程投影，其等高线的高程投影有如下特性。

(1) 等高线都是同心圆。

(2) 正圆锥面上的素线就是圆锥面的坡度线。

(3) 正立时，圆心高程最高；倒立时，圆心高程最低。

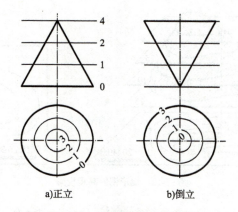

图 17-10　正圆锥面的高程投影

（4）当相邻等高线的高差相等时,等高线间的水平距离相等。

$$水平距离 = 径向距离 = 半径差 = l \cdot H$$

在土石方工程中,常将建筑物的侧面做成坡面,而在其转角处做成与侧面坡度相同的圆锥面,如图 17-11 所示。

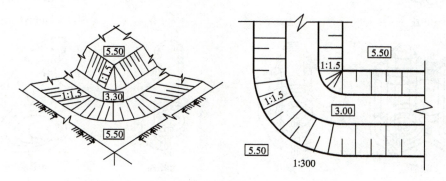

图 17-11　圆锥面应用实例

2. 地形面

地形面可看作不规则的曲面。地形面的高程投影是用地面上的等高线来表示的。假想用一组等间隔的水平面截割地形曲面,得到一组水平截交线,称为等高线。将它们投射到水平投影面(基准面)上,并标出各自的高程值,即得该地形曲面的高程投影图,也称地形图,如图 17-12 所示。

地形图具有以下特性:

（1）其等高线一般是封闭的、不规则的曲线。

（2）等高线一般不相交(除悬崖、峭壁外)。

（3）同一地形内,等高线的疏密反映地势的陡缓。等高线越密地势越陡,等高线越稀疏地势越平缓。

（4）地形图的等高线能反映地形面的地势和地貌情况。典型地貌特征如图 17-13 所示。

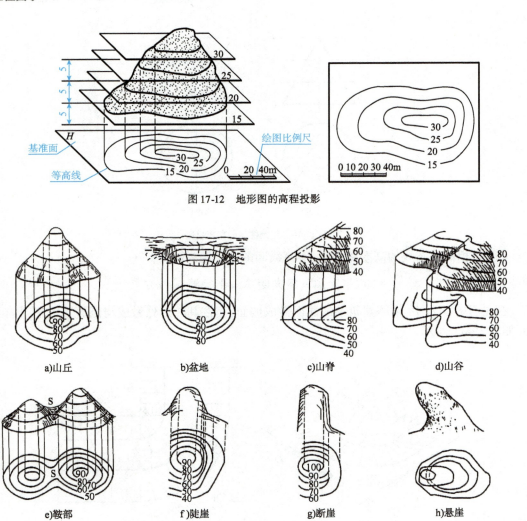

图 17-12 地形图的高程投影

图 17-13 典型地貌在地形图上的特征

第三节 线路平面图识图

一 线路工程图的基础知识

线路工程图主要包括线路平面图和线路纵断面图等。如图 17-14 所示,路基横断面上距外轨半个轨距的铅垂线 AB 与路肩水平线 CD 的交点 O 在纵向的连线,即为线路中心线。

线路的空间位置是用线路的中线在水平面及铅垂面上的投影来表示的。线路中心线在水平面上的投影,称为线路的平面图,表示线路平面位置,如图 17-15 所示。线路中心线在铅垂面上的投影,表示线路起伏情况,其高程为路肩高程,即线路的纵断面图,如图 17-16 所示。垂直于线路中心线的横切面称为线路横断面,如图 17-14 所示。由于各种地形、地物和地质条件的限制,线路平面图主要由直线和曲线段组成,线路纵断面图主要由平坡、上坡、下坡和竖曲线组成。

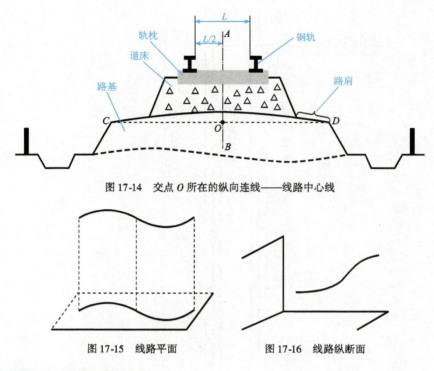

图 17-14 交点 O 所在的纵向连线——线路中心线

图 17-15 线路平面　　　图 17-16 线路纵断面

二 线路平面图及其识读

线路平面图是指在绘有初测导线和坐标网的大比例带状地形图上绘出线路平面并标出有关资料的平面图。

1. 平面图的特点

线路平面图主要用于表示线路的位置、走向、长度、平面线形(直线和左、右弯道曲线)和沿线路两侧一定范围内的地形、地物状况,主要反映线路的曲直变化和走向,如图 17-17 所示。

2. 平面图的识读

(1)地形部分

线路平面图中的地形部分是线路布线设计的客观依据,应包括以下内容。

①绘图比例。为了清晰合理地表达图样,不同的地形应采用不同的比例尺。一般在山岭地区采用 1:2000,在丘陵和平原地区采用 1:5000。

②指北针和坐标网表示线路所在地区的方位和走向。

③地形地貌。地形的起伏变化状况用等高线来表示。图 17-17 中每两根等高线之间的高差为 2m,每隔四条等高线画出一条粗等高线,称为计曲线,并标有相应的高程数值。等高线越密集,地势越陡峭;等高线越稀疏,地势越平坦。

④地物。常见的地物有河流、房屋、道路、桥梁、电力线、植被以及供测量用的导线点、水准点等。地物应用统一的图例来表示(表 17-1)。桥梁、隧道、车站等建筑物还要在图中标注其所在位置的中心里程、类型、大小和长度等,如有改移道路或河道时,应将其中线绘出。

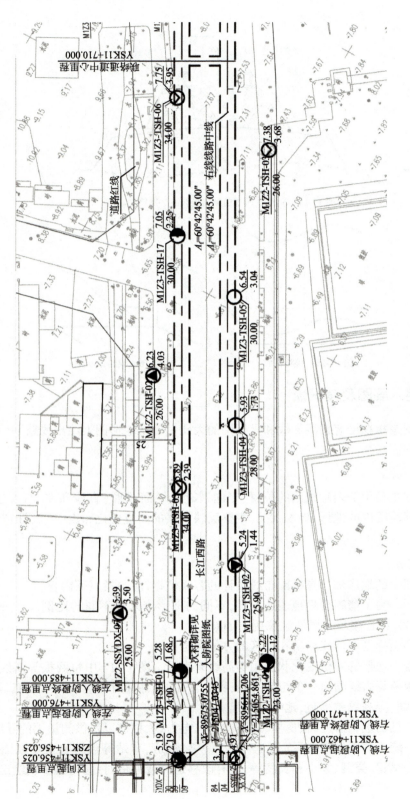

图17-17 某地铁区间线路平面图

线路平面图常用图例 表 17-1

序号	名称	图例	序号	名称		图例
1	平面高程控制点	⊕	8	大、中桥	既有	▨
2	铁路水准点	⊗			设计	▭
3	导线点	○	9	小桥	既有	═
4	河流				改建	═
5	高压电线 低压电线		10	隧道	既有	⊢---⊣
6	普通房屋	▨			设计	⊢—⊣
7	断链标	长链 105.26	11	涵洞	既有	
		短链 89.81			改建	

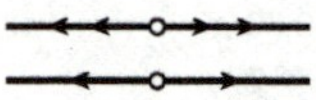

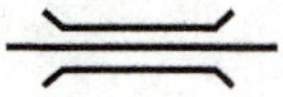

(2) 线路部分

初测导线用细折线表示,线路中心线用粗线画出。该部分内容主要用来表示线路的水平走向、里程及平面要素等。

①线路的走向。图 17-17 中线路的走向为西北至东南。

②线路里程及百米标。为表示线路的总长度及各路段的长度,在线路上从起点到终点每隔 1km 设 1 个千米标。千米标里程前的符号初步设计用 CK,施工设计用 DK,可行性研究用 AK。千米标中间整百米处设百米标,数字标注在线路右侧,面向线路起点书写。

③平曲线。铁路线路在平面图上是由直线段和曲线段组成的,在线路的转折处应设平曲线。如图 17-18 所示,铁路曲线包括圆曲线和缓和曲线。在曲线段,主要的参数有 5 个,分别是曲线偏角 $\alpha(°)$、曲线半径 $R(m)$、切线长度 $T(m)$、曲线长度 $L(m)$ 和外距 $E(m)$,这 5 个要素称为曲线五要素。铁路曲线上,有 6 个点是控制曲线位置的重点,分别是两直线段的交点(JD)、第一缓和曲线起点即直缓点(ZH)、第一缓和曲线终点即缓圆点(HY)、圆曲线中点(QZ)、第二缓和曲线起点即圆缓点(YH)和第二缓和曲线终点即缓直点(HZ)。这 6 个控制点在线路平面图中应当明确标注出来,并标明该点的里程。

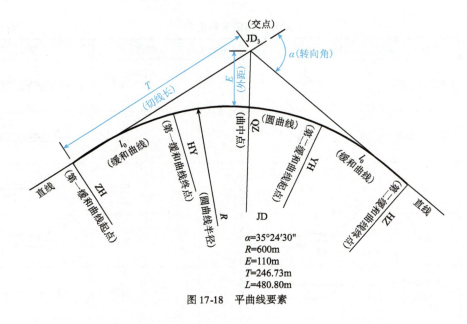

图 17-18 平曲线要素

第四节 区间线路纵断面图

铁路线路是根据地形而设计,地形起伏曲折,变化很大,要画出清晰的线路正立面图是不可能的。因此,以线路纵断面图来代替一般图示中的正立面图。将线路沿中心线剖开,正对着剖切面看过去,把所看到的线路中心线上地面高低变化情况及所设计的坡道、平道,用一定的比例尺画在纸上,就是线路纵断面图。

线路纵断面图是全局性的重要施工文件,在图上不但可以看出填挖方的情况,而且对桥涵、隧道、车站等主要工程可做全面的了解。下文将结合图 17-19 说明线路纵断面图的主要内容。

一 线路纵断面图的图示特点

线路纵断面图的横向表示线路的里程,纵向表示地面线、设计线的高程。

线路纵断面图包括图样和资料表两部分,一般图样位于图纸的上部,资料表布置在图纸的下部,且两者应严格对正。

二 线路纵断面图的图示内容

1. 图样部分

(1) 绘图比例。横向 1∶10000、竖向 1∶500 或 1∶1000。为了便于画图和读图,一般应在纵断面图的左侧按竖向比例量出高程标尺。

(2) 地面线。用细实线画出的折线表示设计中心线处的地面线,由一系列中心桩的地面高程顺次连接而成。

(3) 设计线。粗实线为线路的设计坡度线,简称设计线,由直线段和竖曲线组成。设计线是根据地形起伏按相应的线路工程技术标准而确定的。

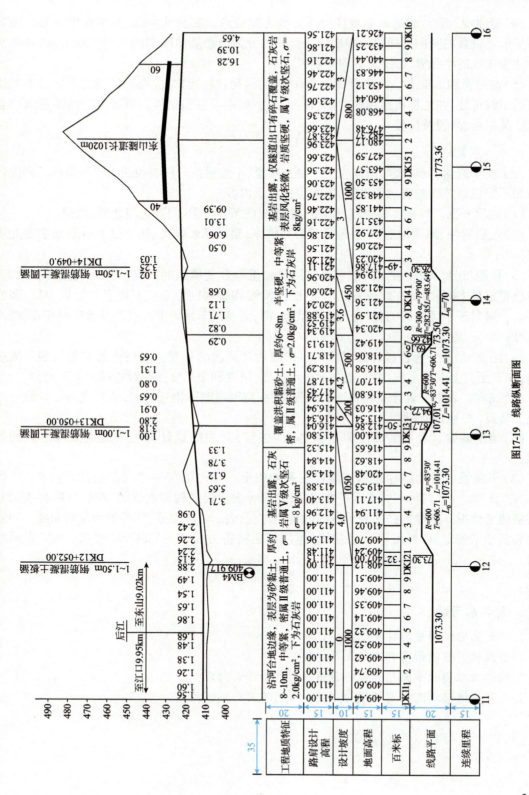

图17-19 线路纵断面图

(4) 竖曲线。设计线的纵向坡度变更处称为变坡点。在变坡点处,为确保车辆的行驶安全和平顺而设置的竖向圆弧称为竖曲线。竖曲线分为凸形竖曲线和凹形竖曲线两种,并在其上标注竖曲线的半径 R、切线长 T 和外距 E。

(5) 构造物和水准点。铁路沿线如设有桥梁、涵洞等构造物,应在设计线的上方或下方用竖直引出线标注,并注释构造物的名称、种类、大小和中心里程桩号。沿线设置的测量水准点应标注其编号、高程及位置。

2. 资料表部分

为了便于阅读,资料表与图样应上下对齐布置,不能错位。资料表的内容可根据不同设计阶段和不同线路等级的要求而设置,通常包括以下内容:

(1) 地质概况。根据实测资料,按沿线工程地质条件分段,简要说明地形、地貌。

(2) 地层岩性、地质构造、不良地质挖方边坡率、路基承载能力、隧道围岩分类和主要处理措施。

(3) 里程桩号。沿线各点的桩号是按测量的里程数值填入的,单位为 m,从左向右排列。在线路整桩号之间,需要在线形或地形变化处、沿线构造物的中心或起终点处加设中桩,即为加桩。一般对于平竖曲线的各特征点、水准点、桥、涵、隧、车站的中心点以及地形突变点,需增设桩号。

(4) 坡度/坡长。标注设计线各段的纵向坡度和该段的长度。表格中的对角线表示坡度方向,左下至右上表示上坡,左上至右下表示下坡,坡度和距离分注在对角线的上下两侧。

(5) 高程。表中有设计高程和地面高程两栏,高程与图样相互对应,分别表示设计线和地面线上各点(桩号)的高程。

(6) 填挖高度。填挖的高度值是指各点(桩号)对应的设计高程与地面高程之差的绝对值。

(7) 平曲线。平曲线栏表示该路段的平面线形。该栏用"——"表示直线段;用"⌒"和"⌣"或"⊔"和"⊓"四种图样表示平曲线段,前两种表示设置缓和曲线的情况,后两种表示只设圆曲线的情况。图样的凸凹表示曲线的转向,上凸表示右转曲线,下凹表示左转曲线。当路线的转折小于规定值时,可不设平曲线,但须画出转折方向,"∧"表示右转弯,"√"表示左转弯。

复习思考题

1. 点的高程投影应怎样表示?
2. 直线的高程投影有哪几种表示方法?
3. 线路工程图的平面图和纵断面图分别表示什么内容?
4. 为什么线路纵断面图的横向与竖向采用不同的比例尺?

第十八章　轨道交通车站结构图识读

学习指南

轨道交通车站的概念、分类及组成,识别不同轨道交通车站的结构图、各种不同车站的结构形式,如何进行分类、车站内各部分的作用等,将在本章中一一讲解,为轨道交通工程的系统学习打下基础。

第一节　轨道交通车站概述

一、轨道交通车站的概念和类型

1. 轨道交通车站的概念

轨道交通车站是客流的节点,车站是乘客出行的基地,旅客上下车以及相关的作业都是在车站进行的,轨道交通车站也是列车到发、通过、折返、临时停车的地点。

车站是轨道交通线路的电气设备、信号设备、控制设备等集中的场所,也是运营、管理人员工作的场所。

车站的作用是便于旅客乘降、货物承运、列车到发及解编、机车和乘务组的整备和换乘、列检和货物检查。

2. 轨道交通车站的分类

轨道交通车站根据其位置、埋深、运营性质、结构横断面、站台形式等进行不同分类,见表18-1。

轨道交通车站的分类　　　　　　　　　　　　　　表 18-1

分类方式	分类情况	备注
车站与地面相对位置	高架车站	车站位于地面高架结构上,分为路中设置和路侧设置两种
	地面车站	车站位于地面,采用岛式或侧式均可,路堑式为其特殊形式
	地下车站	车站结构位于地面以下,分为浅埋、深埋车站
运营性质	中间站	仅供乘客上、下乘降用,是最常用、数量最多的车站形式
	区域站	在一条轨道交通线路中,由于各区段客流的不均匀性,行车组织往往采取长、短交路(亦称大、小交路)的运营模式,设于两种不同行车密度交界处的车站,称之为区域站(即中间折返站,短交路车在此折返)
	换乘站	位于两条及两条以上线路交叉点上的车站。具有中间站的功能外,还可以让乘客在不同线上换乘
	枢纽站	枢纽站是由此站分出另一条线路的车站。该站可接、送两条线路上的列车

321

续上表

分类方式	分类情况	备注
运营性质	联运站	指车站内设有两种不同性质的列车线路进行联运及客流换乘。联运站具有中间站及换乘站的双重功能
	终点站	设在线路两端的车站。就列车上、下行而言,终点站也是起点站(或称始发站)。终点站有可供列车全部折返的折返线和设备,也可供列车临时停留检修
结构横断面	矩形	矩形断面是车站中常用的形式。一般用于浅埋、明挖车站。车站可设计成单层、双层或多层;跨度可选用单跨、双跨、三跨及多跨形式
	拱形	拱形断面多用于深埋或浅埋暗挖车站,有单拱和多跨连拱形式。单拱断面由于中部拱起较高,而两侧拱脚较低,中间无柱,因而建筑空间显得高大宽敞。如建筑处理得当,常会得到理想的建筑艺术效果。明挖车站采用单跨结构时也有采用拱形断面
	圆形	为盾构法施工时常用的形式
	其他	如马蹄形,椭圆形等
站台形式	岛式站台	站台位于上下行线路之间,具有站台面积利用率高、提升设施共用、能灵活调剂客流、使用方便、管理集中等优点。常用于较大客流量的车站。其派生形式有曲线式、双鱼腹式、单鱼腹式、梯形式和双岛式等
	侧式站台	站台位于上、下行线路的两侧。侧式站台的高架车站能使高架区间断面更趋合理。常见于客流不大的地下车站和高架站的中间站。其派生形式有曲线式、单端喇叭式、双端喇叭式、平行错开式和上下错开式等
	岛,侧混合站台	将岛式站台及侧式站台同设在一个车站内。常见的有一岛一侧,或一岛两侧形式。此种车站可同时在两侧的站台上、下车。共线车站往往会采用此种形式

二 轨道交通车站的组成与布置

1. 车站构造组成

地铁车站通常由车站主体(站台、站厅、设备用房、生活用房)、出入口及通道、通风道及地面通风亭三大部分组成。

车站主体是列车在线路上的停车点,其既是供乘客疏散、候车,换车及上下车,又是地铁运营设备设施的中心和办理运营业务的地方。

出入口及通道是供乘客进、出车站的建筑设施。

通风道及地面通风亭的作用是保证地下车站有一个舒适的地下环境。

不同分类下的站场平面图及布置特点如下:

(1)按照车站与地面相对位置分为地下车站、地面车站和高架车站,其构造组成如图18-1所示。

①地下车站,如图 18-1a) 所示。空间封闭、狭长,可节约城市用地,有良好的防护功能;站内噪声大,站内温度高,发生火灾后扑救困难,机械通风、人工照明施工比较复杂。

②地面车站,如图 18-1b) 所示。东站简易、工程量小、布置灵活,乘客进出车站方硬,可自然通风和天然采光,节约费用和能源,安全疏散较易,造价较低。

③高架车站,如图 18-1c) 所示。有行车噪声干扰,根据情况采取封闭或不封闭隔离噪声,有永久性的阴影区,少占城市地面用地,较地下车站施工容易。

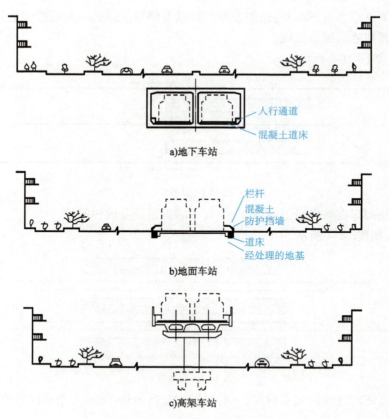

图 18-1　车站构造组成

（2）按照运营性质分类

①中间站及终点站，如图 18-2 所示。
中间站仅供乘客上下车。

图 18-2　中间站及终点站

终点站除了供乘客上下车外,还用于列车折返及停留。因此一般设有多股停车线,并将线路延长作为中间站或区域站使用。

②区域站,如图 18-3 所示。

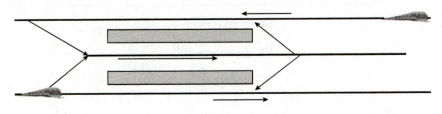

图 18-3　区域站

区域站能使列车在站内折返或停车,是有尽端折返设备的中间站。

③联运站,如图 18-4 所示。

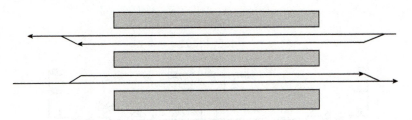

图 18-4　联运站

车站内设有不同性质的列车线路。例如快车线、区域慢车线等,是单向具有一条以上车线的中间站。

车站内设有两种不同性质的列车线路进行联运及客流换乘。联运站具有中间站及换乘站的双重功能。

④枢纽站,如图 18-5 所示。

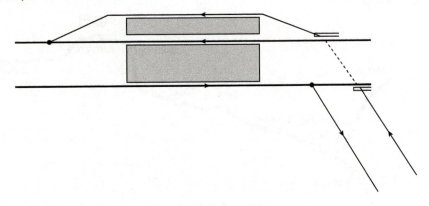

图 18-5　枢纽站

由此站分出另一条线路的车站,轨道交通线路分岔的车站。枢纽站是设在两种不同行车密度交界处的车站。站内有折返线和设备枢纽,站兼有中间站的功能。

⑤换乘站,如图 18-6 所示。

模块六 / 第十八章 轨道交通车站结构图识读

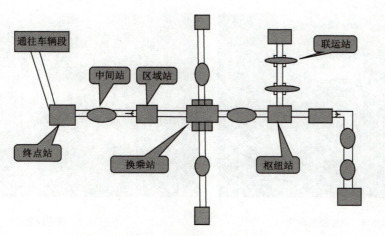

图 18-6 换乘站总体布局形式

位于两条及两条以上线路交叉点上的车站。除具有中间站的功能外,它还可从一条线上的车站通过换乘设施转换到另一条线路上。

(3) 按照结构横断面分类

① 矩形断面车站,如图 18-7 所示。

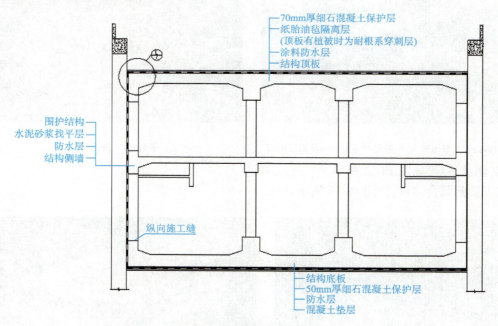

图 18-7 矩形断面车站

② 拱形断面车站,如图 18-8 所示。
③ 圆形断面车站,如图 18-9 所示。
④ 其他断面车站。
上海地铁 15 号线吴中路站如图 18-10 所示。

325

图 18-8　拱形断面车站

图 18-9　圆形断面车站

（4）按照站台形式分交
①岛式站台，如图 18-11 所示。

图 18-10　上海地铁 15 号线吴中路站——马蹄形断面

图 18-11　岛式站台

②侧式站台，如图 18-12 所示。
③岛、侧混合站台，如图 18-13 所示。

图 18-12　侧式站台

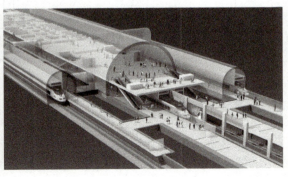
图 18-13　岛、侧混合站台

第二节　轨道交通站场平面图

一　车站总平面图

1. 车站总平面图的形成和用途

将新建城市轨道交通工程在一定范围内的新建、拟建、原有和拆除的建筑物、构筑物连同周围的地形、地物状况用水平投影方法和相应的图例画出的工程图样,称为车站总平面图,简称总平面图或总图。它表明了城市轨道交通车站的平面形状、位置、朝向、高程以及与周围环境(如原有建筑物、道路、绿化等)之间的关系。因此,总平面图是新建城市轨道交通车站施工定位和规划布置场地的依据,也是其他工种(如水、暖、电等)的管线总平面图规划布置的依据。

2. 车站总平面的图示方法

总平面图所表示的范围较大,一般采用较小的比例。工程实践中,由于有关部门提供的地形图比例一般为1∶500,因此总平面图也常用1∶500的比例,如图18-14所示。

总平面图的图形主要是以图例的形式表示,一般采用标准图例,如图中采用的图例不是标准中的图例,应在总平面图下面加以说明。

总平面图应以含有+0.000高程的平面作为总平面图,图中标注的高程应为绝对高程。总平面图中坐标、高程、距离宜以米(m)为单位,并保留至小数点后两位。

二　识读车站平面布置图

图18-15为某地铁车站的平面布置图,选用比例1∶100,地铁车站功能复杂、涉及面广、设备及辅助设施多、专业性强。归纳起来,车站建筑由下列四部分组成。

轨道交通站场平面图

1. 乘客使用空间

乘客使用空间在车站建筑组成中占有很重要的位置,它是车站中的主体部分,此部分的面积占车站总面积的50%左右。如图18-15所示乘客使用空间主要包括站厅、站台、出入口、通道、售票处、检票口、问讯处、公用电话、小卖部、楼梯及自动扶梯等。

乘客使用区设有自动扶梯、楼梯、自动售检票设施、通风管道及建筑装修。

2. 运营管理用房

运营管理用房是为了保证车站具有正常运营条件和营业秩序而设置的办公用房,由进行日常工作和管理的部门及人员使用,是直接或间接为列车运行和乘客服务的。运营管理用房与乘客关系密切,一般布置在临近乘客使用空间的地方,主要包括站长室、行车值班室、业务室、广播室、会议室、公安保卫室等。

3. 技术设备用房

技术设备用房是为了保证列车正常运行、保证车站内具有良好环境条件及在事故灾害情况下能够及时排除灾害的不可缺少的设备用房。它是直接和间接为列车运行和乘客服务的,主要包括环控房、变电所、综合控制室、防灾中心、通信机械室、信号机械室、自动售检票室、泵房、冷冻站、机房、配电以及上述设备用房所属的值班室、工区用房、附属用房及设施等。

工程图学

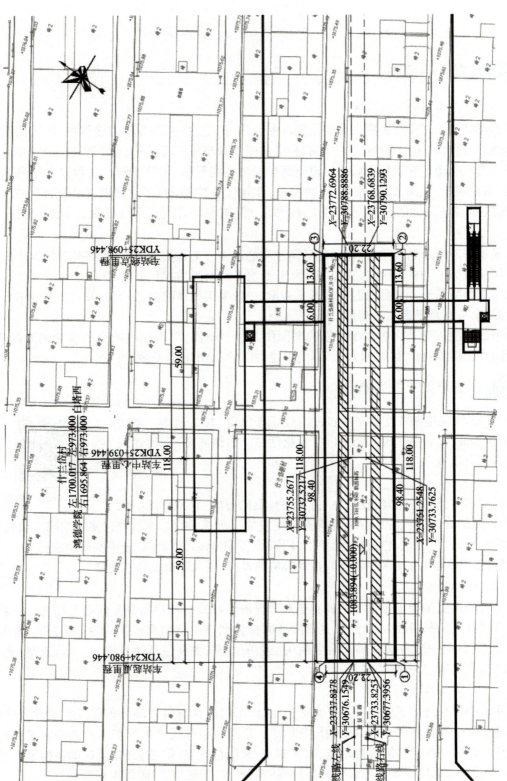

图18-14 某车站主体结构总平面图

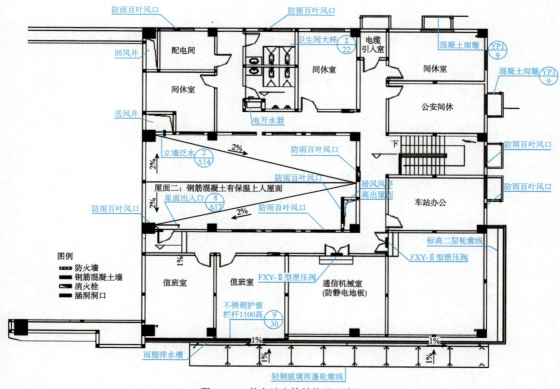

图 18-15 某车站主体结构平面布置

技术设备用房是整个车站的心脏所在地。由于这些用房与乘客没有直接联系,因此,一般布设在离乘客较远的地方。

4. 辅助用房

辅助用房是为了保证车站内部工作人员正常工作生活所设置的房间,直接供站内工作人员使用,主要包括厕所、更衣室、休息室、茶水间、盥洗室、储藏室等,这些房间均设在站内工作人员使用的区域内。

复习思考题

1. 城市轨道交通车站有哪些分类方式?分类情况如何?各类车站的特点如何?
2. 城市轨道交通车站的组成部分有哪些?每部分的作用是什么?
3. 车站建筑由哪几部分组成?布置原则是什么?

模块七

AutoCAD实用教程

第十九章　绘制基本二维图形

本章通过3个综合实例的学习，巩固前面所学知识并达到灵活应用的目的，掌握绘图的步骤和方法，熟练绘制工程图，从而提高 AutoCAD 操作技巧以及工程绘图能力。

初识 CAD

AutoCAD 的基本操作（一）

AutoCAD 的基本操作（二）

第一节　圆端形桥墩图

当铁路或公路跨越河流、山谷时，需要修建桥梁或涵洞；穿过高山时需要修建隧道。桥梁、涵洞及隧道工程图则是桥梁、涵洞、隧道施工的技术依据。

桥墩由基础、墩身和墩帽组成。桥墩图可用来表达桥墩的整体形状和大小，以及桥墩各部分所用的材料。由于桥墩构造比较简单，一般用三面投影图和一些剖面图或断面图来表示。

图19-1 所示为圆端形桥墩图，该桥墩图由正面图、平面图和侧面图表示，三个图都是半剖面图。上机绘图的主要过程如下：

1. 新建图形文件

单击快速访问工具栏中的"新建"按钮，弹出"创建新图形"对话框，新建一个图形文件，并保存为"圆端形桥墩图.dwg"。

2. 打开图层管理器并创建图层

1层用来存放实线，2层用来存放标注，3层用来绘制填充，4层用来绘制辅助线。

3. 草图设置

选择"工具"—"草图设置"命令，弹出"草图设置"对话框，在其中设置几种所需的自动目标捕捉方式。

4. 绘制半正面及半3-3剖面

（1）绘制图19-2 所示图形。打开图层管理器，将粗实线层置为当前层，使用直线命令（LINE）和复制命令（COPY）。

命令：_line 指定第一点： （拾取点 A）
指定下一点或[放弃(U)]:@546,0 （输入点 B 相对点 A 的坐标）
指定下一点或[放弃(U)]: （按【Enter】键）
命令：_copy

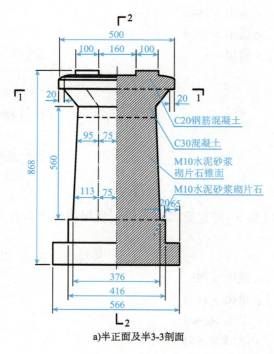
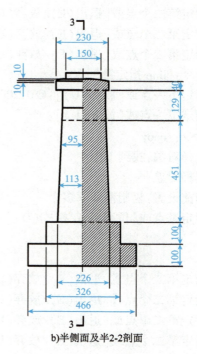

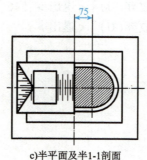

图 19-1 圆端形桥墩图(尺寸单位:cm)

选择对象:找到 1 个 （选择直线 *AB*）
选择对象: （按【Enter】键）
当前设置:复制模式=多个
指定基点或[位移(D)/模式(O)]<位移>:指定第二个点或<使用第一个点作为位移>:100

（光标指向上方,以下同）

指定第二个点或[退出(E)/放弃(U)]<退出>:200
指定第二个点或[退出(E)/放弃(U)]<退出>:700
指定第二个点或[退出(E)/放弃(U)]<退出>:780
指定第二个点或[退出(E)/放弃(U)]<退出>:820
指定第二个点或[退出(E)/放弃(U)]<退出>:830

指定第二个点或[退出(E)/放弃(U)]<退出>:840
指定第二个点或[退出(E)/放弃(U)]<退出>:864
指定第二个点或[退出(E)/放弃(U)]<退出>: （按【Enter】键）
命令:_line 指定第一点: （捕捉点）
指定下一点或[放弃(U)]:@0,200 （绘制点 C）
指定下一点或[放弃(U)]: （按【Enter】键）
命令:_copy
选择对象:找到 1 个 （选择直线 AC）
选择对象: （按【Enter】键）
当前设置:复制模式=多个
指定基点或[位移(D)/模式(O)]<位移>:指定第二个点或<使用第一个点作为位移>:65

（光标指向右方,以下同）

指定第二个点或[退出(E)/放弃(U)]<退出>:85
指定第二个点或[退出(E)/放弃(U)]<退出>:198
指定第二个点或[退出(E)/放弃(U)]<退出>:461
指定第二个点或[退出(E)/放弃(U)]<退出>:481
指定第二个点或[退出(E)/放弃(U)]<退出>:546
指定第二个点或[退出(E)/放弃(U)]<退出>: （按【Enter】键）
命令:_line 指定第一点: （捕捉直线 AB 的中点 D）
指定下一点或[放弃(U)]: （拾取点 E）
指定下一点或[放弃(U)]: （按【Enter】键）
命令:_copy
选择对象:找到 1 个 （选择直线 DE）
选择对象: （按【Enter】键）
当前设置:复制模式=多个
指定基点或[位移(D)/模式(O)]<位移>:指定第二个点或<使用第一个点作为位移>:指 80 （向左复制）
指定第二个点或[退出(E)/放弃(U)]<退出>:170
指定第二个点或[退出(E)/放弃(U)]<退出>:180 （向左复制）
指定第二个点或[退出(E)/放弃(U)]<退出>:250 （向左复制）
指定第二个点或[退出(E)/放弃(U)]<退出>:80 （向右复制）
指定第二个点或[退出(E)/放弃(U)]<退出>:170 （向右复制）
指定第二个点或[退出(E)/放弃(U)]<退出>:180 （向右复制）
指定第二个点或[退出(E)/放弃(U)]<退出>:250 （向右复制）
指定位移的第二点或<用第一点作位移>: （按【Enter】键）

(2)执行修剪(TRIM)命令,将图 19-2 修剪成图 19-3。
命令:_trim

当前设置:投影=UCS,边=无
选择剪切边……
选择对象或<全部选择>:找到1个　　　　　　（选择作为剪切边的线,可以选择多条）
选择对象:
选择要修剪的对象,或按住 Shift 键选择要延伸的对象,或[栏选(F)/窗交(C)/投影(P)/边(E)/删除(R)/放弃(U)]:　　　　　　　　　　　　　　　　（选择被修剪对象）
选择要修剪的对象,或按住 Shift 键选择要延伸的对象,或[栏选(F)/窗交(C)/投影(P)/边(E)/删除(R)/放弃(U)]:

图 19-2 半正面过程

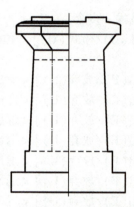

19-3 修剪后的半正面图形

（3）填充剖面线,执行填充命令,打开图 19-4 所示"图案填充创建"选项卡,选择图案为 ANSI31,比例为 4,角度分别为 0°、90°。填充后的图形如图 19-5 所示。

图 19-4 "图案填充创建"选项卡

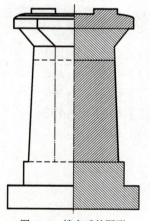

图 19-5 填充后的图形

5. 绘制半侧面及半 2-2 剖面

(1)绘制图 19-6 所示图形,使用直线命令(LINE)和复制命令(COPY)。

命令:_line 指定第一点: (拾取点)
指定下一点或[放弃(U)]:@466,0 (绘制点 B)
指定下一点或[放弃(U)]: (按【Enter】键)
命令:_copy
选择对象:找到 1 个 (选择直线 AB)
选择对象: (按【Enter】键)
当前设置:复制模式 = 多个
指定基点或[位移(D)/模式(O)]<位移>:指定第二个点或<使用第一个点作为位移>:100 (方向为向上,以下同)
第二个点或[退出(E)/放弃(U)]<退出>:200
第二个点或[退出(E)/放弃(U)]<退出>:700
第二个点或[退出(E)/放弃(U)]<退出>:780
第二个点或[退出(E)/放弃(U)]<退出>:820
第二个点或[退出(E)/放弃(U)]<退出>:830
第二个点或[退出(E)/放弃(U)]<退出>:840
第二个点或[退出(E)/放弃(U)]<退出>:860
第二个点或[退出(E)/放弃(U)]<退出>: (按【Enter】键)
命令:_line 指定第一点: (捕捉点)
指定下一点或[放弃(U)]:@0,200 (绘制点 C)
指定下一点或[放弃(U)]: (按【Enter】键)
命令:_copy
选择对象:找到 1 个 (选择直线 AC)
选择对象: (按【Enter】键)
当前设置:复制模式 = 多个
指定基点或[位移(D)/模式(O)]<位移>:指定第二个点或<使用第一个点作为位移>:70 (方向为向右,以下同)
第二个点或[退出(E)/放弃(U)]<退出>:120
第二个点或[退出(E)/放弃(U)]<退出>:346
第二个点或[退出(E)/放弃(U)]<退出>:396
第二个点或[退出(E)/放弃(U)]<退出>:466
第二个点或[退出(E)/放弃(U)]<退出>: (按【Enter】键)
命令:_line 指定第一点: (捕捉 AB 的中点 D)
指定下一点或[放弃(U)]: (拾取点 E)
指定下一点或[放弃(U)]: (按【Enter】键)
命令:_copy
选择对象:找到 1 个 (选择直线 DE)

选择对象: (按【Enter】键)
当前设置:复制模式=多个
指定基点或[位移(D)/模式(O)] <位移>:指定第二个点或<使用第一个点作为位移>:75 (方向向左)
第二个点或[退出(E)/放弃(U)] <退出>:95 (方向向左)
第二个点或[退出(E)/放弃(U)] <退出>:115 (方向向左)
第二个点或[退出(E)/放弃(U)] <退出>:75 (方向向右)
第二个点或[退出(E)/放弃(U)] <退出>:95 (方向向右)
第二个点或[退出(E)/放弃(U)] <退出>:115 (方向向右)
第二个点或[退出(E)/放弃(U)] <退出>: (按【Enter】键)

(2)连线并修剪图形,如图19-7所示。
(3)填充剖面线,填充后的图形如图19-8所示。

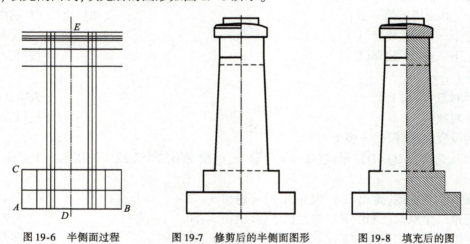

图19-6 半侧面过程　　图19-7 修剪后的半侧面图形　　图19-8 填充后的图

6.绘制半平面及半1-1剖面

(1)绘制图19-9所示图形,使用矩形命令(RECTANG)、直线命令(LINE)、偏移命令(OFFSET)及复制命令(COPY)。

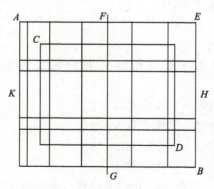

图19-9 半平面过程图

命令:_rectang
指定第一个角点或[倒角(C)/高程(E)/圆角(F)/厚度(T)/宽度(W)]：　　　　　(拾取点)
指定另一个角点或[面积(A)/尺寸(D)/旋转(R)]:@546,-466
(输入点 B 的相对坐标)

命令:_rectang
指定第一个角点或[倒角(C)/高程(E)/圆角(F)/厚度(T)/宽度(W)]:_from <偏移>:
@65,-70　　　　　　　　　　　　　　　　　　　　　　(输入点 C 的相对坐标)
指定另一个角点或[面积(A)/尺寸(D)/旋转(R)]:@416,-326
(输入点 D 的相对坐标)

命令:_line 指定第一点：　　　　　　　　　　(捕捉直线 AE 的中点 F)
指定下一点或[放弃(U)]：　　　　　　　　　　　　　　　　(捕捉点 G)
指定下一点或[放弃(U)]：　　　　　　　　　　　　　　　(按【Enter】键)
命令:_line 指定第一点：　　　　　　　　　　(捕捉直线 BE 的中点 H)
指定下一点或[放弃(U)]：　　　　　　　　　　　　　　　　(画点 K)
指定下一点或[放弃(U)]：　　　　　　　　　　　　　　　(按【Enter】键)

命令:_copy
选择对象:找到 1 个　　　　　　　　　　　　　　　　(选择直线 FG)
选择对象：　　　　　　　　　　　　　　　　　　　　(按【Enter】键)
当前设置:复制模式=多个
指定基点或[位移(D)/模式(O)]<位移>:　指定第二个点或<使用第一个点作为位移>:188
指定第二个点或[退出(E)/放弃(U)]<退出>:75　　　　　　　(向右复制)
指定第二个点或[退出(E)/放弃(U)]<退出>:80　　　　　　　(向左复制)
指定第二个点或[退出(E)/放弃(U)]<退出>:180　　　　　　(向左复制)
指定第二个点或[退出(E)/放弃(U)]<退出>:250　　　　　　(向左复制)
指定第二个点或[退出(E)/放弃(U)]<退出>：　　　　　　　(按【Enter】键)

命令:_copy
选择对象:找到 1 个(选择直线 HK)
选择对象：　　　　　　　　　　　　　　　　　　　　(按【Enter】键)
当前设置:复制模式=多个
指定基点或[位移(D)/模式(O)]<位移>:指定第二个点或<使用第一个点作为位移>:133
(向上复制)
指定位移的第二点或<用第一点作位移>:113　　　　　　　(向下复制)
指定位移的第二点或<用第一点作位移>:75　　　　　　　　(向上复制)
指定位移的第二点或<用第一点作位移>:75　　　　　　　　(向下复制)
指定位移的第二点或<用第一点作位移>：　　　　　　　　(按【Enter】键)

(2)使用直线命令(LINE)、圆命令(CIRCLE)、修剪命令及关键点拉伸将图 19-9 所示图线整理成图 19-10 所示样式。

命令:_line 指定第一点:	(捕捉点 D)
指定下一点或[放弃(U)]:	(捕捉点 E)
指定下一点或[放弃(U)]:	(按【Enter】键)
命令:_line 指定第一点:	(捕捉点 F)
指定下一点或[放弃(U)]:	(捕捉点 E)
指定下一点或[放弃(U)]:	(按【Enter】键)
命令:_circle 指定圆的圆心或[三点(3P)/两点(2P)/相切、相切、半径(T)]:	(捕捉点)
指定圆的半径或[直径(D)]<113.0000>:95	(输入圆 C 的半径)
命令:_circle 指定圆的圆心或[三点(3P)/两点(2P)/相切、相切、半径(T)]:	
<对象捕捉开>	(捕捉点)
指定圆的半径或[直径(D)]:113	(输入圆 B 的半径)

修剪多余的线条,利用关键点拉伸定位线,执行直线命令(LINE)命令。

命令:_line 指定第一点:	(捕捉点 H)
指定下一点或[放弃(U)]:	(捕捉点 G)
指定下一点或[放弃(U)]:	(按【Enter】键)
命令:_line 指定第一点:	(捕捉点 M)
指定下一点或[放弃(U)]:	(捕捉点 K)
指定下一点或[放弃(U)]:	(按【Enter】键)

(3)填充剖面线,将 3 层置为当前层,执行填充命令,打开图 19-4 所示"图案填充创建"选项卡,选择图案为 ANSI31、比例为 4、角度为 90°。填充后的图形如图 19-11 所示。

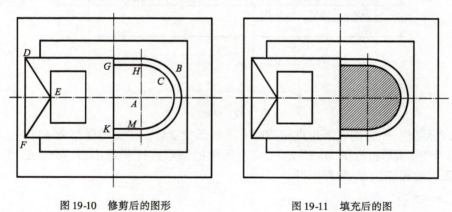

图 19-10　修剪后的图形　　　　图 19-11　填充后的图

7. 绘制标准 A3 图幅

根据国家标准,定义 A3 号标准图幅,使用矩形命令(RECTANG)、偏移命令(OFFSET)、拉伸命令(STRETCH)。具体步骤如下:

(1)建立一个空白图形文件。

(2)绘制 A3 图幅,步骤如下:

命令:rectang

指定第一个角点或[倒角(C)/高程(E)/圆角(F)/厚度(T)/宽度(W)]：
(任取一点作为图幅的左下角)
指定另一个角点或[面积(A)/尺寸(D)/旋转(R)]：@390,287
(选择图幅的另一角,形成矩形 ABCD)
命令：offset
指定偏移距离或[通过(T)]<10.0000>：5
选择要偏移的对象或<退出>： (选择矩形 ABCD)
指定点以确定偏移所在一侧： (在矩形 ABCD 外侧任取一点,得到矩形 EFGH)
选择要偏移的对象或<退出>： (按【Enter】键)
命令：stretch
以交叉窗口或交叉多边形选择要拉伸的对象……
选择对象： (用交叉方式选择 EF 和 AB 之间的矩形 EFGH)
选择对象： (按【Enter】键)
指定位移的基点： (任取一点)
指定位移的第二点：@20<180
(3) 绘制标题栏,如图 19-12 所示。

图 19-12　标题栏

移动该标题栏,使它的右下角点和图框右下角点相重合。将图形保存为 A3.dwg。

(4) 打开"圆端形桥墩图.dwg"文件,将视图中的图形按比例缩小后,移到 A3 图幅中,调整好各视图间的相互位置,另存即可。

命令：_scale
选择对象： (选择视图中所有图形)
选择对象： (按【Enter】键)
指定基点： (任意拾取一点)
指定比例因子或{参照}：1/8

将视图中所有图形复制至 A3 图幅中,调整图幅各视图间的相互位置,使视图全包含于 A3 图幅之中,整个图面适中分布,匀称协调。

第二节　钢筋混凝土梁梗的钢筋布置图

图 19-13 所示为钢筋混凝土梁梗的钢筋布置图，请在 A3 图幅中画出该图。

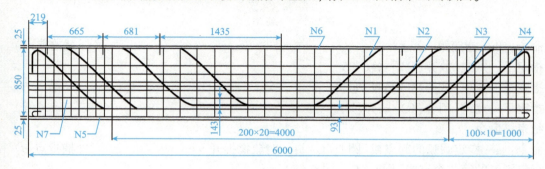

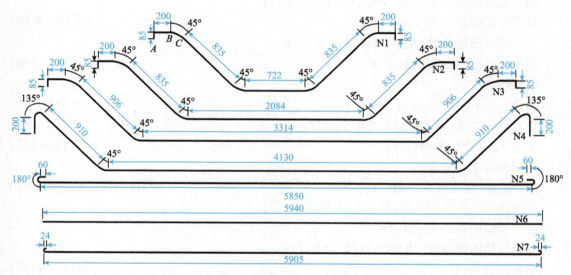

图 19-13　钢筋混凝土梁梗的钢筋布置图（尺寸单位：mm）

上机绘图的主要过程如下：

1. 新建图形文件

单击快速访问工具栏中的"新建"按钮，弹出"创建新图形"对话框，新建一个图形文件，并保存为"钢筋混凝土梁梗的钢筋布置图.dwg"。

2. 建立图层

选择"格式"→"图层"命令，弹出"图层管理器"窗口，将图层1重命名为"基线"层，将图层2重命名为"绘图"层，图层3重命名为"标注"层。

3. 画主筋

（1）"绘图"层为当前层，画主筋 N1，如图 19-14 所示。使用直线命令（LINE）、圆弧命令（ARC）、镜像命令（MIRROR）。

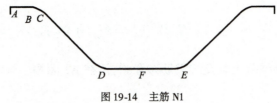

图 19-14 主筋 N1

命令:_line 指定第一点： (任意拾取点)
指定下一点或[放弃(U)]:@0,85
指定下一点或[放弃(U)]:@200,0 (绘点 B)
指定下一点或[闭合(C)/放弃(U)] (按【Enter】键)
结束该命令
命令:_arc 指定圆弧的起点或[圆心(C)]:<对象捕捉开> (捕捉点 B)
指定圆弧的第二个点或[圆心(C)/端点(E)]:c
指定圆弧的圆心:@200<-90 (输入圆心坐标)
指定圆弧的端点或[角度(A)/弦长(L)]:a
指定包含角:-45(绘制弧 BC) (按【Enter】键)
结束该命令
命令:_line 指定第一点： (捕捉点 C)
指定下一点或[放弃(U)]:@835<315
指定下一点或[放弃(U)]: (按【Enter】键)
结束该命令
命令:_arc 指定圆弧的起点或[圆心(C)]: (捕捉刚画好的直线端点)
指定圆弧的第二个点或[圆心(C)/端点(E)]:c
指定圆弧的圆心:@200<45
指定圆弧的端点或[角度(A)/弦长(L)]:a
指定包含角:45 (按【Enter】键)
结束该命令
命令:_line 指定第一点： (捕捉圆弧的端点 D)
指定下一点或[放弃(U)]:@722,0
指定下一点或[放弃(U)]: (按【Enter】键)
结束该命令
命令:_mirror
选择对象:指定对角点:找到 6 个 (选取画好的对象)
选择对象： (按【Enter】键)
指定镜像线的第一点： (捕捉直线 DE 的中点 F)
 (沿重线方向拾取另一点)
指定镜像线的第二点： (按【Enter】键)
是否删除源对象？[是(Y)/否(N)]<N>:

(2) 画主筋 N2,如图 19-15 所示。使用复制命令(COPY)、直线命令(LINE)、镜像命令(MIRROR)。

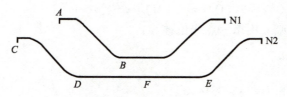

图 19-15　主筋 N2

命令:_copy 找到 5 个　　　　　　　　　　　　　　　　　(选择图 19-15 所示 N1 的 AB 段对象)
指定基点或[位移(D)/模式(O)/多个(M)]<位移>:　　　　　　　　　(任意拾取一点)
指定第二个点或<使用第一个点作为位移>:　　　　(任意拾取一点,按【Enter】键)
结束该命令
命令:_line 指定第一点:　　　　　　　　　　　　　　　(捕捉图 19-15 所示的点 D)
指定下一点或[放弃(U)]:@2084,0
指定下一点或[放弃(U)]:　　　　　　　　　　　　　　　　　　(按【Enter】键)
结束该命令
命令:_mirror
选择对象:指定对角点:找到 5 个　　　　　　　　(选择图 19-15 中的 CD 段对象)
选择对象:　　　　　　　　　　　　　　　　　　　　　　　　　(按【Enter】键)
指定镜像线的第一点:　　　　　　　　　　　　　　　　　　　(拾取点 F)
指定镜像线的第二点:　　　　　　　　　　　(沿垂直方向任意拾取另一点)
是否删除源对象?[是(Y)/否(N)]<N>:　　　　　　　　　　(按【Enter】键)
结束该命令

(3) 画主筋 N3,如图 19-16 所示。使用复制命令(COPY)、直线命令(LINE)、镜像命令(MIRROR)。

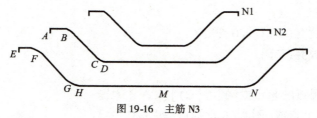

图 19-16　主筋 N3

命令:_copy 找到 3 个　　　　　　　　　　　　　　　(选择图 19-16 中 AB 段对象)
指定基点或[位移(D)/模式(O)/多个(M)]<位移>:　　　　　　　　　(任意拾取一点)
指定位移的第二点或<用第一点作位移>:　　　(任意拾取一点复制出 EF 段对象)
结束该命令
命令:_line 指定第一点:　　　　　　　　　　　　　　　　　　　(捕捉点 F)
指定下一点或[放弃(U)]:@906<-45
指定下一点或[放弃(U)]:　　　　　　　　　　　　　　　　　　(按【Enter】键)

结束该命令

命令:_copy 找到 1 个　　　　　　　　　　　　　　　　　　　　　　（选择 N2 上的圆弧 CD）
指定基点或[位移(D)/模式(O)/多个(M)]<位移>:　　　　　　　　　　（捕捉点 C）
指定位移的第二点或<用第一点作位移>:　　　　　　　　　　　　　（捕捉点 G）
结束该命令

命令:_line 指定第一点:　　　　　　　　　　　　　　　　　　　　　（捕捉点 H）
指定下一点或[放弃(U)]:@3314,0
指定下一点或[放弃(U)]:　　　　　　　　　　　　　　　　　　　　（按【Enter】键）
结束该命令

命令:_mirror
选择对象:指定对角点:找到 5 个　　　　　　　　　　　　　　　　（选择对象 EFGH）
选择对象:　　　　　　　　　　　　　　　　　　　　　　　　　　（按【Enter】键）
指定镜像线的第一点:　　　　　　　　　　　　　　　　　　　　　（拾取点 M）
指定镜像线的第二点:　　　　　　　　　　　　　　　　（沿垂直方向任意拾取一点）
是否删除源对象?[是(Y)/否(N)]<N>:　　　　　　　　　　　　　（按【Enter】键）
结束该命令

(4)画主筋 N4,如图 19-17 所示。使用直线命令(LINE)、圆弧命令(ARC)、镜像命令(MIRROR)。

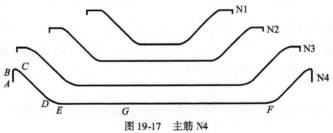

图 19-17　主筋 N4

命令:_line 指定第一点:　　　　　　　　　　　　　　　　　　　　（拾取点）
指定下一点或[放弃(U)]:@0,200
指定下一点或[放弃(U)]:　　　　　　　　　　　　　　　　　　　（按【Enter】键）
结束该命令

命令:_arc 指定圆弧的起点或[圆心(C)]:　　　　　　　　　　　　　（捕捉点 B）
指定圆弧的第二个点或[圆心(C)/端点(E)]:C
指定圆弧的圆心:@60,0
指定圆弧的端点或[角度(A)/弦长(L)]:A
指定包含角:-135
结束该命令

命令:_line 指定第一点:　　　　　　　　　　　　　　　　　　　　（捕捉点 C）
指定下一点或[放弃(U)]:@910<315
指定下一点或[放弃(U)]:　　　　　　　　　　　　　　　　　　　（按【Enter】键）

命令:_arc 指定圆弧的起点或[圆心(C)]： （捕捉点 D）
指定圆弧的第二个点或[圆心(C)/端点(E)]:C
指定圆弧的圆心:@200<45
指定圆弧的端点或[角度(A)/弦长(L)]:A
指定包含角:45
结束该命令

命令:_line 指定第一点： （捕捉点 E）
指定下一点或[放弃(U)]:@4130,0 （按【Enter】键）
指定下一点或[放弃(U)]： （按【Enter】键）
结束该命令

命令:_mirror
选择对象:指定对角点:找到 4 个 （选择对象　至 E）
选择对象：
指定镜像线的第一点:指定镜像线的第二点：
是否删除源对象？[是(Y)/否(N)]<N>： （按【Enter】键）
结束该命令

4. 画主筋 N5、N6、N7

如图 19-18 所示,使用直线命令(LINE)、圆弧命令(ARC)、镜像命令(MIRROR)、窗口缩放命令(ZOOM)。

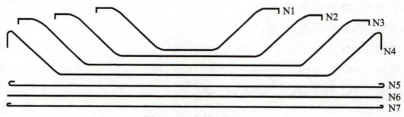

图 19-18　主筋 N5、N6、N7

命令:_line 指定第一点：
指定下一点或[放弃(U)]:@-60,0 （按【Enter】键）
指定下一点或[放弃(U)]： （按【Enter】键）
结束该命令

命令:_arc 指定圆弧的起点或[圆心(C)]：
指定圆弧的第二个点或[圆心(C)/端点(E)]:C （按【Enter】键）
指定圆弧的圆心:@0,-35
指定圆弧的端点或[角度(A)/弦长(L)]:A （按【Enter】键）
指定包含角:180 （按【Enter】键）
结束该命令

命令:_line 指定第一点：
指定下一点或[放弃(U)]:@5850,0 （按【Enter】键）

345

结束该命令

命令:_mirror

选择对象:指定对角点:找到2个

选择对象: (按【Enter】键)

指定镜像线的第一点:指定镜像线的第二点:

是否删除源对象?[是(Y)/否(N)]<N>: (按【Enter】键)

结束该命令

命令:_line 指定第一点:

指定下一点或[放弃(U)]:@5940,0 (按【Enter】键)

指定下一点或[放弃(U)]: (按【Enter】键)

结束该命令

命令:_line 指定第一点:

指定下一点或[放弃(U)]:@ -24,0 (按【Enter】键)

指定下一点或[放弃(U)]: (按【Enter】键)

结束该命令

命令:指定对角点:

命令:'_zoom

指定窗口角点,输入比例因子(nX 或 nXP)或

[全部(A)/中心点(C)/动态(D)/范围(E)/上一个(P)/比例(S)/窗口(W)]<实时>:_w

指定第一个角点:指定对角点:

命令:_arc 指定圆弧的起点或[圆心(C)]:

指定圆弧的第二个点或[圆心(C)/端点(E)]:c (按【Enter】键)

指定圆弧的圆心:@0,-14 (按【Enter】键)

指定圆弧的端点或[角度(A)/弦长(L)]:a (按【Enter】键)

指定包含角:180 (按【Enter】键)

结束该命令

命令:_line 指定第一点:

指定下一点或[放弃(U)]:@5905,0 (按【Enter】键)

指定下一点或[放弃(U)]: (按【Enter】键)

结束该命令

命令:指定对角点:

命令:'_zoom

指定窗口角点,输入比例因子(nX 或 nXP),或

[全部(A)/中心点(C)/动态(D)/范围(E)/上一个(P)/比例(S)/窗口(W)]<实时>:.5x

命令:_mirror

选择对象:指定对角点:找到3个

选择对象: (按【Enter】键)

指定镜像线的第一点:指定镜像线的第二点:

是否删除源对象?[是(Y)/否(N)]<N>:　　　　　　　　　　　　　　　　(按【Enter】键)

5. 画梁

"中实线"层为当前层,使用矩形命令(RECTANG)、分解命令(EXPLODE)、直线命令(LINE)、偏移命令(OFFSET)完成图 19-19 所示混凝土保护层的图线。

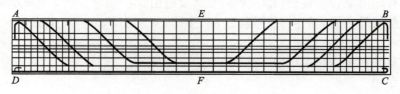

图 19-19　箍筋

命令:_rectang
指定第一个角点或[倒角(C)/高程(E)/圆角(F)/厚度(T)/宽度(W)]:
　　　　　　　　　　　　　　　　　　　　　　　　　　　　　(拾取矩形一角点 A)
指定另一个角点或[尺寸(D)]:@6000,-900　　(输入矩形另一角点 C,按【Enter】键)
结束该命令
命令:_explode　　　　　　　　　　　　　　　　　　　　　　　　　　(分解命令)
选择对象:找到 1 个　　　　　　　　　　　　　　　　　　　　(选择矩形 ABCD)
选择对象:　　　　　　　　　　　　　　　　　　　　　　　　　(按【Enter】键)
结束该命令
命令:_line 指定第一点:　　　　　　　　　　　　　　　　(捕捉直线 AB 的中点)
指定下一点或[放弃(U)]:　　　　　　　　　　　　　　　　(捕捉直线 CD 的中点)
指定下一点或[放弃(U)]:　　　　　　　　　　　　　　　　　(按【Enter】键)
结束该命令

命令:_offset
指定偏移距离或[通过(T)/删除(E)/图层(L)]<通过>:25
选择要偏移的对象,或[退出(E)/放弃(U)]<退出>:　　　　(选择矩形下边框 CD)
指定要偏移的那一侧上的点,或[退出(E)/多个(M)/放弃(U)]<退出>:　　(向上)
选择要偏移的对象,或[退出(E)/放弃(U)]<退出>:　　　　　(按【Enter】键)
选择要偏移的对象,或[退出(E)/放弃(U)]<退出>:　　　　(选择矩形上边框 AB)
指定要偏移的那一侧上的点,或[退出(E)/多个(M)/放弃(U)]<退出>:　　(向下)
选择要偏移的对象,或[退出(E)/放弃(U)]<退出>:　　　　　(按【Enter】键)
结束该命令
命令:_offset
指定偏移距离或[通过(T)/删除(E)/图层(L)]<通过>:93
选择要偏移的对象,或[退出(E)/放弃(U)]<退出>:　　　　(选择矩形下边框 CD)
指定要偏移的那一侧上的点,或[退出(E)/多个(M)/放弃(U)]<退出>:
　　　　　　　　　　　　　　　　　　　　　　　　　　　　　(按【Enter】键)

选择要偏移的对象,或[退出(E)/放弃(U)]<退出>:　　　　　　　　　　　　　(按【Enter】键)
结束该命令
命令:_offset
指定偏移距离或[通过(T)/删除(E)/图层(L)]<通过>:143
选择要偏移的对象,或[退出(E)/放弃(U)]<退出>:　　　　　　(选择矩形下边框 CD)
指定要偏移的那一侧上的点,或[退出(E)/多个(M)/放弃(U)]<退出>:
(按【Enter】键)
选择要偏移的对象,或[退出(E)/放弃(U)]<退出>:　　　　　　　　　(按【Enter】键)
结束该命令
命令:_copy
选择对象:　　　　　　　　　　　　　　　　　　　　　　　　(选择钢筋 N5)
指定对角点:找到 5 个
选择对象:　　　　　　　　　　　　　　　　　　　　　　　　(按【Enter】键)
当前设置:复制模式 = 单个
指定基点或[位移(D)/模式(O)/多个(M)]<位移>:指定第二个点或<使用第一个点作为位移>:　　　　　　　　　　　　　　　　　　　(移到距下边框 CD 25mm 处)
同理绘制其他钢筋。

6. 绘制箍筋

设"绘图"层为当前层,使用剪切命令把直线 EF 剪切成 850mm,偏移或阵列出其他箍筋。
命令:_offset
指定偏移距离或[通过(T)/删除(E)/图层(L)]<通过>:<200.0000>:200
选择要偏移的对象,或[退出(E)/放弃(U)]<退出>:　　　　　　　　　(选择直线)
指定要偏移的那一侧上的点,或[退出(E)/多个(M)/放弃(U)]<退出>:
选择要偏移的对象,或[退出(E)/放弃(U)]<退出>:　　　　(选择偏移成的直线)
指定要偏移的那一侧上的点,或[退出(E)/多个(M)/放弃(U)]<退出>:
(指定偏移方向,共向左偏移 10 次向右偏移 10 次)
选择要偏移的对象,或[退出(E)/放弃(U)]<退出>:　　　　　　　　(按【Enter】键)
命令:_offset
指定偏移距离或[通过(T)/删除(E)/图层(L)]<通过>:<100.0000>:
选择要偏移的对象,或[退出(E)/放弃(U)]<退出>:　　(选择偏移出的最左侧直线)
指定要偏移的那一侧上的点,或[退出(E)/多个(M)/放弃(U)]<退出>:　　(左侧)
选择要偏移的对象,或[退出(E)/放弃(U)]<退出>:　　　　(选择偏移成的直线)
指定要偏移的那一侧上的点,或[退出(E)/多个(M)/放弃(U)]<退出>:
(指定偏移方向,共向左偏移 10 次)
选择要偏移的对象,或[退出(E)/放弃(U)]<退出>:　　　　　　　　(按【Enter】键)
同理绘制右侧箍筋,绘制完毕如图 19-19 所示。

7. 画 A3 图幅与标题栏

将图形按比例缩小,移至 A3 图幅中,调整好位置,方法同上节。

第三节 住宅剖面图及平面图

一、住宅剖面图

图 19-20 所示为某住宅楼的剖面图。从中可以看出,这个剖面图包括了门厅、墙体、楼顶、窗和阳台、阴台等构件。

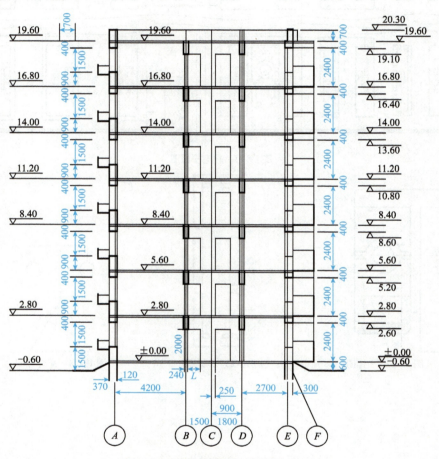

图 19-20 某住宅剖面图(尺寸单位:mm)

一般情况下,首先绘制辅助网格、门洞、窗洞,这些辅助线图形中不需要,是为了绘图方便而绘制的。当不用绘制更多的辅助线,就能将图形绘制出来时,显然绘图效率更高。详细绘制图形过程略。

二、住宅平面图

住宅平面图及详图如图 19-21 ~ 图 19-23 所示。路灯详图如图 19-24 所示。

图 19-21 所示为住宅平面图,绘制过程可首先采用直线命令绘制,然后进行修剪。注意图层的设置、文字及尺寸标注。

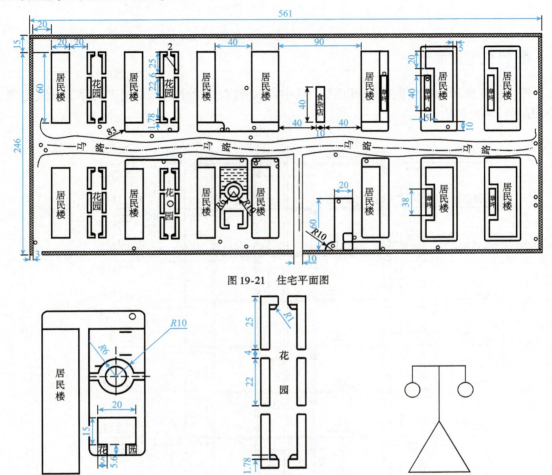

图 19-21　住宅平面图

图 19-22　1 详图　　图 19-23　2 详图　　图 19-24　路灯详图

附录　AutoCAD 命令一览表

命令	作用	说明
3D	创建三维网格对象	
3DARRAY	创建三维阵列	
3DCLIP	调整剪裁平面	
3DCORBIT	设置对象在三维视图中连续运动	
3DDISTANCE	调整对象显示距离	
3DFACE	创建三维面	
3DMESH	创建自由格式的多边形网格	
3DORBIT	控制在三维空间中交互式查看对象	
3DPAN	三维视图平移	
3DPOLY	绘制三维多段线	
3DSIN	输入 3DStudio(3DS) 文件	
3DSOUT	输出 3DStudio(3DS) 文件	
3DSWIVEL	旋转相机	
3DZOOM	三维视图缩放	
ABOUT	显示关于 AutoCAD 的信息	可透明使用
ACISIN	输入 ACIS 文件	
ACISOUT	将 AutoCAD 实体对象输出到 ACIS 文件中	
ADCCLOSE	关闭 AutoCAD 设计中心	
ADCENTER	启动 AutoCAD 设计中心	【Ctrl+2】组合键
ADCNAVIGATE	将 AutoCAD 设计中心的桌面引至用户指定的文件名、目录名或网络路径	
ALIGN	将某对象与其他对象对齐	
AMECONVERT	将 AME 实体模型转换为 AutoCAD 实体对象	
APERTURE	控制对象捕捉靶框大小	可透明使用
APPLOAD	加载或卸载应用程序	可透明使用
ARC	创建圆弧	
AREA	计算对象或指定区域的面积和周长	
ARRAY	创建按指定方式排列的多重对象副本	
ARX	加载、卸载 ObjectARX 应用程序	
ASSIST	打开"实时助手"窗口	2000i 版新增
ATTDEF	创建属性定义	
ATTDISP	全局控制属性的可见性	可透明使用

续上表

命令	作用	说明
ATTEDIT	改变属性信息	
ATTEXT	提取属性数据	
ATTREDEF	重定义块并更新关联属性	
ATTSYNC	根据当前块中定义的属性更新块引用	2002 版新增
AUDIT	检查图形的完整性	
BACKGROUND	设置场景的背景效果	
BASE	设置当前图形的插入基点	可透明使用
BATTMAN	编辑块定义中的属性特性	2002 版新增
BHATCH	使用图案填充封闭区域或选定对象	
BLIPMODE	控制点标记的显示	
BLOCK	根据选定对象创建块定义	
BLOCKICON	为 R14 或更早版本创建的块生成预览图像	
BMPOUT	输入 BMP 文件	
BOUNDARY	从封闭区域创建面域或多段线	
BOX	创建三维的长方体	
BREAK	部分删除对象或把对象分解为两部分	
BROWSER	启动系统注册表中设置的缺省 Web 浏览器	
CAL	计算算术和几何表达式的值	可透明使用
CAMERA	设置相机和目标的不同位置	
CHAMFER	给对象的边加倒角	
CHANGE	修改现有对象的特性	
CHECKSTANDARDS	根据标准文件检查当前图形	2002 版新增
CHPROP	修改对象的特性	
CIRCLE	创建圆	
CLOSE	关闭当前图形	
CLOSEALL	关闭当前所有打开的图形	2000i 版新增
COLOR	定义新对象的颜色	
COMPILE	编译形文件和 PostScript 字体文件	
CONE	创建三维实体圆锥	
CONVERT	优化 AutoCADR13 或更早版本创建的二维多段线和关联填充	
CONVERTCTB	将颜色相关打印样式表（CTB）转换为命名打印样式表（STB）	2002 版新增
CONVERTPSTYLES	将当前图形的颜色模式由命名打印样式转换为颜色相关打印样式	2002 版新增
COPY	复制对象	
COPYBASE	带指定基点复制对象	
COPYCLIP	将对象复制到剪贴板	【Ctrl＋C】组合键

续上表

命令	作用	说明
COPYHIST	将命令行历史记录文字复制到剪贴板	
COPYLINK	将当前视图复制到剪贴板中	
CUSTOMIZE	自定义工具栏、按钮和快捷键	2000i 版新增
CUTCLIP	将对象复制到剪贴板并从图形中删除对象	【Ctrl + X】组合键
CYLINDER	创建三维实体圆柱	
DBCCLOSE	关闭"数据库连接"管理器	
DBLCLKEDIT	控制双击对象时是否显示对话框	2000i 版新增
DBCONNECT	为外部数据库表提供 AutoCAD 接口	【Ctrl + 6】组合键
DBLIST	列出图形中每个对象的数据库信息	
DDEDIT	编辑文字和属性定义	
DDPTYPE	指定点对象的显示模式及大小	可透明使用
DDVPOINT	设置三维观察方向	
DELAY	在脚本文件中提供指定时间的暂停	可透明使用
DIM(或 DIM1)	进入标注模式	
DIMALIGNED	创建对齐线性标注	
DIMANGULAR	创建角度标注	
DIMBASELINE	创建基线标注	
DIMCENTER	创建圆和圆弧的圆心标记或中心线	
DIMCONTINUE	创建连续标注	
DIMDIAMETER	创建圆和圆弧的直径标注	
DIMDISASSOCIATE	删除指定标注的关联性	2002 版新增
DIMEDIT	编辑标注	
DIMLINEAR	创建线性尺寸标注	
DIMORDINATE	创建坐标点标注	
DIMOVERRIDE	替换标注系统变量	
DIMRADIUS	创建圆和圆弧的半径标注	
DIMREASSOCIATE	使指定的标注与几何对象关联	2002 版新增
DIMREGEN	更新关联标注	2002 版新增
DIMSTYLE	创建或修改标注样式	
DIMTEDIT	移动和旋转标注文字	
DIST	测量两点之间的距离和角度	可透明使用
DIVIDE	定距等分	
DONUT	绘制填充的圆和环	
DRAGMODE	控制 AutoCAD 显示拖动对象的方式	可透明使用
DRAWORDER	修改图像和其他对象的显示顺序	

续上表

命令	作用	说明
DSETTINGS	草图设置	
DSVIEWER	打开"鸟瞰视图"窗口	
DVIEW	定义平行投影或透视视图	
DWGPROPS	设置和显示当前图形的特性	
DXBIN	输入特殊编码的二进制文件	
EATTEDIT	增强的属性编辑	2002 版新增
EATTEXT	增强的属性提取	2002 版新增
EDGE	修改三维面的边缘可见性	
EDGESURF	创建三维多边形网格	
ELEV	设置新对象的拉伸厚度和高程特性	可透明使用
ELLIPSE	创建椭圆或椭圆弧	
ENDTODAY	关闭"Today(今日)"窗口	2000i 版新增
ERASE	从图形中删除对象	【Del】键
ETRANSMIT	创建一个图形及其相关文件的传递集	2000i 版新增
EXPLODE	将组合对象分解为对象组件	
EXPORT	以其他文件格式保存对象	
EXPRESSTOOLS	运行 AutoCAD 快捷工具	2000i 版以后取消
EXTEND	延伸对象到另一对象	
EXTRUDE	通过拉伸现有二维对象来创建三维原型	
FILL	设置对象的填充模式	可透明使用
FILLET	给对象的边加圆角	
FILTER	创建选择过滤器	可透明使用
FIND	查找、替换、选择或缩放指定的文字	
FOG	控制渲染雾化	
GRAPHSCR	从文本窗口切换到图形窗口	【F2】键
GRID	在当前视口中显示点栅格	可透明使用
GROUP	创建对象的命名选择集	
HATCH	用图案填充一块指定边界的区域	
HATCHEDIT	修改现有的图案填充对象	
HELP	显示联机帮助	【F1】键
HIDE	重生成三维模型时不显示隐藏线	
HYPERLINK	附着或修改超链接	【Ctrl + K】组合键
HYPERLINKOPTIONS	控制超链接光标和提示的可见性	
ID	显示位置的坐标	可透明使用
IMAGE	管理图像	

续上表

命令	作用	说明
IMAGEADJUST	控制选定图像的亮度、对比度和褪色度	
IMAGEATTACH	向当前图形中附着新的图像对象	
IMAGECLIP	为图像对象创建新剪裁边界	
IMAGEFRAME	控制图像边框的显示	
IMAGEQUALITY	控制图像显示质量	
IMPORT	向 AutoCAD 输入多种文件格式	
INSERT	将命名块或图形插入当前图形中	
INSERTOBJ	插入链接或嵌入对象	
INTERFERE	检查干涉	
INTERSECT	交集运算	
ISOPLANE	指定当前等轴测平面	可透明使用
JUSTIFYTEXT	改变文字的对齐方式	2002 版新增
LAYER	管理图层	
LAYERP	取消最后一次的图层设置修改	2002 版新增
LAYERPMODE	控制是否进行对图层设置修改的跟踪	2002 版新增
LAYOUT	创建和修改布局	可透明使用
LAYOUTWIZARD	启动布局向导	
LAYTRANS	根据指定的标准转换图层	2002 版新增
LEADER	创建一条引线将注释与一个几何特征相连	
LENGTHEN	拉长对象	
LIGHT	处理光源和光照效果	
LIMITS	设置并控制图形边界和栅格显示	可透明使用
LINE	创建直线段	
LINETYPE	创建、加载和设置线型	可透明使用
LIST	显示选定对象的数据库信息	
LOAD	加载图形文件	
LOGFILEOFF	关闭 LOGFILEON 命令打开的日志文件	
LOGFILEON	将文本窗口中的内容写入文件	
LSEDIT	编辑配景对象	
LSLIB	管理配景对象库	
LSNEW	在图形上添加具有真实感的配景对象	
LTSCALE	设置线型比例因子	可透明使用
LWEIGHT	设置当前线宽、线宽显示选项和线宽单位	
MASSPROP	计算并显示面域或实体的质量特性	
MATCHPROP	把某一对象的特性复制给其他若干对象	可透明使用

续上表

命令	作用	说明
MATLIB	材质库输入/输出	
MEASURE	将点对象或块按指定的间距放置	
MEETNOW	现在开会,跨网络在多个用户中共享一个 AutoCAD 任务	2000i 版新增
MENU	加载菜单文件	
MENULOAD	加载部分菜单文件	
MENUUNLOAD	卸载部分菜单文件	
MINSERT	在矩形阵列中插入一个块的多个引用	
MIRROR	创建对象的镜像副本	
MIRROR3D	创建相对于某一平面的镜像对象	
MLEDIT	编辑多重平行线	
MLINE	创建多重平行线	
MLSTYLE	定义多重平行线的样式	
MODEL	从布局选项卡切换到模型选项卡	
MOVE	在指定方向上按指定距离移动对象	
MSLIDE	创建幻灯片文件	
MSPACE	从图纸空间切换到模型空间视口	
MTEXT	创建多行文字	
MULTIPLE	重复下一条命令直到被取消	
MVIEW	创建浮动视口和打开现有的浮动视口	
MVSETUP	设置图形规格	
NEW	创建新的图形文件	【Ctrl + N】组合键
OFFSET	创建同心圆、平行线和平行曲线	
OLELINKS	更新、修改和取消现有的 OLE 链接	
OLESCALE	显示"OLE 特性"对话框	
OOPS	恢复已被删除的对象	
OPEN	打开现有的图形文件	【Ctrl + O】组合键
OPTIONS	自定义 AutoCAD 设置	
ORTHO	约束光标的移动	可透明使用
OSNAP	设置对象捕捉模式	可透明使用
PAGESETUP	指定页面布局、打印设备、图纸尺寸等	
PAN	移动当前视口中显示的图形	可透明使用
PARTIALOAD	将几何图形加载到局部打开的图形中	
PARTIALOPEN	局部加载指定的视图或图层中的几何图形	
PASTEBLOCK	将复制的块粘贴到新图形中	
PASTECLIP	插入剪贴板数据	【Ctrl + V】组合键

续上表

命令	作用	说明
PASTEORIG	粘贴对象时使用其原图形的坐标	
PASTESPEC	插入剪贴板数据并控制数据格式	
PCINWIZARD	输入 PCP 和 PC2 配置文件打印设置的向导	
PEDIT	编辑多段线和三维多边形网格	
PFACE	逐点创建三维多面网格	
PLAN	显示用户坐标系平面视图	
PLINE	创建二维多段线	
PLOT	将图形打印到打印设备或文件	【Ctrl + P】组合键
PLOTSTAMP	在图形指定位置放置打印戳记并将戳记记录在文件中	2000i 版新增
PLOTSTYLE	设置对象的当前打印样式	
PLOTTERMANAGER	显示打印机管理器	
POINT	创建点对象	
POLYGON	创建闭合的等边多段线	
PREVIEW	显示打印图形的效果	
PROPERTIES	控制现有对象的特性	【Ctrl + 1】组合键
PROPERTIESCLOSE	关闭 Properties(特性)窗口	
PSDRAG	控制拖动 PostScript 图像时的显示	2000i 版以后取消
PSETUPIN	将用户定义的页面设置输入到新图形布局	
PSFILL	用 PostScript 图案填充二维多段线的轮廓	2000i 版以后取消
PSIN	输入 PostScript 文件	2000i 版以后取消
PSOUT	创建封装 PostScript 文件	2000i 版以后取消
PSPACE	从模型空间视口切换到图纸空间	
PUBLISHTOWEB	网上发布,创建包括选定 AutoCAD 图形的 HTML 页面	2000i 版新增
PURGE	删除图形数据库中没有使用的命名对象	
QDIM	快速创建标注	
QLEADER	快速创建引线和引线注释	
QSAVE	快速保存当前图形	
QSELECT	基于过滤条件快速创建选择集	
QTEXT	控制文字和属性对象的显示和打印	可透明使用
QUIT	退出 AutoCAD	【Alt + F4】组合键
RAY	创建单向无限长的直线	
RECOVER	修复损坏的图形	
RECTANG	绘制矩形多段线	
REDEFINE	恢复被 UNDEFINE 替代的 AutoCAD 内部命令	
REDO	恢复前一个 UNDO 或 U 命令放弃执行的效果	【Ctrl + Y】组合键

续上表

命令	作用	说明
REDRAW	刷新显示当前视口	
REDRAWALL	刷新显示所有视口	
REFCLOSE	存回或放弃在位编辑参照(外部参照或块)时所作的修改	
REFEDIT	选择要编辑的参照	
REFSET	在位编辑参照(外部参照或块)时,从工作集中添加或删除对象	
REGEN	重新生成图形并刷新显示当前视口	
REGENALL	重新生成图形并刷新所有视口	
REGENAUTO	控制自动重新生成图形	可透明使用
REGION	从现有对象的选择集中创建面域对象	
REINIT	重新初始化数字化仪、数字化仪的输入/输出端口和程序参数文件	
RENAME	修改对象名	
RENDER	创建三维线框或实体模型的具有真实感的着色图像	
RENDSCR	重新显示由 RENDER 命令执行的最后一次渲染	
REPLAY	显示 BMP、TGA 或 TIFF 图像	
RESUME	继续执行一个被中断的脚本文件	可透明使用
REVOLVE	绕轴旋转二维对象以创建实体	
REVSURF	创建围绕选定轴旋转而成的旋转曲面	
RMAT	管理渲染材质	
RMLIN	从 RML 文件将插入图形	2000i 版新增
ROTATE	绕基点移动对象	
ROTATE3D	绕三维轴移动对象	
RPREF	设置渲染系统配置	
RSCRIPT	创建不断重复的脚本	
RULESURF	在两条曲线间创建直纹曲面	
SAVE	用当前或指定文件名保存图形	【Ctrl+S】组合键
SAVEAS	指定名称保存未命名的图形或重命名当前图形	
SAVEIMG	用文件保存渲染图像	
SCALE	在 X、Y 和 Z 方向等比例放大或缩小对象	
SCALETEXT	改变指定文字的大小并保持其位置不变	2002 版新增
SCENE	管理模型空间的场景	
SCRIPT	用脚本文件执行一系列命令	可透明使用
SECTION	用剖切平面和实体截交创建面域	
SELECT	将选定对象置于"上一个"选择集中	
SETUV	将材质贴图到对象表面	
SETVAR	列出系统变量或修改变量值	

续上表

命令	作用	说明
SHADEMODE	在当前视口中着色对象	
SHAPE	插入形	
SHELL	访问操作系统命令	
SHOWMAT	列出选定对象的材质类型和附着方法	
SKETCH	创建一系列徒手画线段	
SLICE	用平面剖切一组实体	
SNAP	规定光标按指定的间距移动	可透明使用
SOLDRAW	在用 SOLVIEW 命令创建的视口中生成轮廓图和剖视图	
SOLID	创建二维填充多边形	
SOLIDEDIT	编辑三维实体对象的面和边	
SOLPROF	创建三维实体图像的剖视图	
SOLVIEW	在布局中使用正投影法创建浮动视口生成三维实体及体对象的多面视图与剖视图	
SPACETRANS	在模型空间和图纸空间之间转换长度值	2002 版新增
SPELL	检查图形中文字的拼写	可透明使用
SPHERE	创建三维实体球体	
SPLINE	创建二次或三次(NURBS)样条曲线	
SPLINEDIT	编辑样条曲线对象	
STANDARDS	管理图形文件与标准文件之间的关联性	2002 版新增
STATS	显示渲染统计信息	
STATUS	显示图形统计信息、模式及范围	可透明使用
STLOUT	将实体保存到 ASCII 或二进制文件中	
STRETCH	移动或拉伸对象	
STYLE	设置文字样式	可透明使用
STYLESMANAGER	显示"打印样式管理器"	
SUBTRACT	用差集创建组合面域或实体	
SYSWINDOWS	排列窗口	
TABLET	校准、配置、打开和关闭数字化仪	
TABSURF	沿方向矢量和路径曲线创建平移曲面	
TEXT	创建单行文字	
TEXTSCR	打开 AutoCAD 文本窗口	可透明使用
TIME	显示图形的日期及时间统计信息	可透明使用
TODAY	打开"今日"窗口	2000i 版新增
TOLERANCE	创建形位公差标注	
TOOLBAR	显示、隐藏和自定义工具栏	
TORUS	创建圆环形实体	

续上表

命令	作用	说明
TRACE	创建实线	
TRANSPARENCY	控制图像的背景像素是否透明	
TREESTAT	显示关于图形当前空间索引的信息	可透明使用
TRIM	用其他对象定义的剪切边修剪对象	
U	放弃上一次操作	
UCS	管理用户坐标系	
UCSICON	控制视口 UCS 图标的可见性和位置	
UCSMAN	管理已定义的用户坐标系	
UNDEFINE	允许应用程序定义的命令替代 AutoCAD 内部命令	
UNDO	放弃命令的效果	【Ctrl + Z】组合键
UNION	通过并运算创建组合面域或实体	
UNITS	设置坐标和角度的显示格式和精度	可透明使用
VBAIDE	显示 Visual Basic 编辑器	【Alt + F11】组合键
VBALOAD	加载全局 VBA 工程到当前 AutoCAD 任务中	
VBAMAN	加载、卸载、保存、创建、内嵌和提取 VBA 工程	
VBARUN	运行 VBA 宏	【Alt + F8】组合键
VBASTMT	在 AutoCAD 命令行中执行 VBA 语句	
VBAUNLOAD	卸载全局 VBA 工程	
VIEW	保存和恢复已命名的视图	可透明使用
VIEWRES	设置在当前视口中生成的对象的分辨率	
VLISP	显示 Visual LISP 交互式开发环境（IDE）	
VPCLIP	剪裁视口对象	
VPLAYER	设置视口中图层的可见性	
VPOINT	设置图形的三维直观图的查看方向	
VPORTS	将绘图区域拆分为多个平铺的视口	
VSLIDE	在当前视口中显示图像幻灯片文件	
WBLOCK	将块对象写入新图形文件	
WEDGE	创建三维实体使其倾斜面尖端沿 X 轴正向	
WHOHAS	显示打开的图形文件的内部信息	
WMFIN	输入 Windows 图元文件	
WMFOPTS	设置 WMFIN 选项	
WMFOUT	以 Windows 图元文件格式保存对象	
XATTACH	将外部参照附着到当前图形中	
XBIND	将外部参照依赖符号绑定到图形中	
XCLIP	定义外部参照或块剪裁边界，并且设置前剪裁面和后剪裁面	

续上表

命令	作用	说明
XLINE	创建无限长的直线（即参照线）	
XPLODE	将组合对象分解为组建对象	
XREF	控制图形中的外部参照	
ZOOM	放大或缩小当前视口对象的外观尺寸	

参 考 文 献

[1] 金大鹰. 机械制图[M]. 北京：机械工业出版社，2008.
[2] 胡建新. 机械制图[M]. 4版. 北京：机械工业出版社，2020.
[3] 冯秋官. 机械制图与计算机绘图[M]. 4版. 北京：机械工业出版社，2017.
[4] 汪谷香，邓晓杰. 道路工程制图与CAD[M]. 3版. 北京：人民交通出版社股份有限公司，2021.
[5] 尚久明. 道桥工程制图与识图[M]. 北京：高等教育出版社，2012.
[6] 刘亚双. 道桥工程制图与识图[M]. 北京：人民交通出版社股份有限公司，2019.
[7] 沈凌，焦仲秋，郭景全. 工程制图及CAD[M]. 北京：人民交通出版社股份有限公司，2014.
[8] 肖芳. 建筑构造[M]. 北京：北京大学出版社，2021.
[9] 杨裕根，诸世敏. 现代工程图学[M]. 北京：机械工业出版社，2008.
[10] 杨老记，马英. 机械制图[M]. 北京：机械工业出版社，2012.
[11] 金大鹰. 机械制图[M]. 5版. 北京：机械工业出版社，2020.
[12] 南玲玲，杨虹. 机械制图及实训[M]. 北京：机械工业出版社，2010.
[13] 刘柳，孙琳. 轨道工程制图与识图[M]. 北京：人民交通出版社股份有限公司，2018.
[14] 张亦秋. AutoCAD 2014实用教程[M]. 北京：中国铁道出版社有限公司，2020.